KB065052

| 실습을 위한 기출문제 동영상 제공

[개정판]

스마트정보처리

류 경 현 지음

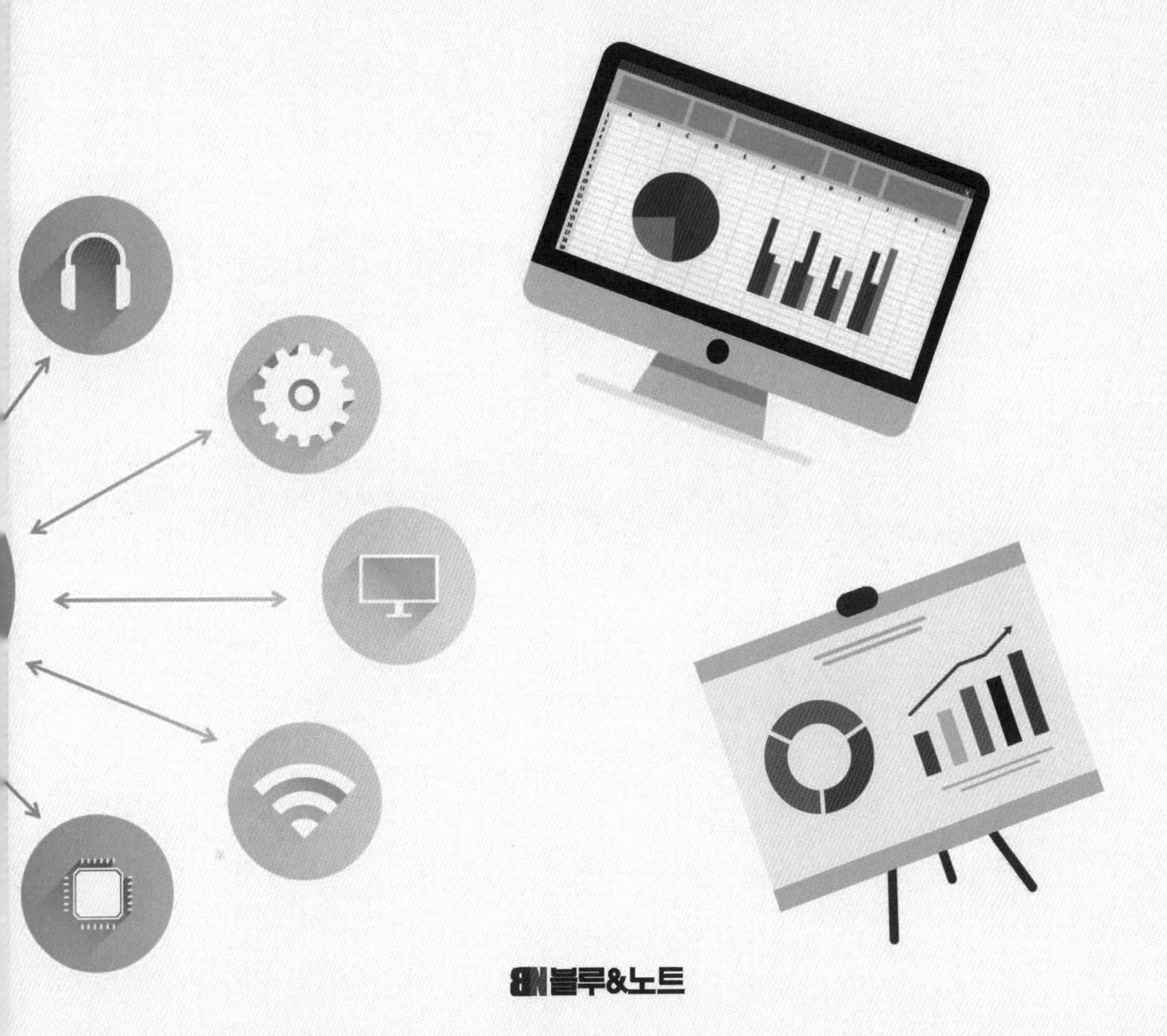

BN 블루&노트

스마트정보처리

Artificial Intelligence Literacy

PowerPoint

Excel

머 리 말

정보화 사회에서는 정보가 가장 중요한 가치를 지닌 자원이 되지만 인공지능(AI), 사물인터넷(IoT), 정보통신기술(ICT)기반 4차 산업혁명 도래로 미래 사회에서는 창의융합적인 인재를 배양하기 위한 스마트정보활용능력이 절실히 요구됩니다. 이러한 가치 기준의 변화는 사회 전반의 여러 분야에 많은 변화를 가져오며, 이에 따른 여파로 교육도 변화되고 있습니다.

이러한 변화를 대비하여 교양 과목으로 이 책을 사용하는 모든 학생들이 교과 관련 자격증을 취득하는 것뿐만 아니라 다양한 학문분야와 소프트웨어의 융합으로 창의적이고 융합적인 사고를 하는 미래 세대의 주역이 되길 바랍니다.

이 책은 총 3개 Part로 구분합니다.

Part 1. 인공지능의 개념에서부터 앱이나 웹을 통한 체험까지 개인이 인공지능 기술을 비평적으로 평가하고, 인공지능과 의사소통하고 협업하며, 온라인, 가정 및 직장에서 도구로 사용할 수 있는 일련의 능력을 배양할 수 있는 인공지능활용입니다.

Part 2. 실생활에서 활용할 수 있는 기능들을 실습하면서 엑셀 데이터를 이용하여 다양한 프리젠테이션 기법을 학습할 수 있는 파워포인트입니다.

Part 3. 컴퓨터 교양과정으로 직업기초능력과 직무수행능력에 꼭 필요한 엑셀입니다. 실습부록으로 오피스 리터러시에 대한 다양한 실습을 할 수 있습니다.

본 교재에서 실습을 위한 기출문제들은 아래의 블로그에 제작된 영상을 보면서 스스로 문제를 해결할 수 있으며, 영상을 보면서 반복해서 따라하면 쉽게 이해할 수 있고 문제를 응용할 수 있습니다. 학습을 진행하는 동안 자주 방문하여 도움을 받기 바랍니다.
https://blog.naver.com/ryu0919

이 책을 사용하는 모든 학생들이 인공지능 리터러시, 데이터 리터러시 및 오피스 리터러시의 소양을 배양하여 실제 업무에 도움이 되길 바라면서, 이 책이 나오기까지 함께 고생하신 블루&노트 임직원 여러분께 감사드립니다.

류 경 현

Contents

Part 3. 엑셀 Excel / 73

Chapter 01. 데이터 입력 및 표 서식

Chapter 02. 수식과 함수 사용

Chapter 03. 목표값 찾기 및 고급필터

Chapter 04. 정렬 및 부분합/피벗테이블

Chapter 05. 그래프

Chapter 06. 기출문제

Chapter 07. 핵심 정리 및 유익한 기능

Chapter 08. 함수 정답, 기타 실습 및 Q & A

Part 1

인공지능활용

Artificial Intelligence Literacy

개인이 인공지능 기술을 비평적으로 평가하고, 인공지능과 의사소통하고 협업하며, 온라인, 가정 및 직장에서 도구로 사용할 수 있는 일련의 역량을 말합니다. 산업화시대에는 읽기, 쓰기, 셈하기를 20세기 후반에는 프로그램하기가 미래를 살아갈 우리 후속 세대의 보편적 교육은 디지털 기초소양 함양을 기반으로 인공지능(AI) 소양 교육 강화입니다. 인공지능 소양 함양 교육을 강화하기 위해서 디지털 리터러시와 컴퓨팅 사고력을 향상하여 기존의 것들을 융합해 새로운 관점을 제시합니다.

1. 인공지능의 개념

인공지능(Artificial Intelligence)의 사전적 의미로는 인공과 지능이 합쳐진 말로 인간의 지능적인 행위를 흉내낼 수 있게 하는 기술을 말합니다. 인공지능이 흉내 내고자 하는 인간의 지능은 인식, 학습, 추론 등 창조적인 처리 능력을 포함합니다. 창조적인 처리 능력을 포함한 인간의 지능을 컴퓨터나 기계로 구현한 것입니다. 인공지능의 3대 주요 기술은 학습, 추론, 인식입니다.

인공지능의 역사는 크게 몇 가지로 정리할 수 있는데 인공지능 준비기는 1950년대 앨런 튜링이 기계의 지능 여부를 판별하는 튜링테스트를 고안한 것을 시작으로 1956년 다트머스 컨퍼런스에서 인공지능이라는 단어 처음 사용되었습니다.

인공지능의 1차 전성기로 존 매카시에 의해 최초의 인공지능 프로그래밍 언어 LISP개발과 심리치료사 행동을 모방하기 위한 프로그램인 엘리자의 개발이라 할 수 있습니다. 이것은 생각하고 말하는 것이 아닌 기존 질문에 대한 단어 조합을 이용해 답변하는 형태입니다. 인공지능의 첫 번째 겨울은 컴퓨터 능력의 한계와 마빈 민스키의 퍼셉트론 한계를 증명한 것입니다. 퍼셉트론(perceptron)은 인공신경망의 한 종류로서, 1957년에 코넬항공 연구소(Cornell Aeronautical Lab)의 프랑크 로젠블라트(Frank Rosenblatt)에 의해 고안된 가장 간단한 형태의 피드포워드(Feedforward) 네트워크, 선형분류기를 말합니다. 인공지능의 2차 전성기는 전문가 시스템의 등장과 신경망 이론의 복귀라 할 수 있습니다. 인공지능의 두 번째 겨울은 전문가 시스템과 다층 퍼셉트론의 한계 때문입니다. 수차례의 암흑기와 호황기를 겪으면서 서서히 성장하여 인공지능의 3차 전성기는 빅데이터 시대에 다양한 분야에서 딥러닝이 확장되었기 때문입니다.

2. 인공지능과 교육

인공지능 교육은 인공지능의 혜택을 누리기 위해 필요한 지식과 기능을 배우고 인공지능과 함께 살아가기 위해 필요한 가치와 삶의 방식을 배우는 교육을 의미합니다. 인공지능의 이해는 급변하는 인공지능 기술로 인해 변화하는 사회를 인식하고 지능에이전트의 관점에서 인공지능의 본질을 이해하는 데 중점을 둡니다. 인공지능 원리와 활용은 실제 인공지능이 동작하는데 필요한 요소와 원리를 이해하는데 중점을 두고 인공지능의 사회적 영향은 인공지능 사회 속에서 발생할 수 있는 윤리적인 문제를 통해 인공지능의 긍정적, 부정적인 영향을 탐색하고 인공지능을 올바르게 사용할 수 있도록 하는 데 중점을 두고 있습니다.

3. 인공지능과 사회

4차 산업혁명과 인공지능을 분류해보면 1차 산업혁명은 증기기관의 발명과 기계화 혁명을 2차 산업혁명은 전기 에너지 기반의 대량 생산 혁명을 3차 산업혁명은 컴퓨터와 인터넷 기반의 지식 정보 혁명 4차 산업혁명은 신기술로 촉발되는 초연결 기반의 지능화 혁명입니다. 4차 산업혁명의 핵심 속성은 초지능화, 초연결성, 초융합화입니다. 지능정보사회는 사물인터넷, 클라우드, 빅데이터, 컴퓨팅 모바일 기술이 보편화되고 이를 통해 생성 수집 축적된 지식과 데이터가 인공지능과 결합한 지능정보기술이 경제, 사회, 삶의 모든 분야에 두루 활용됨으로써 새로운 가치를 창출하는 사회를 말합니다.

개인과 사회의 변화로는 쇼핑, 의료/건강관리, 교육, 제조업, 마케팅, 사회기반시스템(치안, 교통, 국방/군사, 재난), 언론, 문화예술, 지능형 로보틱스, 드론 무인비행, 물류 배달, 금융, 농업, 추천 서비스등에 활용되고 있습니다.

실생활에 사용되고 있는 인공지능은 유튜브, 넷플릭스의 추천 알고리즘, 악성 댓글을 차단하는 네이버 클린봇, 자율주행 자동차, 시리, 오케이 구글, 카메라 어플, 의료/건강관리, 지능형 로보틱스, 드론 무인비행, 국방/군사, 물류 배달, 금융, 농업 등이 있습니다.

펄핏은 홈페이지에서 발 사이즈를 측정할 수 있는 키트를 신청 후 수령합니다. 인공지능 기반의 앱을 활용해 양 발의 사이즈를 측정할 수 있고 자신의 발 사이즈에 꼭 맞는 신발을 추천합니다. 구글 캘린더는 놓치게 되는 일들을 앱에 등록해서 일정 시간에 알림이 오도록 설정할 수 있고 설정한 일정은 알람 기능이 지원됩니다. 삶과 연결된 인공지능 활용 사례들을 안내하여 인식 변화를 도모할 수 있습니다.

4. 인공지능과 로봇

인공지능은 인공과 지능이 합쳐진 말로 인간의 지능적인 행위를 흉내낼 수 있게 하는 기술을 의미하며 로봇은 어떤 작업이나 조작을 자동적으로 하는 기계 장치 혹은 인간과 비슷한 형태를 가지고 걷거나 말하는 기계 장치를 나타냅니다.

구분	용도	적용 분야
제조업용 로봇 (산업용 로봇)	제조업	용접, 조립, 반송, 도장
서비스용 로봇	개인 서비스용	가사(청소, 심부름 등)
		생활 지원(장애 보조, 노인 보조 등)
		여가 지원(오락, 애완, 게임 등)
		교육(연구, 교육 등)
	전문 서비스용	군사(경계감시, 전투 등)
		의료(수술, 재활, 훈련 등)
		극한 작업(화재, 진압, 재난 구조 등)
		빌딩 서비스(안내, 청소 등)

출처: KERIS 2017년 로봇 활용 SW교육 수준별 직무연수(기본)

로봇의 구성요소는 센서장치(초음파, 터치, 컬러), 제어장치, 구동장치(모터, 바퀴), 몸체, 전원장치로 이루어져 있습니다.

컴퓨팅 사고력(Computational Thinking)은 문제를 어떻게 해결할지 생각하는 힘 또는 방식을 말합니다. 문제를 분해하고 데이터 안에서 규칙을 찾아, 패턴을 만드는 추상화 과정을 거쳐 문제해결을 위한 적절한 과정을 찾아내는 사고 과정으로 누구에게나 필요한 고등 사고력을 의미합니다. 컴퓨팅 사고력을 갖출 경우의 이점은 첫째, 기존의 문제를 새로운 관점에서 바라보고 접근할 수 있습니다. 둘째, 정보를 사용하기보다 지식을 생성할 수 있는 능력을 키울 수 있습니다. 셋째, 창의적으로 문제를 해결할 수 있는 능력을 키울 수 있습니다. 넷째, 다양한 분야에서 혁신을 용이하게 할 수 있습니다. 엔트리 인공지능은 비영리 교육 플랫폼으로 블록코딩 기반으로 접근이 쉽고, 학습이나 과제를 관리할 수 있으며 최소 5개 이상의 모듈로도 작동할 수 있습니다.

5. 인공지능 체험하기

(1) 퀵, 드로우

인공지능 기술이 학습을 통해 사용자가 그린 낙서를 인식하는 기능을 제공합니다. 그린 그림을 신경망이 무엇으로 인식했는지, 다른 사람들은 그 그림을 어떻게 그렸는지 추측하는 게임입니다. 낙서 데이터 세트로 많은 사용자가 게임을 할수록 더 많은 데이터를 기반으로 한 추측이 가능합니다. 인공지능이 이미지 인식을 학습할 때 어떠한 과정을 통해 학습하는지 알 수 있습니다. 시간 제한이 존재하며 사물의 특징을 추출하여 표현해야 합니다. 퀵, 드로우는 사용자가 뽑아준 특징을 통해 해당 사물의 이미지를 학습할 수 있습니다.

퀵, 드로우에서의 이미지 인식은 제시어와 제한 시간을 제시하고 제시어의 이미지 특징 추출하며 이미지를 표현하면 이미지를 분류하여 이미지의 특징점을 추출합니다.

출처 : 퀵, 드로우 홈페이지

(2) 오토드로우

자동으로 그림을 완성할 수 있는 도구로 구글에서 제공하고 있는 서비스로 이미지를 쉽고 빠르게 만들 수 있습니다. 마우스를 이용하여 캔버스 영역에 그리고자 하는 그림을 대략적으로 그리면, 이를 인공지능이 예측하여 완성도 높은 그림으로 변환할 수 있는 기능을 제공합니다. 이미지의 특성을 나타낼수록 인공지능이 잘 예측합니다. 인공지능의 이미지 학습 방법은 인공지능과 딥러닝으로 이미지 인식 기술이 발전되었습니다.

오토드로우 그림 그리기 방법은 사용자가 마우스를 이용하여 그림을 그리면 사용자가 그린 그림을 바탕으로 인공지능이 추측하여 그림을 추천해줍니다. 사용자가 원하는 도안을 선택하면 사용자가 색을 넣거나 도형이나 글자를 추가하여 그림을 완성합니다. 사용자가 그림을 저장하거나 링크등을 활용하여 그림을 공유할 수 있습니다.

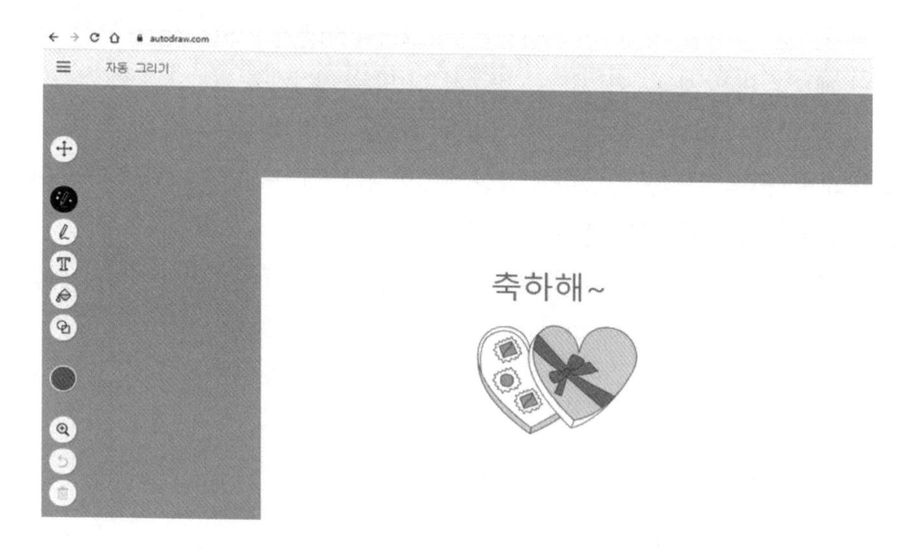

오토드로우와 퀵, 드로우를 이용한 이미지 인식의 차이점은 오토드로우는 인공지능이 추천하는 도안을 이용해 그림을 완성할 수 있는 프로그램이고 퀵, 드로우는 인공지능이 제시한 제시어에 따라 그림을 그리면 신경망이 맞추는 프로그램입니다.

사람과 인공지능의 이미지를 보는 방식의 차이는 사람은 눈으로 이미지를 인식하지만 인공지능은 픽셀값으로 여러 색을 인식하고 패턴을 찾아 이미지를 인식합니다. 실시간으로 여러 사람의 움직임을 추정하는 CNN은 Convolutional Neural Network의 약자이며 합성곱신경망으로 이미지 인식, 정보 추출, 문장 분류, 얼굴 인식 등의 분야에서 널리 사용되고 있습니다.

(3) which face is real

What Face Is Real은 Calling Bullshit 프로젝트의 일환으로 워싱턴 대학의 Jevin West와 Carl Bergstrom이 개발했습니다. 모든 이미지는 StyleGAN 소프트웨어를 사용하여 thispersondoesnotexist.com에서 컴퓨터로 생성 하거나 Creative Commons 및 공개 도메인 이미지의 FFHQ 데이터 세트에서 가져온 실제 사진입니다. 이 사이트는 디지털 신원이 위조될 수 있는 용이성을 알리고 이러한 위조를 한 눈에 알아볼 수 있도록 돕기 위한 사이트입니다.

사이트의 URL은 https://www.whichfaceisreal.com입니다.

또한 GAN(Generative Adversarial Networks, 생성적 적대 신경망) 비지도학습에 사용되는 머신러닝 프레임워크의 한 종류입니다. GAN은 다른 알고리즘과는 달리 이전에는 없던 새로운 데이터를 생성할 수 있습니다. 이 알고리즘은 흔히 경찰과 위조지폐범사이의 게임에 비유되는데 위조지폐범은 진짜 같은 화폐를 만들어 경찰을 속이기 위해 노력하고, 경찰은 위조지폐를 잘 감별하기 위해 노력합니다. GAN에서도 생성모델(generator)은 최대한 진짜 같은 데이터를 만들기 위한 학습을 진행하고, 분류모델(discriminator)은 진짜와 가짜를 판별하기 위한 학습을 진행합니다. GAN의 학습 과정에서는 분류모델을 먼저 학습시키고, 생성모델을 학습합니다. 분류모델은 먼저 진짜 데이터를 진짜로 분류하도록 학습합니다. 다음으로 생성모델이 생성한 데이터를 가짜로 분류하도록 학습합니다. 마지막으로 학습된 분류모델을 속이는 방향으로 생성모델을 학습합니다. 생성모델은 노이즈를 입력으로 받아 다수의 층을 통과하면서 특징 맵을 확장시켜나가는 구조로 이루어져있습니다. 마지막 층을 통과해서 나오는 특징 맵은 이미지 크기와 같습니다. 반대로 분류모델은 특징 맵의 크기를 줄여나가는 구조로, 전통적인 인공신경망의 구조를 따르고 있습니다. 이 실험을 하는 이유는 인공지능을 이용해 무분별한 이미지 합성이 가능하고, 합성된 이미지를 구별하기 어려운 시대가 됨과 동시에 인공지능을 어떤 목적으로 사용하는가에 따라 악용될 수 있기 때문입니다.

(4) 뮤직랩 칸딘스키

Chrome Music Lab은 재미있는 실습을 통해 음악을 더 쉽게 배울 수 있는 웹사이트입니다. 이 실험은 회화를 음악 제작에 비유한 예술가 바실리 칸딘스키에게서 영감을 받아 선, 원, 삼각형 또는 낙서 등 그리는 모든 것을 소리로 바꿉니다.

(5) 세미컨덕트

Semi-Conductor는 브라우저를 통해 자신만의 오케스트라를 지휘할 수 있는 실험입니다. 팔을 움직여 음악의 템포, 볼륨 및 악기 편성을 변경할 수 있습니다. 브라우저에서 작동하는 기계 학습 라이브러리인 Tensorflow.js를 사용하여 웹캠을 통해 움직임을 매핑합니다. 실시간으로 녹음된 악기의 수백 개의 작은 오디오 파일을 사용하여 지휘하는 동안 알고리즘이 악보에 맞춰 연주됩니다. 시드니 Google Creative Lab의 Rupert Parry, Melissa Lu, Haylie Craig 및 Samantha Cordingley가 제작했습니다.

(6) 어시트티드 멜로디

어시트티드 멜로디는 거장 작곡가의 도움을 받아 수많은 곡의 패턴을 인공지능이 학습하여 자신만의 특별한 음악을 만들 수 있습니다. 이 실험을 개발하기 위해 작곡가의 4중주 또는 합창 칸타타에서 머신 러닝 모델(MagentaCoconet머신 러닝 모델)을 학습시켜 짧은 멜로디와 클래식 트위스트를 조화롭게 만듭니다.

(7) 딥드림

딥드림(Deep Dream)은 인공신경망기반의 컴퓨터 학습 방식인 딥러닝 기술을 시각 이미지에 적용한 기술로 결과물이 마치 꿈을 꾸는 듯한 추상적인 이미지를 닮았다고 해서 딥드림이라고 합니다. 인공지능 지원툴과 협업하여 영감을 주는 시각적 콘텐츠를 제작하는 데 도움을 줍니다. 딥드림의 세가지 기능은

첫째, 업로드한 이미지에 다른 이미지의 질감을 입힐 수 있는 Deep Style

둘째, Deep Style 의 단순화한 버전으로 작업 시간을 단축시켜주는 Thin Style,

셋째, 인공지능이 이미지를 조작, 왜곡하여 새로운 이미지를 만들어 내는 Deep Dream을 지원합니다.

넥스트 렘브란트는 마이크로소프트의 인공지능 프로젝트로 렘브란트의 모든 작품을 표면의 입체감까지 모두 데이터화하여 인공지능 머신러닝을 통해 렘브란트 풍의 작품을 창조할 수 있도록 합니다.

딥드림 이미지는 다음과 같은 단계로 생성됩니다. 1단계 로그인 후 홈페이지 상단의 [생성하다]를 클릭합니다. 2단계 딥스타일 선택합니다. 3단계 기본이미지를 선택 합니다. 4단계 스타일 이미지 선택합니다. (기본 또는 인기있는 스타일 중 하나를 선택) 5단계 설정값은 기본으로 둡니다. 6단계 하단 생성 클릭하여 이미지를 생성합니다. 7단계 이미지는 생성 시간이 대략 1분 소요합니다. 8단계 완성된 이미지를 확인합니다.

(8) 스피치노트

스피치노트는 휴대폰을 이용하여 사람의 음성을 인식하여 사용자가 말한 내용을 화면에 텍스트로 표시하는 메모 프로그램입니다.

(9) 네이버 클로바 노트

사람의 음성 신호의 파형을 분석하여 사람의 음성을 텍스트로 변환하는 기술입니다. 클로바 더빙은 인공지능 더빙으로 음성 합성 기술을 활용해서 동영상에 목소리를 추가할 수 있는 서비스입니다. 쉽고 간편한 텍스트 입력과 다양한 목소리 생성이 가능합니다. 다양한 목소리 선택으로 학생들의 흥미 유발에 효과적입니다.

(10) 티처블 머신

티처블 머신은 인공지능 원리와 머신러닝, 딥러닝의 개념을 익히는 별도의 프로그램 설치 필요없이 크롬 브라우저에서 접속가능 합니다. 이미지 프로젝트, 오디오 프로젝트, 포즈 프로젝트 중에서 원하는 프로젝트 선택 가능합니다. 데이터 수집은 웹캠이나 마이크를 통해 직접 수집하거나 파일 업로드합니다. 데이터의 카테고리인 클래스의 개수를 먼저 생각하고 수집해야 합니다. 학습 결과를 확인하거나 내보내기 할 수 있습니다.

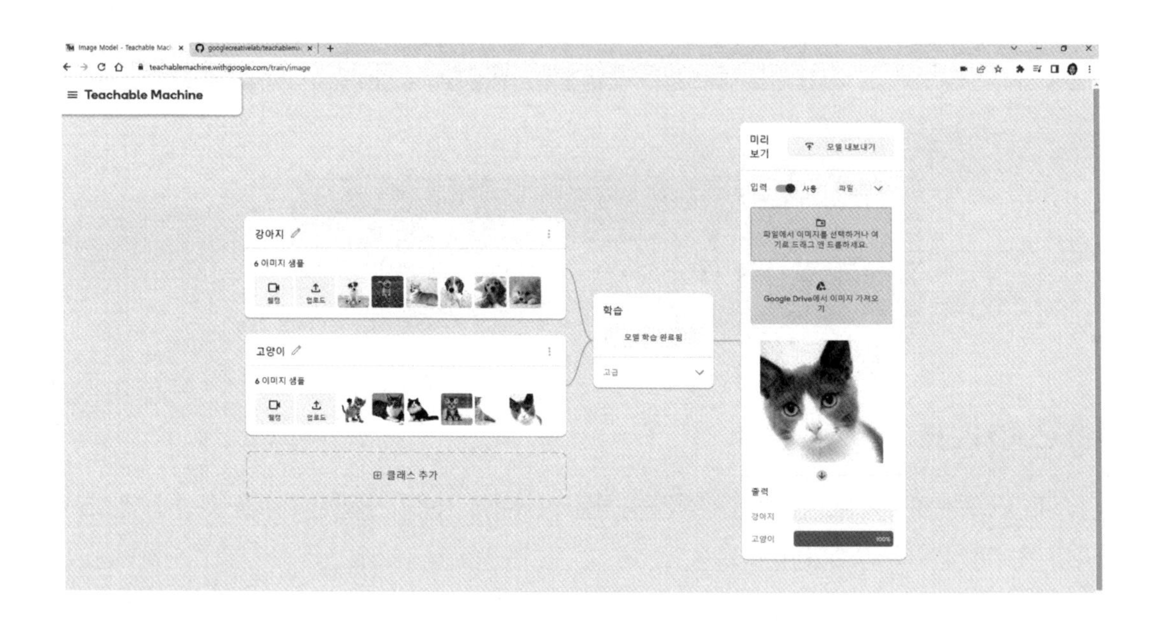

(10) 바다를 위한 AI

바다를 위한 AI 체험 활동을 통한 기계학습 모델의 훈련 과정에 대한 탐구를 할 수 있습니다. CODE.ORG에서 제공하는 인공지능과 기계학습의 원리와 과정을 체험해 볼 수 있는 교육콘텐츠입니다. 컴퓨터가 프로그래밍이 명시되지 않아도 기계학습을 통해서 패턴을 인지하고 결정을 내릴 수 있습니다. 기계학습은 이미지, 동영상, 오디오, 텍스트 등 어떤 형식의 데이터든 취할 수 있으며 그 데이터를 통해 패턴을 인식합니다.

데이터 학습을 통해 바닷속 생태계 지키기는 총 8개의 단계로 이루어졌으며, 필요에 따라 단계를 건너뛰면서 진행할 수 있습니다. 1단계는 기계학습 2~4단계는 바다를 깨끗하게 하기 위한 인공지능 체험, 이미지 데이터에 레이블을 달아줍니다. 각 이미지와 레이블은 인공지능 학습에 사용되는 데이터 일부가 됩니다. 5단계는 데이터 편향 6단계는 단어를 한 개 선택하고 단어와 관련된 물고기를 학습합니다. 이전단계와 달리 기존의 정보없이 학생이 각 물고기를 분류하는 방법, 어떤 물고기를 훈련 데이터로 사용했는지에 따라 다른 예측 결과를 얻을 가능성이 있습니다. 7단계는 인공지능이 사회에 미치는 영향 8단계는 학생이 선택해야 하는 단어가 이전의 단어들보다 주관적, 물고기의 어떤 특성에 초점을 맞춰 학습했는지 여부에 따라 매우 다른 예측 결과를 나타날 수 있습니다. 바다 오염과 관련된 실제적 삶의 문제와 연계하여 바다 생물과 쓰레기를 구분하는 학습을 기반으로 머신러닝을 익힙니다.

(11) 설리반 플러스

다양한 인공지능 기술이 적용되어 있으며 인공지능 기술이 어떤 사람에게 어떤 도움을 줄 수 있을지에 초점을 맞추는 것이 중요합니다. 설리반 플러스 앱에 사용된 인공지능 원리는 다음과 같습니다.

문자 인식	이미지 속 문자를 알아보고 추출하여 글자로 변환하는 인공지능
얼굴 인식	이미지 속 사람과 그 위치를 구분하는 인공지능
사물 인식	이미지 속 특정 사물과 위치를 구분하는 인공지능
이미지 묘사	이미지의 장면을 글로 설명해주는 인공지능
음성합성 TTS (Text to Speech)	글자를 음성으로 변환하는 인공지능
음성인식 STT (Speech to Text)	음성을 글자로 변환하는 인공지능

그 외 저작권 걱정 없는 무료 디자인 툴인 미리캔버스, 손안에서 즐기는 세계 미술관 아트앤컬처(Google Cultural Institute와 제휴한 주요 박물관과 자료실 2000여 곳의 콘텐츠 등 전 세계의 소중한 자료를 온라인으로 제공합니다. 스마트폰이나 웹을 이용하여 다양한 경험을 할 수 있습니다 : 아트 컬러링 북. 블롭 오페라 등), 어디든 갈 수 있는 랜선여행 구글어스((Google Earth)는 구글이 제공하는 서비스로 위성 이미지, 지도, 지형 및 3D 건물 정보 등 전 세계의 지역 정보를 제공합니다. 세계의 여러 지역들을 볼 수 있는 위성 영상 지도 서비스로 2005년 6월 28일부터 배포하기 시작했으며, 전 세계의 다양한 문화를 찾을 수 있습니다.),만개의 레시피(만개의 레시피는 주식회사 이지에이치엘디(EZHLD)에서 서비스 중인 온갖 레시피를 무료로 제공하는 사이트입니다)와 다이어트 카메라 AI 등으로 인공지능을 체험할 수 있습니다.

6. 기계학습의 이해

기계학습은 아서 사무엘이 "컴퓨터에게 명시적으로 프로그램을 하지 않아도 컴퓨터가 학습을 할 수 있는 능력을 갖도록 하는 것"이라고 정의하였습니다. 기계학습의 유형은 다음과 같습니다. 첫째 지도학습은 문제와 답을 모두 알려주고 공부시키는 방법입니다. 레이블이 있는 데이터를 제공하고, 그 데이터에서 규칙과 패턴을 스스로 학습하도록 하는 방법입니다. 회귀(예측)는 연속적 레이블로 주어진 입력과 출력간의 관계를 학습하는데 지도학습은 하나의 독립 변수를 사용하는 직선 형태의 선형 회귀입니다. 분류는 이산적 레이블로 주어진 입력과 출력간의 관계를 학습합니다. 둘째, 비지도학습은 답을 가르쳐주지 않고 공부시키는 방법으로 사전 정보가 없는 여러 데이터를 바탕으로 데이터가 갖는 특징, 구조 등의 학습과정에서 스스로 파악하여 일정한 규칙성을 찾도록 학습하는 방법입니다. 군집은 유사한 특징을 가진 그룹들로 묶는 작업입니다. 셋째 강화학습은 상은 최대화, 벌은 최소화하는 방향으로 행위를 강화하는 학습입니다.

기계학습의 주요 응용 분야

컴퓨터비전	영상 및 비디오 인식
자연어처리	음성 인식, 감정 분석, 기계번역
마케팅	고객 데이터 분석, 고객 행동 예측, 개인화된 광고
보건의료	의료 데이터 분석, 진단, 개인 맞춤형 치료법 개발
자율주행	차량, 트럭, 드론 등의 자율운전
로보틱스	로봇 스스로가 주위 환경으로부터 학습, 자율적 업무 수행
금융서비스	금융 데이터 분석, 시장 동향 예측, 주가 예측, 위기 관리
사기탐지	금융 거래, 보험 청구 등에서의 사기 행각 탐지
추천시스템	제품, 서비스, 콘텐츠 등의 개인화된 추천

기계학습에서 데이터 편향에 대한 예시를 들어보면 자동차 제조기업이 충돌 실험을 통해 차량 탑승자의 신체 움직임을 파악하여 안정성을 높이는 실험을 합니다. 실험 마네킹이 남성의 평균 신체 사이즈로 만들어졌기 때문에 실제 상황은 여성탑승자의 사망률이 남성탑승자의 사망률보다 큰 것으로 나타나는 경우를 말합니다.

데이터 편향의 5가지 원인을 살펴보면 다음과 같습니다.

인간의 편향	인공지능이 학습하는 데이터 자체에 인간의 편향이 포함된 경우
숨겨진 편향	데이터를 학습시키면서 알 수 없는 이유로 발생하는 편향으로 인공지능 편향 중 가장 개선하기 어려움
데이터 표본 편향	자료 수집 단계에서 편향이 발생하는 경우 (예: 차량 충돌사고 실험)
롱테일 편향	학습에 사용되는 데이터에 특정 데이터가 빠져서 생기는 편향
고의적 편향	해킹이나 공격을 통해 고의로 부여된 편향

출처 황가한(2020), 보이지 않는 여자들 : 편향된 데이터는 어떻게 세계의 절반을 지우는가, 웅진지식하우스

기계학습의 모델로 엔트리에 회원가입 및 로그인하여 만들기를 클릭하고 작품 만들기를 합니다. 데이터 분석을 클릭하여 테이블 불러오기를 한 후 테이블 추가하기하여 테이블 선택/파일올리기/새로만들기 순서대로 합니다. 이것은 공공 데이터 중에서 일부를 제공하고 10MB 이하의 CSV, XLS(X) 형식의 파일을 추가할 수 있으며 데이터를 직접 입력해 테이블을 새로 만들 수 있습니다. 데이터 분석 관련 블록에서 행 추가, 행 삭제, 속성 값 바꾸기 등을 할 수 있습니다. 숫자 분류 모델 만들기는 분류와 군집으로 구분하여 다음과 같이 사용하면 됩니다.

숫자 분류 모델 만들기는 인공지능을 클릭하고 인공지능 모델 학습하기에서 분류 : 숫자 - 테이블 선택하기 - 핵심 속성 - 클래스 속성 - 이웃 개수 - 모델 학습하기 - 결과 확인하기 - 적용하기를 하면 됩니다.

숫자 분류 모델 만들기는 인공지능을 클릭하고 인공지능 모델 학습하기에서 군집 : 숫자 - 테이블 선택하기 - 핵심 속성 - 군집 개수 - 중심점 기준 - 모델 학습하기 - 결과 확인하기 - 적용하기를 할 수 있습니다.

생각하기
만들기
공유하기
커뮤니티
이메일 인증 하셨나요?
이메일 인증으로 안전하고 편리하게 엔트리를 즐겨보세요!
자세히 보기

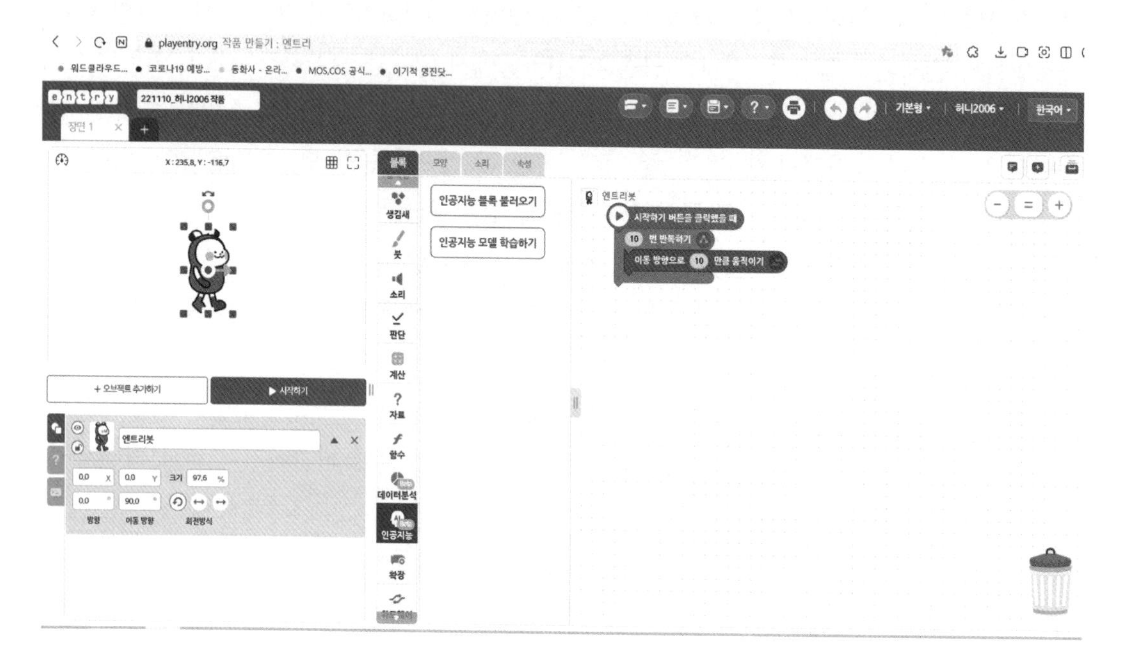

인공지능 블록 불러오기
인공지능 모델 학습하기
시작하기 버튼을 클릭했을 때
10 번 반복하기
이동 방향으로 10 만큼 움직이기

7. 프로그래밍의 이해

컴퓨터의 특성은 다음과 같습니다.

<table>
<tr><td rowspan="2">신뢰성</td><td>컴퓨터는 꾀를 부리거나 게으름을 피우지 않는다.</td></tr>
<tr><td>사람이 지시한 명령을 끝까지 수행하는 특성을 갖고 있다.</td></tr>
<tr><td rowspan="3">정확성</td><td>계산이나 처리과정의 오차를 최소화하여 정확한 결과를 출력할 수 있다.</td></tr>
<tr><td>주어진 데이터와 명령을 기반으로 정확한 처리 결과를 만들어낼 수 있다.</td></tr>
<tr><td>GIGO</td></tr>
<tr><td rowspan="2">신속성</td><td>컴퓨터의 처리속도는 매우 빠르다.</td></tr>
<tr><td>컴퓨터의 처리 속도 단위에 피코초라는 단위가 있는데 1피코초는 1초에 약 1조개의 연산명령을 처리할 수 있다는 의미이다.</td></tr>
<tr><td>범용성</td><td>컴퓨터의 어원은 계산하다이다. 처음 계산기로 시작한 컴퓨터가 지금은 인간생활의 모든 영역에서 도움을 주고 있다.</td></tr>
<tr><td rowspan="2">대용량성</td><td>컴퓨터의 저장용량은 매우 크며, 반영구적으로 보관할 수 있다.</td></tr>
<tr><td>1기가바이트는 약 10억 바이트 이상을 나타내며, 바이트는 영문자 1자를 의미한다.</td></tr>
</table>

프로그램 작성 방법에 따른 프로그래밍 언어의 종류는 다음과 같습니다. 첫째 텍스트 기반 프로그래밍 언어는 키보드를 이용하여 직접 명령어를 타이핑하여 프로그램을 작성하는 프로그래밍 언어를 말합니다. 예로는 C, Python, Pascal, Cobol 등이 있습니다. 둘째, 블록기반 프로그래밍 언어는 명령어 블록을 끼워 쌓아서 프로그램을 작성하는 프로그래밍 언어를 말합니다. 예로 스크래치, 엔트리, 앱인벤터 등이 있습니다.

프로그램 개발 과정은 분석(사용자의 요구를 분석하고 문제를 파악하는 과정) 설계(문제해결 방법 및 시스템의 구성과 구조를 설계하는 과정) 프로그래밍(프로그래밍 언어를 이용하여 실제 코드로 표현하는 과정) 테스트(완성된 프로그램이 문제를 해결할 수 있는지 확인하는 과정)으로 이루어져 있습니다.

8. 블록코딩의 이해

교육용 프로그래밍 언어의 특징은 첫째, 초보자가 쉽게 접근하고 프로그래밍에 흥미를 느낄 수 있도록 설계되어 있습니다. 둘째, 문법이 간단하고 명령어가 많지 않으며 시각적으로 이해할 수 있도록 되어 있습니다. 셋째, 우리나라에서는 블록기반 교육용 프로그래밍 언어에는 스크래치와 엔트리가 있고 텍스트기반 교육용 프로그래밍 언어로는 파이썬을 주로 사용하고 있습니다.

엔트리와 스크래치 비교

엔트리	스크래치
2013년 엔트리교육연구소에서 개발	2006년 MIT에서 만든 교육용 프로그래밍 언어
한국어 기반으로 영어로 변환 가능	영어 기반으로 여러 언어로 변환 가능
초보자 대상으로 기존 블록코딩 언어 특징 포함, 최소 5개 이상의 모듈 학습	블록기반 프로그래밍 언어의 시작
피지컬컴퓨팅 및 인공지능 기능 포함	오픈소스로 응용하여 그로그램 개발 가능
동영상 강의 및 교사 지도서 배포	튜토리얼 및 사용자가이드 제공

분류 : 텍스트 엔트리 예 https://playentry.org/project/5efa992702bc630025b6c4ff

9. 블록코딩 엔트리

엔트리에서 실제 프로그래밍을 하는 기준 또는 대상이 되는 것을 오브젝트(object)라고 합니다. 오브젝트에서 중심점은 장면 위에서 오브젝트의 위치 좌표를 나타내는 기준이 되고, 붓으로 그리기를 할 때 붓의 위치가 됩니다.

구조적 프로그래밍은 순차, 반복, 선택의 세가지 구조를 가지고 있으며 이 세가지 구조만으로 모든 프로그램을 작성할 수 있습니다.

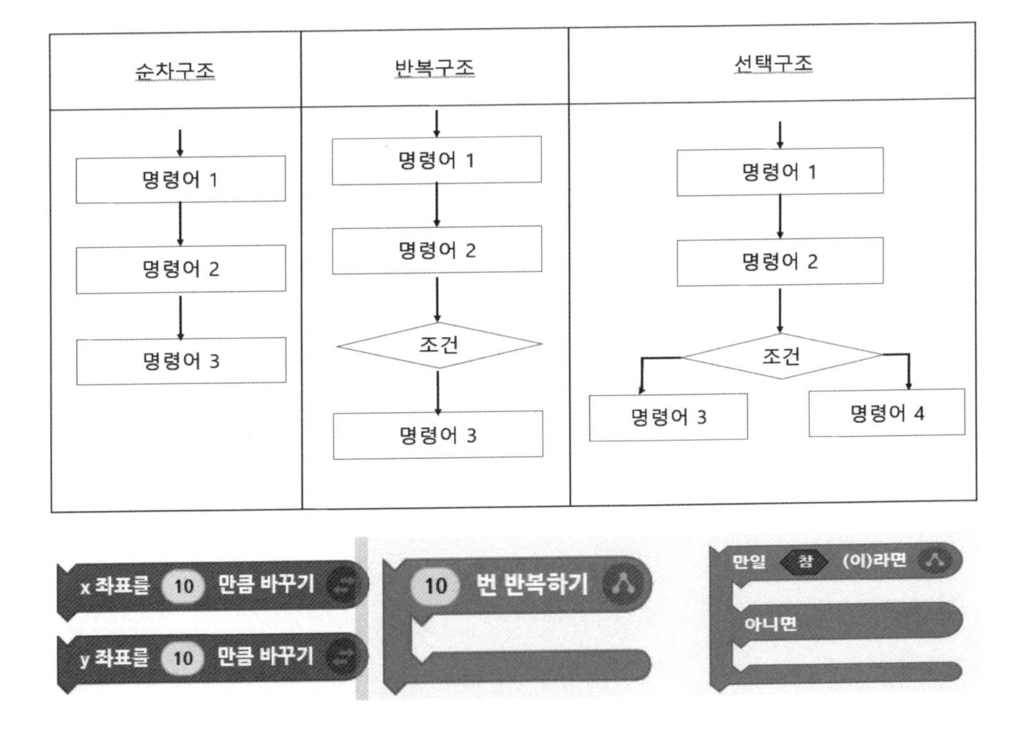

10. 피지컬 컴퓨팅

피지컬 컴퓨팅은 하드웨어를 사용하여 아날로그 세상의 환경을 감지하고, 내부의 처리장치와 소프트웨어를 이용하여 감지한 데이터를 처리한 후 하드웨어를 이용하여 반응할 수 있는 상호 작용형 시스템을 말합니다. 디지털 기술 및 장치를 이용하여 사용자로부터 정보를 센서로 입력받아 처리한 결과를 물리적으로 출력하는 시스템입니다. 흥미로운 학습 환경을 제시하고 마이크로 컨트롤러를 활용하고 상호작용으로 사고 촉진하고 동료들과의 협력 및 토의를 할 수 있습니다. 입출력장치의 종류와 개수가 시스템의 복잡성에 영향을 미칩니다. 사물인터넷은 실세계의 사물 및 사이버 환경에 존재하는 사물들이 인터넷을 통하여 서로 연결되고, 이들의 연동을 통해 다양한 서비스를 제공하는 기술을 말합니다.

11. 인공지능 윤리

인공지능 윤리에서 데이터 편향성은 기계학습 모델을 학습시키는데 사용되는 데이터 및 알고리즘의 양과 질, 인간의 편향적 성향이 인간이나 사회 문화가 가진 편견과 오류를 그대로 포함한 상태를 말합니다. 데이터 편향성 사례로는 이미지 검색 결과의 차이, 번역 기능 적용의 결과, 인공지능 채용 시스템, 차량 충돌 사고 실험, 재범 예측 알고리즘 등이 있습니다. 데이터 편향성 활동을 소개하면 CODE.ORG에서 바다를 위한 AI에서 나타납니다.

윤리적 딜레마에서 딜레마는 선택해야 할 길은 두가지 중 하나로 정해져 있는데, 그 어느 쪽을 선택해도 바람직하지 못한 결과가 나오게 되는 곤란한 상황을 의미합니다. 윤리적 딜레마 사례로는 자율 주행 자동차 주행 중 사고 상황, 인공지능 의사 의료 사고 상황으로 트롤리 딜레마가 있습니다. 모럴 머신은 moral과 machine의 합성어로 MIT 공대의 lyad Rahwan의 Scalabel Cooperation 그룹에서 개발했으며 자율주행 자동차의 윤리적 결정에 대한 사회 문화적 인식과 내재된 규범을 수집하기 위한 플랫폼으로 윤리적 판단의 결정적인 요소는 사망하는 사람의 수 뿐만 아니라 사회적 우선 순위 및 합의된 가치 등에 따라 달라집니다.

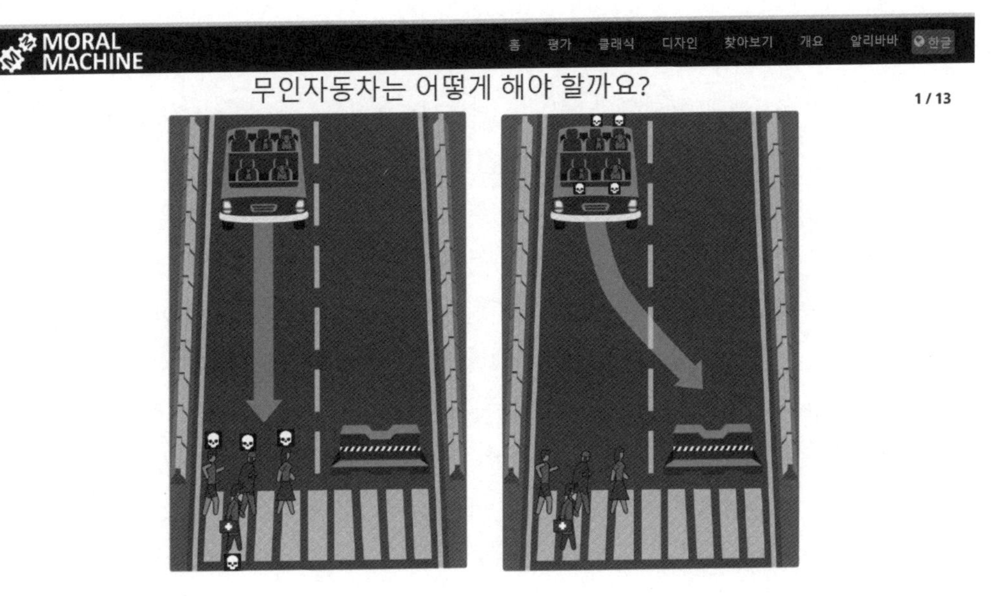

출처 모럴머신 홈페이지

인공지능 윤리 기준은 seoul PACT에서 보면 공공성, 책무성, 통제성, 투명성 등이 있습니다. 사람이 중심이 되는 인공지능 윤리기준의 3대 기본 원칙은 인간존엄의 원칙, 사회 공공성 원칙, 기술의 합목적성 원칙이 있고 10가지 핵심 요건은 인권보장, 프라이버시 보호, 다양성 존중, 침해금지, 공공성, 연대성, 데이터 관리, 책임성, 안전성, 투명성이 있습니다.

12. 인공지능과 데이터 활용

데이터를 읽고 해석해서 활용할 수 있는 능력 등을 총칭하는 말로 쓰이는 데이터 리터러시는. 디지털 트랜스포메이션처럼 다양한 모습으로 일상에서 활용되고 있습니다. 일반적인 데이터 과학 프로세스는 문제를 정의하고 데이터를 수집을 합니다. 데이터 수집은 스마트폰을 통해서 데이터를 메시지(글자), 테이블, 녹음, 사진, 동영상 형태로 저장하여 수집하거나 라이프로그, 인체 건강 신호, 유전체 정보 등 데이터를 디지털로 변환하여 저장하고 수집합니다. 또한 웹사이트(국가통계포털, e-나라지표 등), 다이어트 카메라 AI를 이용하여 하루 동안 섭취한 음식의 칼로리 정보를 수집하거나 구글 독스, 구글 Forms 등을 이용할 수 있습니다. 스프레드시트를 활용하여 데이터 분석(기술적으로 데이터를 수집, 가공, 분석하는 데 필요한 능력으로 여기에는 데이터 전처리와 모델링이 필요합니다.) 및 데이터 시각화(데이터 분석 결과를 시각적으로 표현하여 스토리텔링하는 능력)를 하여 통찰적으로 문제를 해결합니다. 공공데이터 url은 다음과 같습니다. https://www.data.go.kr

(1) 날씨에 따른 배달음식 수요 변화 데이터는 기상청 관측자료와 SKT 빅데이터 허브의 시간대별 통화건수를 raw data로 이용하여 전처리한 후 날씨에 따른 배달음식 수요 변화에 대한 경제학적 분석을 수행한 결과 역시 포함합니다. 배달음식 판매자는 예측을 기반으로 한 준비와 시간대에 맞는 상품준비를 통해 재고 낭비의 최소화와 매출 극대화를 기대할 수 있습니다. 배달 어플리케이션 업체는 소비자의 배달 수요에 맞춘 적절한 마케팅 기획과 양질의 서비스를 제공할 수 있습니다.

(2) 국민 해외 관광객 수요 조사는 네이버 데이터랩, 구글 트렌드를 이용하여 최신 이슈를 알아볼 수 있습니다. url은 다음과 같습니다. https://datalab.visitkorea.or.kr

(3) sometrend 썸트렌드는 트랜드 검색 및 소셜분석, 썸매거진 등 분석 자료를 제공합니다. url은 다음과 같습니다. https://some.co.kr/ 썸트랜드의 기능은 검색한 키워드가 얼마나 많이 언급되었는지를 보여주는 언급량 분석, 키워드와 연관된 연관어를 보여주는 연관어 분석과 키워드에 대한 긍정적, 부정적 데이터를 분석해 주는 긍•부정 분석을 합니다.

(4) 트렌드를 워드클라우드로 만들기에서 워드클라우드 생성기는 뉴스 내용이나 텍스트를 이용하여 가장 핫한 이슈를 다양한 모양으로 표시할 수 있습니다. url은 다음과 같습니다. http://wordcloud.kr/

(5) 비만도 서비스 - https://news.joins.com/DigitalSpecial/386
빅데이터로 나타내는 비만도 테스트, 사용자 비만지수(BMI)가 우리 동네에 사는 또래 중 순위가 얼마나 되는지, 체중을 5kg 줄이면 성인병 발병 위험은 얼마나 감소하는지를 국민건강보험공단의 빅데이터를 분석해 제공합니다.

(6) 글꼴학습 AI - https://clova.ai/handwriting/
저마다의 사연이 담긴 109종의 글꼴을 체험하고 설치할 수 있습니다. 글꼴에 마우스를 올리면 체험하기와 설치하기 버튼이 생성되어 선택이 가능합니다.

(7) 기상자료개방포털 - https://data.kma.go.kr/cmmn/reagree.do
공공 빅데이터 분석사업이란 공공기관이 갖고 있는 자료들을 분석해서 국민들의 생활에 도움이 되도록 하는 사업을 말합니다.
지역별로 최저, 평균, 최고 기온 데이터 확인이 가능합니다.

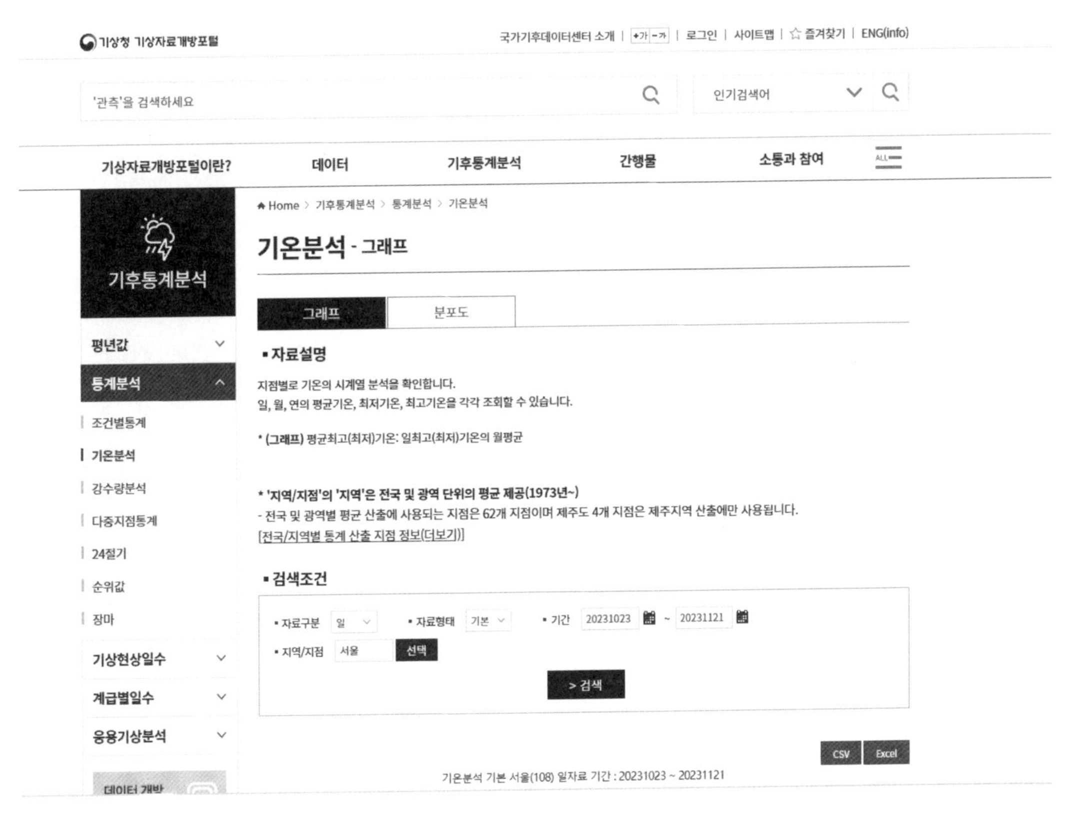

출처 : 기상청 기상자료개방포털

(8) 빅카인즈 - https://www.bigkinds.or.kr/
신문 기사들을 모아 놓은 툴입니다.

(9) 투닝 - https://tooning.io/tooning-landing-main
캐릭터, 텍스트, 말풍선, 소품, 효과, 배경 등의 다양한 콘텐츠를 함께 제공하고 웹캠을 이용하여 얼굴 표정을 생성하기도 하고 저장된 사진을 불러오기, 텍스트에 맞춰 표정, 동작을 자동으로 연출하기도 합니다.

Part 2

파워포인트

PowerPoint

※ 스마트팜 자료를 이용하여 조건대로 파워포인트 슬라이드를 작성해봅니다.

1. 전체구성

(1) 슬라이드 크기 및 순서 : 크기를 A4 용지로 설정하고 슬라이드 순서에 맞게 작성한다.
(2) 슬라이드 마스터 : 2~6 슬라이드의 제목, 하단 로고, 슬라이드 번호는 슬라이드 마스터를 이용하여 작성한다.

- 제목 글꼴(돋움, 40pt, 흰색), 가운데 맞춤, 도형(선 없음)
- 하단 로고(「내 PC\문서\ITQ\Picture\로고2.jpg」, 배경(회색), 투명색으로 설정)

전체구성을 하기 위해 먼저 슬라이드 크기를 지정합니다.

① 슬라이드 크기 지정

슬라이드 크기를 지정하기 위해 디자인 탭 - 사용자 지정 그룹 - 슬라이드 크기 - 사용자 지정 슬라이드 크기를 클릭합니다.

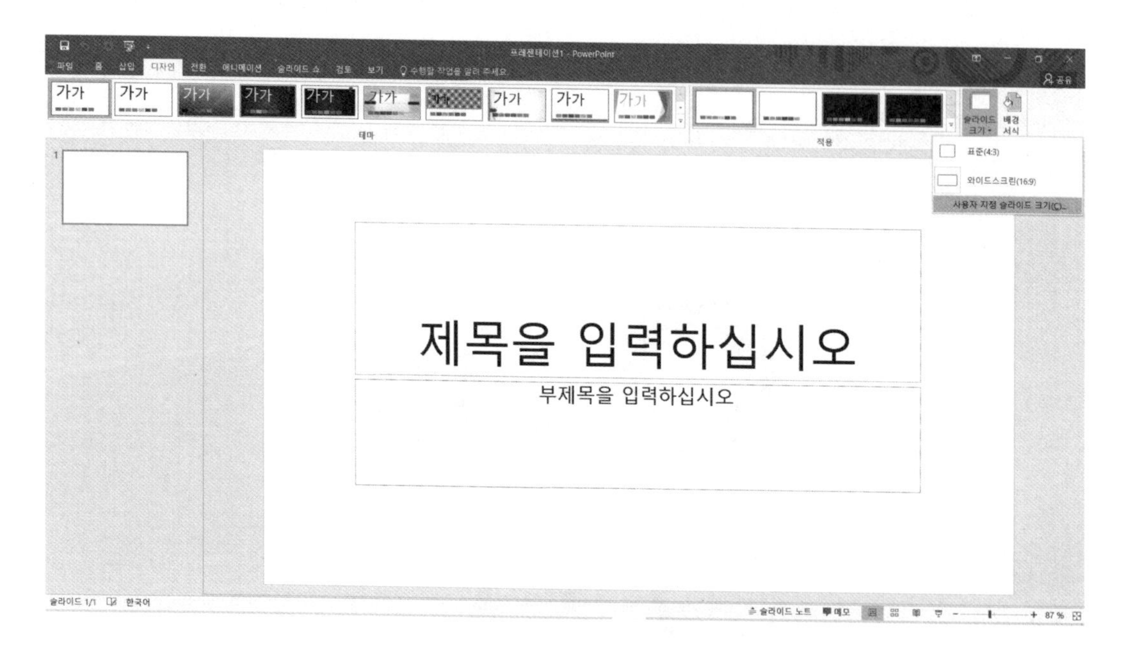

슬라이드 크기 대화상자에서 슬라이드 크기를 A4용지(210*297 mm)로 지정하고 하고 확인 단추를 클릭합니다.

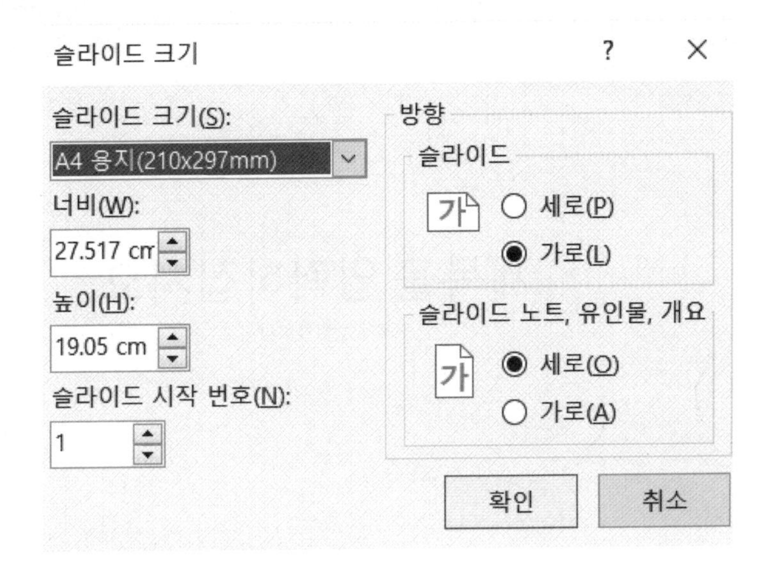

Microsoft PowerPoint 대화상자가 나오면 맞춤 확인 단추를 클릭합니다.

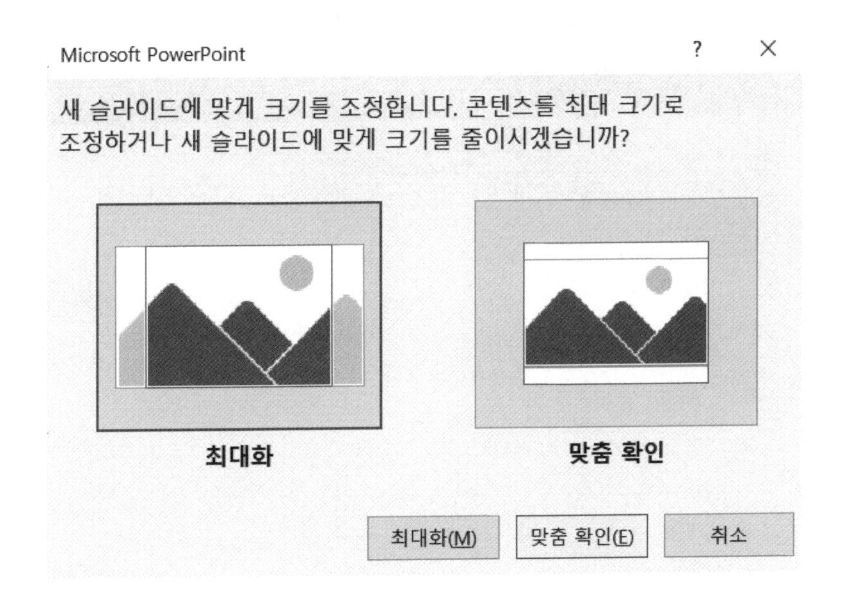

다음과 같은 프리젠테이션 화면이 표시됩니다.

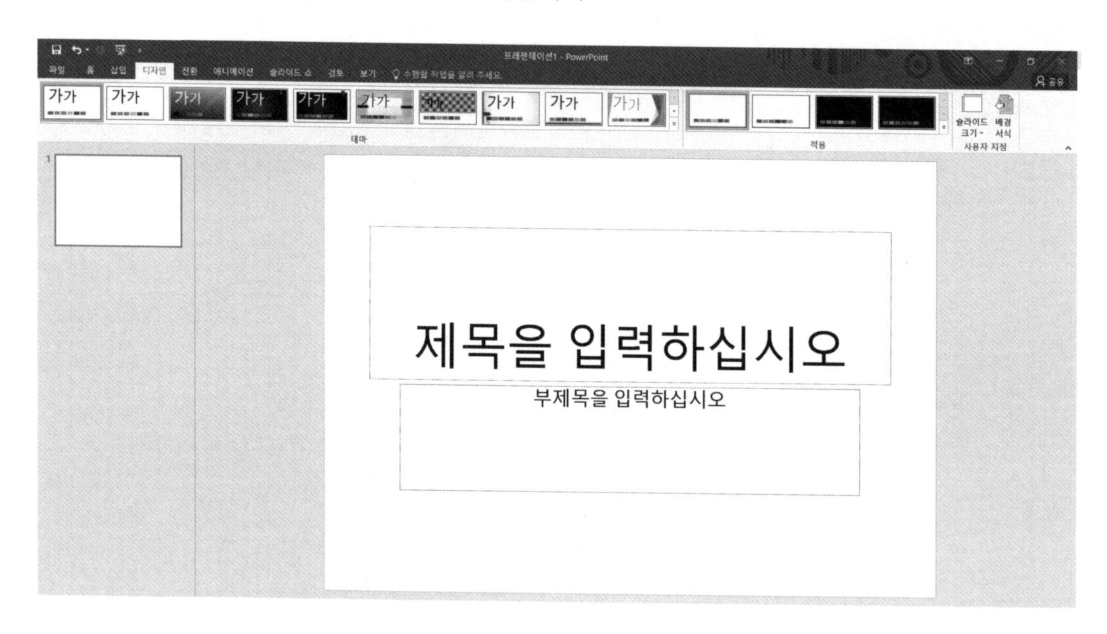

② 슬라이드 마스터 작성

보기 탭 – 마스터 보기 그룹 – 슬라이드 마스터 도구를 클릭합니다.

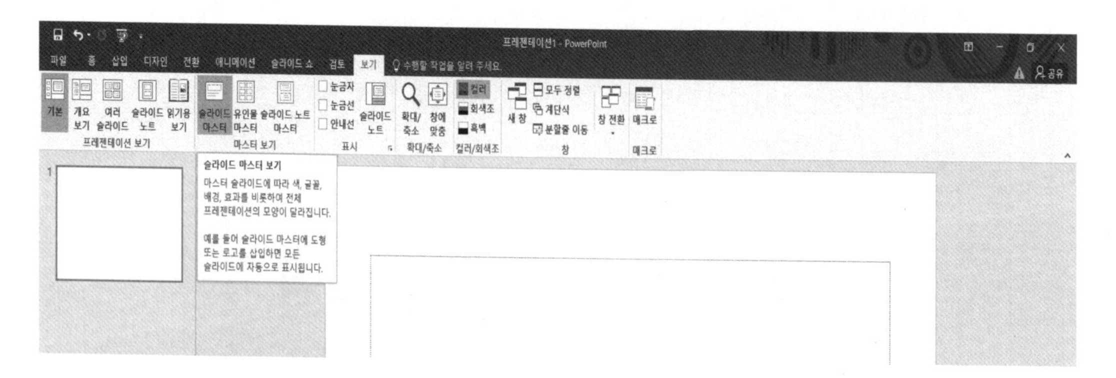

왼쪽 레이아웃 창에서 세 번째 슬라이드마스터인 "제목 및 내용 레이아웃 : 슬라이드 2-6에서 사용"을 클릭한 후 마스터 제목 스타일 편집 텍스트 상자를 아래로 드래그하여 이동시킵니다.

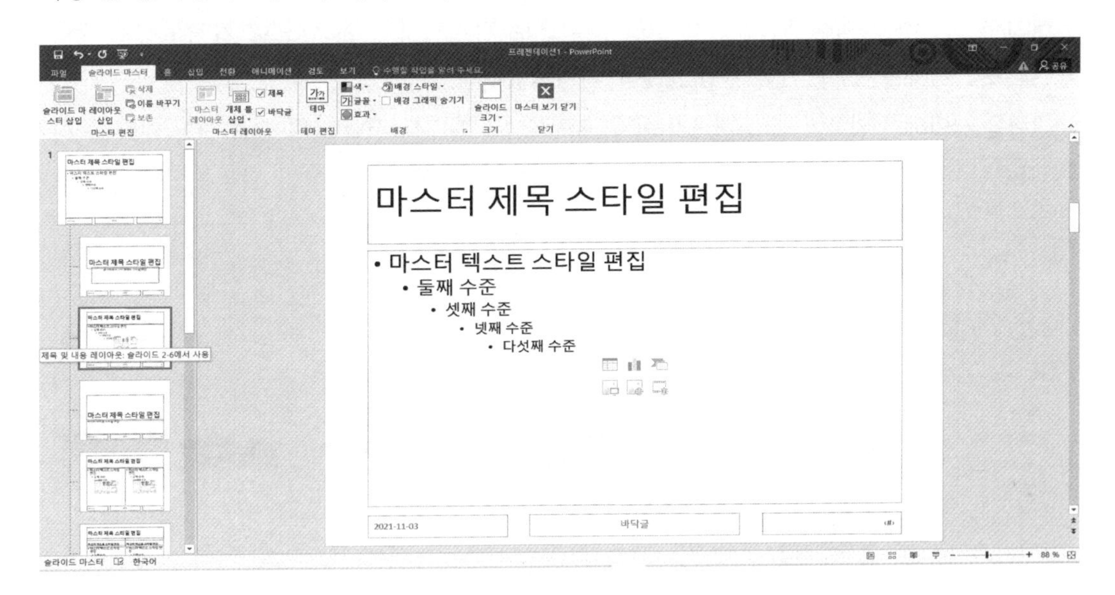

삽입 탭 - 일러스트레이션 그룹 - 도형을 선택하여 출력형태와 같이 도형을 삽입합니다. 도형이 선택된 상태에서 그리기 도구 - 서식 탭 - 도형 스타일 그룹 - 도형 채우기 - 임의로 색을 지정합니다. 도형이 선택된 상태에서 그리기 도구 - 서식 탭 - 도형 스타일 그룹 - 도형 윤곽선에서 윤곽선 없음을 지정합니다. (두 번째 도형도 출력형태와 동일하게 합니다.)

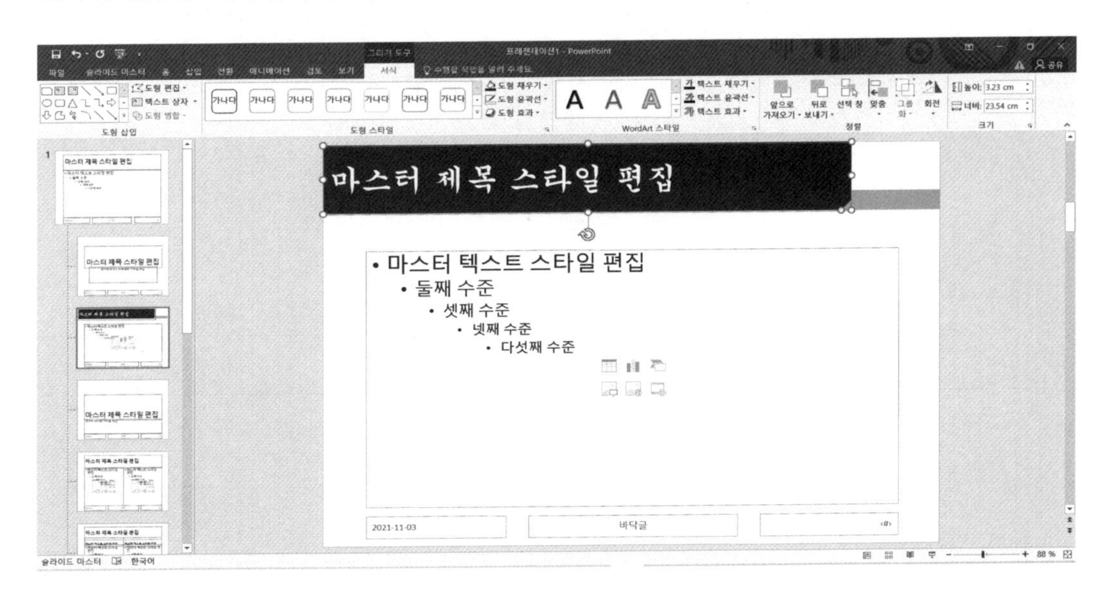

마스터 제목 스타일 편집 텍스트 상자를 선택하고 조절점을 이용해 좌우로 드래그하여 확대한 후 홈 탭 - 글꼴 그룹에서 글꼴과 크기, 글꼴 색, 맞춤을 설정합니다. 텍스트 상자가 선택된 상태에서 그리기 - 서식 탭 - 정렬 그룹 - 앞으로 가져오기 - 맨 앞으로 가져오기를 클릭한 후 텍스트 상자를 도형 위로 드래그하여 위치시킵니다.

그림을 삽입하기 위하여 삽입 탭 - 이미지 그룹 - 그림 도구를 선택한 후 그림 삽입 대화상자에서 「내 PC\문서\ITQ\Picture」 폴더에 있는 그림 파일을 선택하고 삽입 단추를 클릭합니다.

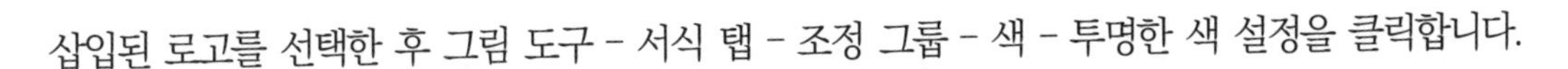

삽입된 로고를 선택한 후 그림 도구 - 서식 탭 - 조정 그룹 - 색 - 투명한 색 설정을 클릭합니다.

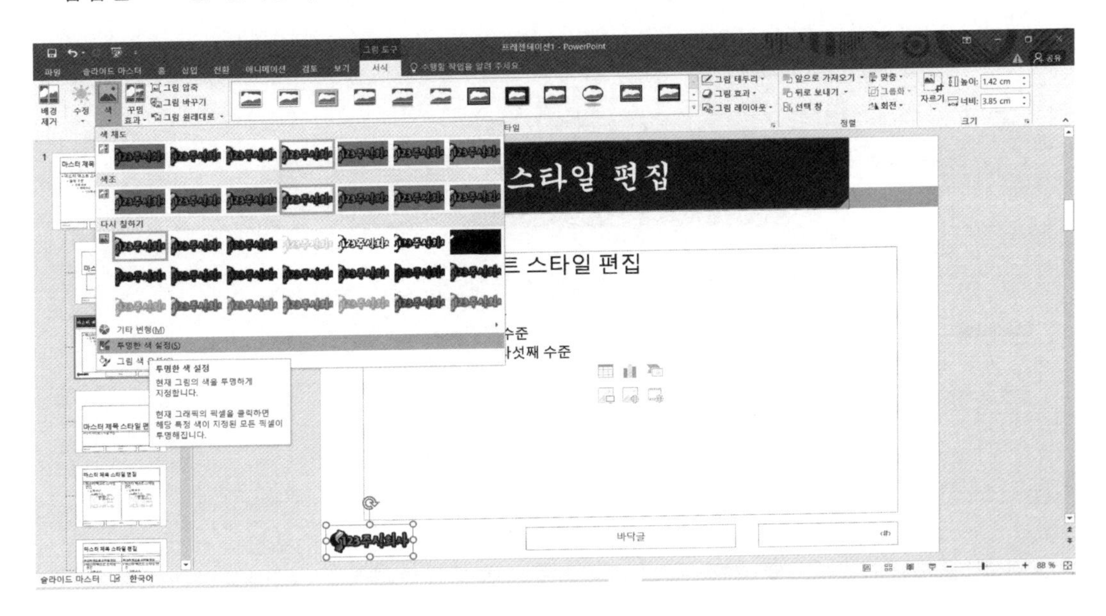

슬라이드 번호를 지정하기 위해 삽입 탭 - 텍스트 그룹 - 머리글/바닥글 도구를 클릭합니다. 머리글/바닥글 대화상자의 슬라이드 탭에서 '슬라이드 번호'에 체크 표시하고 제목 슬라이드에는 번호를 표시하지 않기 위해 '제목 슬라이드에는 표시 안 함'에 체크 표시한 후 모두 적용 단추를 클릭합니다.

머리글/바닥글
슬라이드 | 슬라이드 노트 및 유인물
슬라이드에 넣을 내용
☐ 날짜 및 시간(D)
◉ 자동으로 업데이트(U)
2021-11-03
언어(L): 한국어
달력 종류(C): 양력
○ 직접 입력(X)
2021-11-03
☑ 슬라이드 번호(N)
☐ 바닥글(F)
☑ 제목 슬라이드에는 표시 안 함(S)
미리 보기
적용(A) | 모두 적용(Y) | 취소

슬라이드 마스터 작업이 끝나면 슬라이드 마스터 탭에서 마스터 보기 닫기 단추를 클릭합니다.

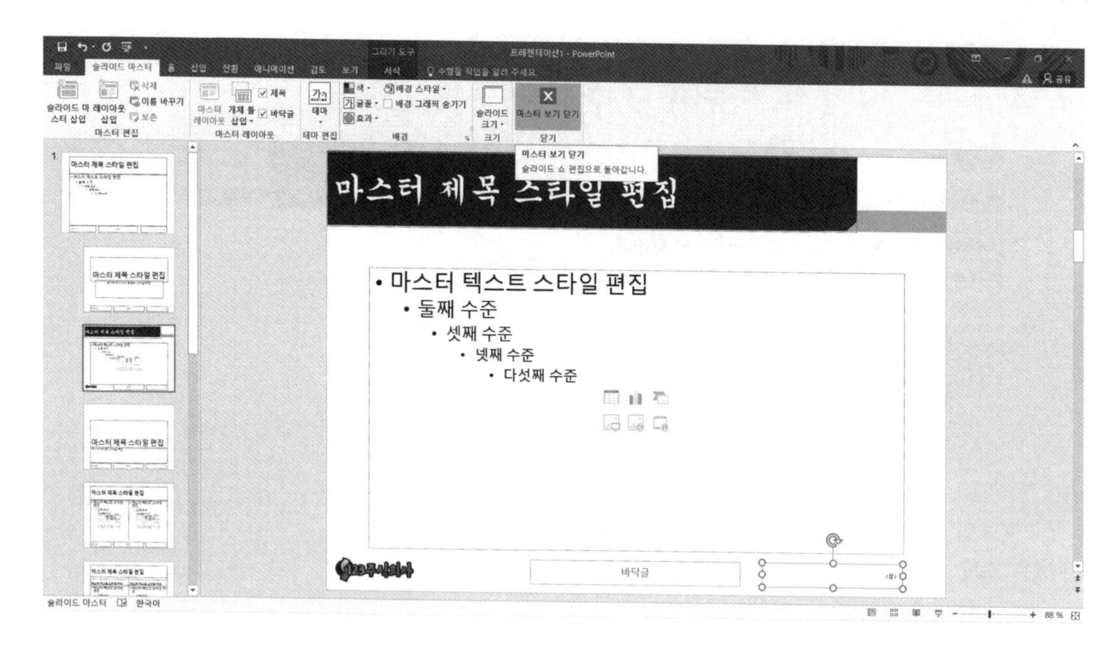

화면이 표시되면 Enter나 Ctrl+m 키를 클릭하여 슬라이드를 삽입합니다.

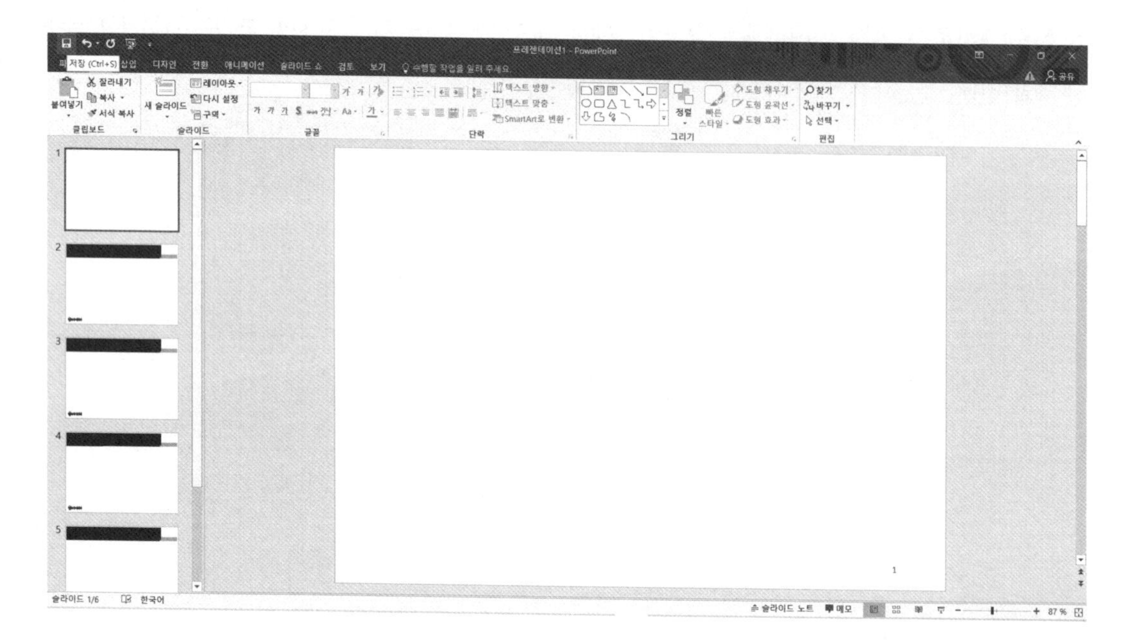

빠른 실행 도구 모음의 저장도구를 클릭합니다. 다른 이름으로 저장하기 대화상자에서 파일이름을 입력하고 저장 단추를 클릭합니다.

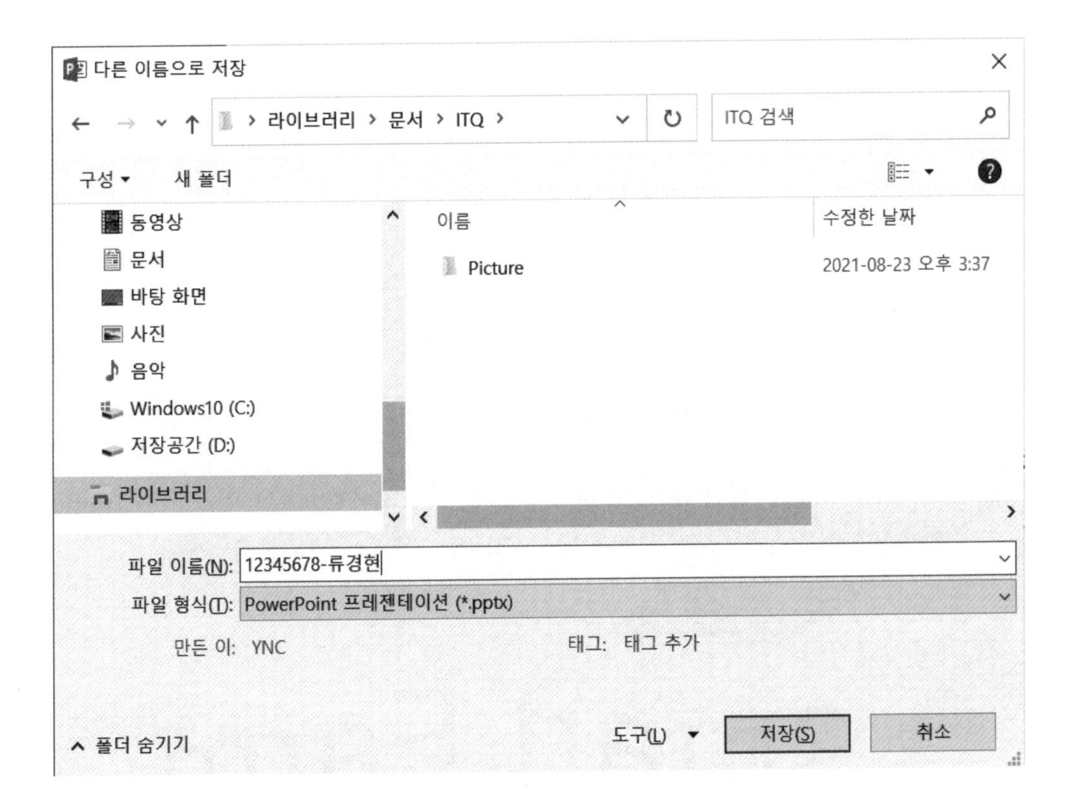

전체구성이 만들어지면 슬라이드1부터 조건에 맞게 출력형태를 참고하여 작성합니다.

2. [슬라이드 1] 표지 디자인

(1) 표지 디자인: 도형, 워드아트 및 그림을 이용하여 작성합니다.

세부조건

① 도형 편집 – 도형에 그림 채우기 : 「내 PC₩문서₩ITQ₩Picture₩그림2.jpg」, 투명도 50%
　　　　　　– 도형 효과 : 부드러운 가장자리 5 포인트
② 워드아트 삽입 – 변환 : 갈매기형 수장 위로, 글꼴 : 돋움, 굵게,
　　　　　　　　텍스트 반사 : 근접 반사, 터치
③ 그림 삽입 – 「내 PC₩문서₩ITQ₩Picture₩로고2.jpg」, 배경(회색), 투명색으로 설정

표지 디자인을 작성하는 순서는 다음과 같습니다.

- 도형삽입 – 서식 – 그림 채우기 – 도형효과
- 삽입 – 워드아트 – 첫 번째 선택 – 글자 입력 글꼴, 검은색 – 텍스트 효과 – 변환 : 반사 지정
- 삽입 – 그림 – 로고 – 그림도구 – 서식 – 조정 – 색 – 투명한색 설정 – 크기 줄이기

3. [슬라이드 2] 목차 슬라이드

(1) 출력형태와 같이 도형을 이용하여 목차를 작성한다(글꼴 : 굴림, 24pt).

(2) 도형 : 선 없음

세부조건

① 텍스트에 하이퍼링크 적용 -> 슬라이드 6

② 그림 삽입 - 「내 PC₩문서₩ITQ₩Picture₩그림4.jpg」, 자르기 기능 이용

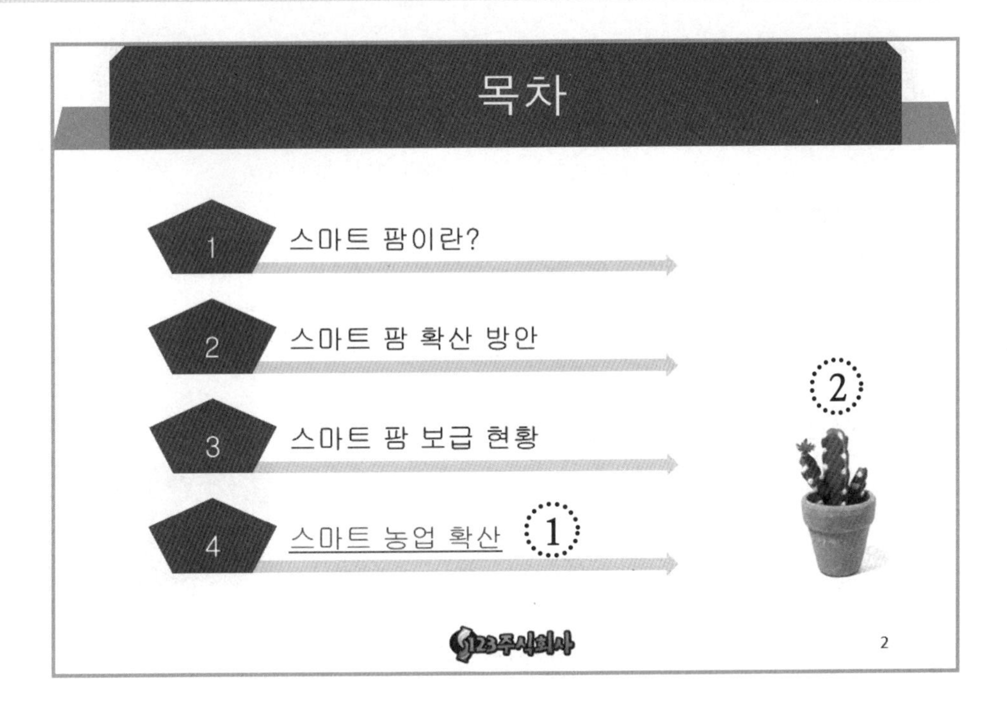

목차 슬라이드를 작성하는 순서는 다음과 같습니다.

- 먼저 도형을 그리는 순서는 아래쪽 도형을 그리고 위쪽 도형을 그리면 작업하기가 쉽습니다.
- 도형 안에 글자 입력합니다.
- 도형을 복사합니다.
- 동일한 위치에 맞게 그리려면 Ctrl+Shift+아래쪽으로 드래그합니다.
- 글자선택 - 마오 - 하이퍼링크 - 현재문서 - 슬라이드 번호를 지정합니다.
- 삽입 - 그림 - 그림을 선택 - 자르기

4. [슬라이드 3] 텍스트 / 동영상 슬라이드

(1) 텍스트 작성 : 글머리 기호 사용(◆ ✓)

◆ 문단(굴림, 24pt, 굵게, 줄간격 : 1.5줄), ✓ 문단(굴림, 20pt, 줄간격 : 1.5줄)

세부조건

① 동영상 삽입 - 「내 PC₩문서₩ITQ₩Picture₩동영상.wmv」
- 자동실행, 반복재생 실행

1. 스마트 팜이란?

◆ **Smart Farm**

✓ Remotely and automatically control and manage the cultivation environment of crops and livestock via smart phone and computer by incorporating ICT into green

◆ **스마트 팜의 운영 원리와 적용분야**

✓ 정보통신기술, 바이오기술, 녹색기술 등을 농업에 접목하여 지능화한 스마트 농업기술

✓ 원격으로 작물과 가축을 관리할 수 있는 시스템

①

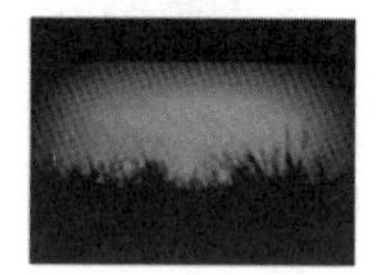

3

텍스트 / 동영상 슬라이드는 다음과 같은 순서로 작업합니다.

- 영어 문장을 입력합니다.
- 첫 번째 문단을 선택 - 단락 - 글머리기호(wingdings), 글꼴, 크기, 줄간격
- 두 번째 문단을 선택 - 단락 - 글머리기호 - 목록수준 늘림, 글꼴, 크기, 줄간격
- 텍스트상자 선택 - Ctrl+Shift+아래쪽으로 드래그
- 한글 문장을 입력합니다. 줄바꿈을 하기 위해서는 Shift+Enter을 사용합니다.
- 삽입 - 미디어 - 비디오 - 비디오파일 - 동영상 - 자동실행 - 반복실행체크

5. [슬라이드 4] 표 슬라이드

(1) 도형과 표 작성 기능을 이용하여 슬라이드를 작성한다(글꼴 : 돋움, 18pt).

세부조건

① 상단 도형 : 2개 도형의 조합으로 작성
② 좌측 도형 : 그라데이션 효과(선형 아래쪽)
③ 표 스타일 : 테마 스타일 1 - 강조 4

2. 스마트 팜 확산 방안

① ② ③

	현행	개선	선정 대상지
보급	온실, 축사	온실, 축사, 기타	노지 채소 수직형 농장 등 도입
정책 대상	기존 농업인	기존 농업인 청년 농업인 전후방 산업	규모화, 집적화 청년 임대형 스마트 팜 조성 스마트 팜 실증단지 조성
확산 거점	-	스마트 팜 혁신 밸리	생산, 유통, 인력양성, 기술혁신 및 전후방 산업 동반성장 거점

123주식회사 4

표 슬라이드를 다음과 같은 순서로 작성합니다.

- 표 삽입 - 열 개수, 행 개수 - 표 스타일 지정 - 머리글행, 줄무늬행 체크 해제, 자료 입력(글꼴, 크기, 가운데맞춤, 우클릭 - 도형서식 - 텍스트 상자 - 세로 - 중간)
- 상단도형 2개 조합, 글꼴, 크기, 검정색 지정 - Ctrl+Shift+드래그
- 좌측도형 - 서식 - 도형채우기 - 그라데이션 - 자료 입력(글꼴, 크기, 가운데맞춤)

6. [슬라이드 5] 차트 슬라이드

(1) 차트 작성 기능을 이용하여 슬라이드를 작성한다.

(2) 차트 : 종류(묶은 세로 막대형), 글꼴(돋음, 16pt), 외곽선

세부조건

※ 차트설명

- 차트제목 : 궁서, 24pt, 굵게, 채우기(흰색), 테두리, 그림자(오프셋 오른쪽)
- 차트영역 : 채우기(노랑), 그림영역 : 채우기(흰색)
- 데이터 서식 : 축산(호) 계열을 표식이 있는 꺾은선형으로 변경 후 보조축으로 지정
- 값 표시 : 2020년의 시설원예(ha) 계열만

① 도형 삽입 - 스타일 : 미세효과 - 파랑, 강조 1
- 글꼴 : 굴림, 18pt

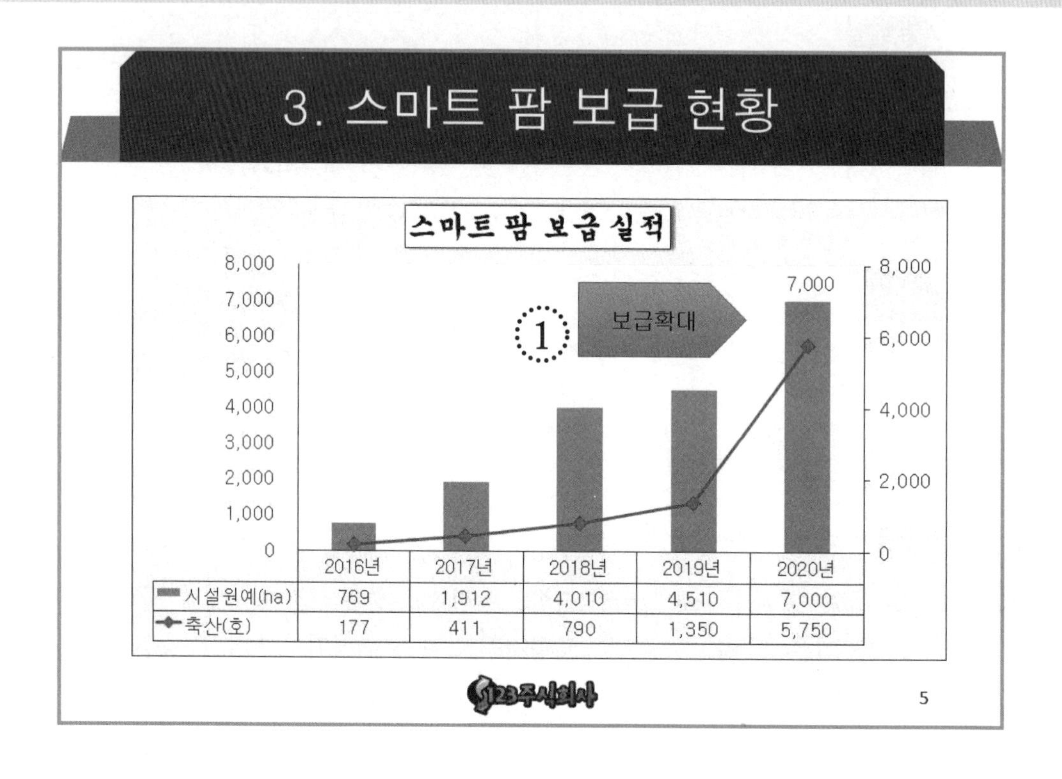

	2016년	2017년	2018년	2019년	2020년
시설원예(ha)	769	1,912	4,010	4,510	7,000
축산(호)	177	411	790	1,350	5,750

차트 슬라이드는 다음과 같은 순서로 작성합니다.

- 차트삽입 - 세로막대형 - 묶은 세로 막대형 - 엑셀파일에 자료입력 - 차트도구 - 디자인 - 행/열 전환 - 글꼴, 크기, 도형 윤곽선 : 검정
- 레이아웃 - 차트제목 - 차트 위 - 제목입력 - 글꼴, 크기, 채우기 : 흰색, 도형 윤곽선 : 검정, 도형 효과 - 그림자 - 바깥쪽 - 그림자 선택
- 차트영역 - 도형채우기, 그림영역 - 도형채우기
- 레이아웃 - 레이블 - 데이터표 - 범례 표지와 함께 데이터표 표시
- 보조축자료 선택 - 우클릭 - 데이터계열서식 - 보조축 - 표식이 있는 꺾은선형으로 변경
- 기본축과 보조축의 축서식 조정(표시형식 : 사용자지정, 축옵션 : 주단위)
- 값을 주고자 하는 자료를 클릭 후 한 번 더 클릭(자료 한 개만 선택) - 우클릭 - 데이터레이블 추가
- 출력형태를 보고 눈금선 제거, 범례 제거
- 도형 삽입 - 우클릭 - 개체서식 - 채우기색, 투명도 지정
- 도형 윤곽선 - 윤곽선 없음, 글입력(글꼴, 크기, 텍스트상자 : 중간)

7. [슬라이드 6] 도형 슬라이드

(1) 슬라이드와 같이 도형 및 스마트아트를 배치한다(글꼴 : 굴림, 18pt).

(2) 애니메이션 순서 : ① ⇒ ②

세부조건

① 도형 및 스마트아트 편집 - 스마트아트 디자인 : 3차원 경사, 3차원 광택 처리
- 그룹화 후 애니메이션 효과 : 닦아내기(위에서)

② 도형 편집 - 그룹화 후 애니메이션 효과 : 바운드

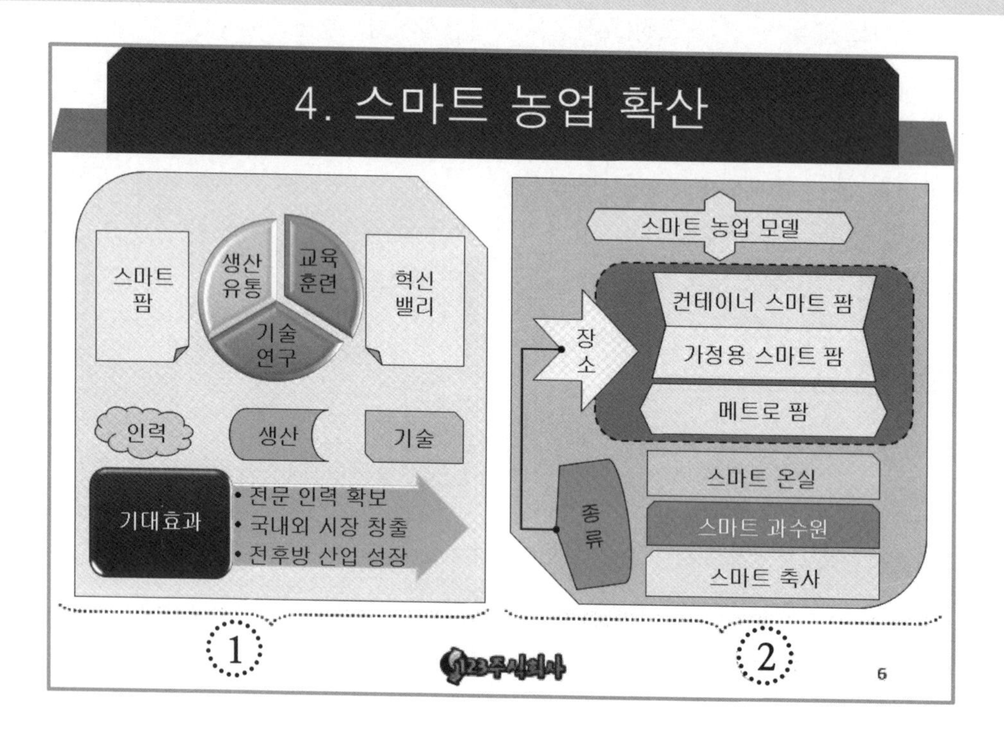

도형 슬라이드는 다음과 같은 순서로 작성합니다.

- 출력형태의 왼쪽부분(그룹 1)의 도형을 그립니다.
- 출력형태를 보고 제일 아래쪽에 있는 것부터 순서대로 그립니다.
- 도형, 스마트아트 - 글자입력(글꼴, 크기, 색), 도형색은 임의로 - 그룹 - 애니메이션효과
- 출력형태를 보고 오른쪽부분(그룹 2)의 도형을 그립니다.
- 도형 - 글자입력(글꼴, 크기, 색), 도형색은 임의로 - 그룹 - 애니메이션효과

* 파워포인트 기출문제 1

[전체구성] (60점)

(1) 슬라이드 크기 및 순서 : 크기를 A4 용지로 설정하고 슬라이드 순서에 맞게 작성한다.

(2) 슬라이드 마스터 : 2~6 슬라이드의 제목, 하단 로고, 슬라이드 번호는 슬라이드 마스터를 이용하여 작성한다.

- 목 글꼴(돋움, 40pt, 흰색), 가운데 맞춤, 도형(선 없음)
- 단 로고(「내 PC\문서\ITQ\Picture\로고2.jpg」, 배경(회색) 투명색으로 설정)

[슬라이드 1] 〈표지 디자인〉 (40점)

(1) 표지 다자인 : 도형, 워드아트 및 그림을 이용하여 작성한다.

세부조건

① 도형 편집 - 도형에 그림 채우기 : 「내 PC₩문서₩ITQ₩Picture₩그림2.jpg」, 투명도 50%
 - 도형 효과 : 부드러운 가장자리 5 포인트

② 워드아트 삽입 - 변환 : 물결 1, 글꼴 : 돋움, 굵게, 텍스트 반사 : 근접 반사, 터치

③ 그림 삽입 - 「내 PC₩문서₩ITQ₩Picture₩로고2.jpg」, 배경(회색) 투명색으로 설정

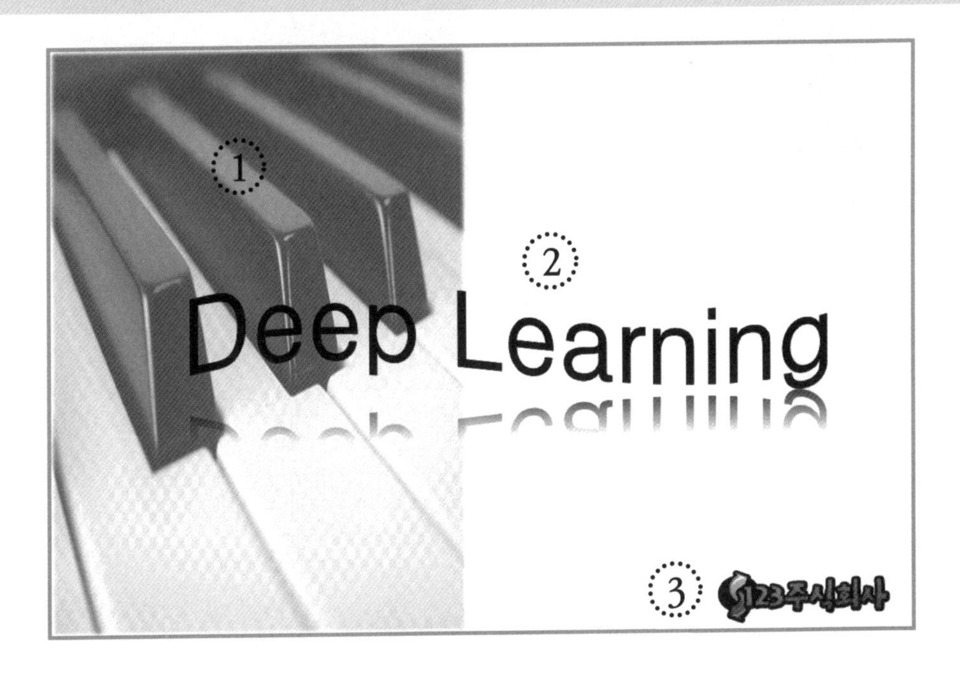

[슬라이드 2] ≪목차 슬라이드≫ (60점)

(1) 출력형태와 같이 도형을 이용하여 목차를 작성한다(글꼴 : 굴림, 24pt).
(2) 도형 : 선 없음

세부조건

① 텍스트에 하이퍼링크 적용 -> '슬라이드 6'
② 그림 삽입 - 「내문서₩ITQ₩Picture₩그림4.jpg」
- 자르기 기능 이용

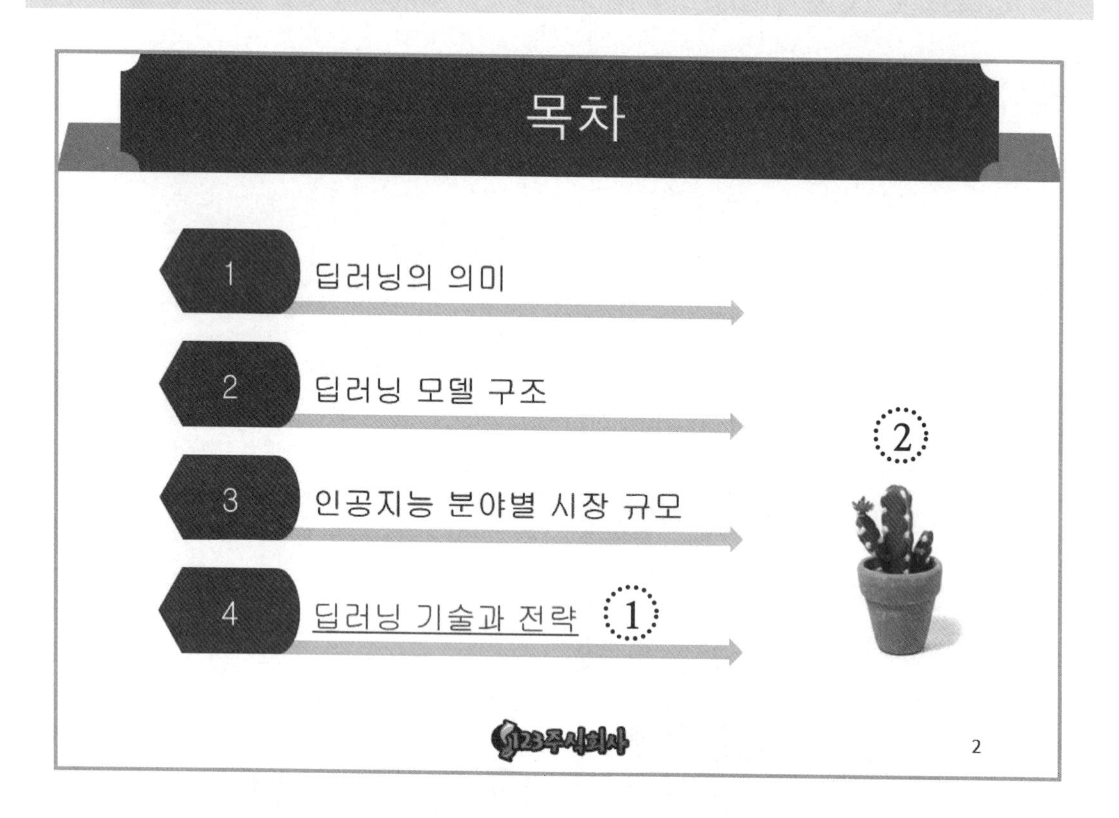

[슬라이드 3] ≪텍스트 / 동영상 슬라이드≫ (60점)

(1) 텍스트 작성: 글머리 기호 사용(◆, ✓)

◆ 문단(굴림, 24pt, 굵게, 줄간격 : 1.5줄), ✓ 문단(굴림, 20pt, 줄간격 : 1.5줄)

세부조건

① 동영상 삽입 - 「내문서₩ITQ₩Picture₩동영상.wmv」
- 자동실행, 반복재생 설정

1. 딥러닝의 의미

◆ Deep Learning

✓ A kind of artificial intelligence technology, a computer algorithm is capable of learning by itself through the various data and determines the handling

◆ 딥러닝

✓ 컴퓨터가 여러 데이터를 이용해 사람처럼 스스로 학습할 수 있게 하기 위한 인공지능 학습 기술

✓ 컴퓨터 스스로 보고 듣고 느낀 것을 공유 및 확산

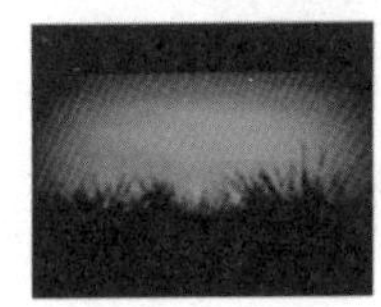

3

[슬라이드 4] ≪표 슬라이드≫ (80점)

(1) 도형과 표 작성 기능을 이용하여 슬라이드를 작성한다(글꼴 : 돋움, 18pt).

세부조건

① 상단 도형 : 2개 도형의 조합으로 작성
② 좌측 도형 : 그라데이션 효과(선형 아래쪽)
③ 표 스타일 : 테마 스타일 1 - 강조 4

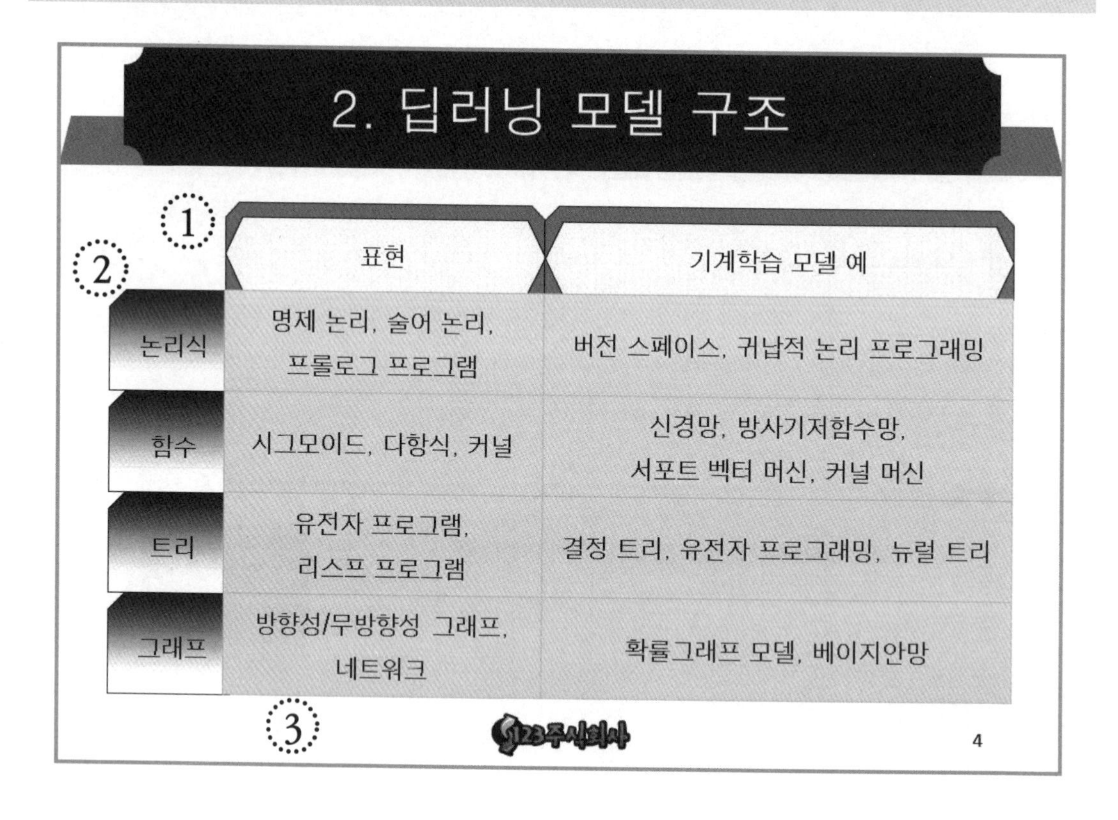

[슬라이드 5] ≪차트 슬라이드≫ (100점)

(1) 차트 작성 기능을 이용하여 슬라이드를 작성한다.

(2) 차트 : 종류(묶은 세로 막대형), 글꼴(돋움, 16pt), 외곽선

세부조건

※ 차트설명

- 차트제목 : 궁서, 20pt, 굵게, 채우기(흰색), 테두리, 그림자(오프셋 오른쪽)
- 차트영역 : 채우기(노랑), 그림영역 : 채우기(흰색)
- 값 표시 : 2023년의 머신러닝 계열만

① 도형 삽입 – 스타일 : 미세효과 – 파랑, 강조 1
　　　　　　– 글꼴 : 굴림, 18pt

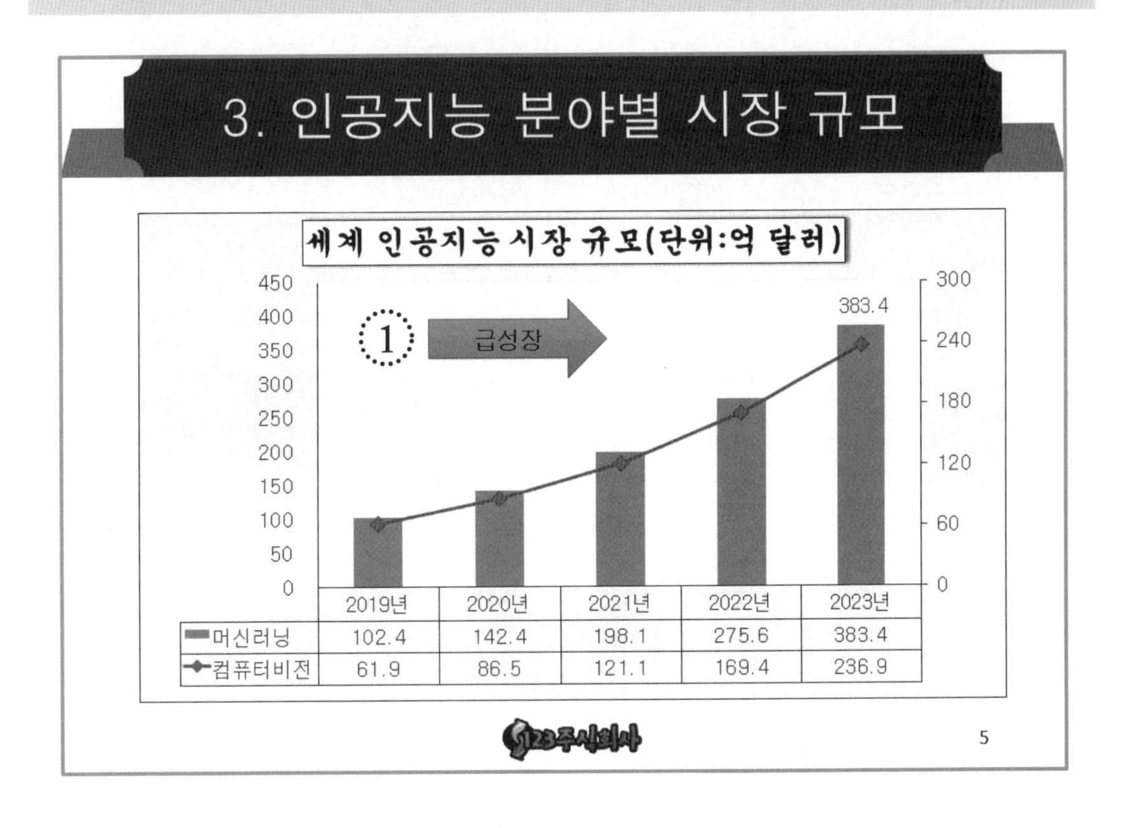

	2019년	2020년	2021년	2022년	2023년
머신러닝	102.4	142.4	198.1	275.6	383.4
컴퓨터비전	61.9	86.5	121.1	169.4	236.9

[슬라이드 6] ≪도형 슬라이드≫ (100점)

(1) 슬라이드와 같이 도형 및 스마트아트를 배치한다(글꼴 : 굴림, 18pt).

(2) 애니메이션 순서 : ① ⇒ ②

세부조건

① 도형 및 스마트아트 편집 - 스마트아트 디자인 : 3차원 경사, 3차원 만화
- 그룹화 후 애니메이션 효과 : 닦아내기(위에서)

② 도형 편집 - 그룹화 후 애니메이션 효과 : 바운드

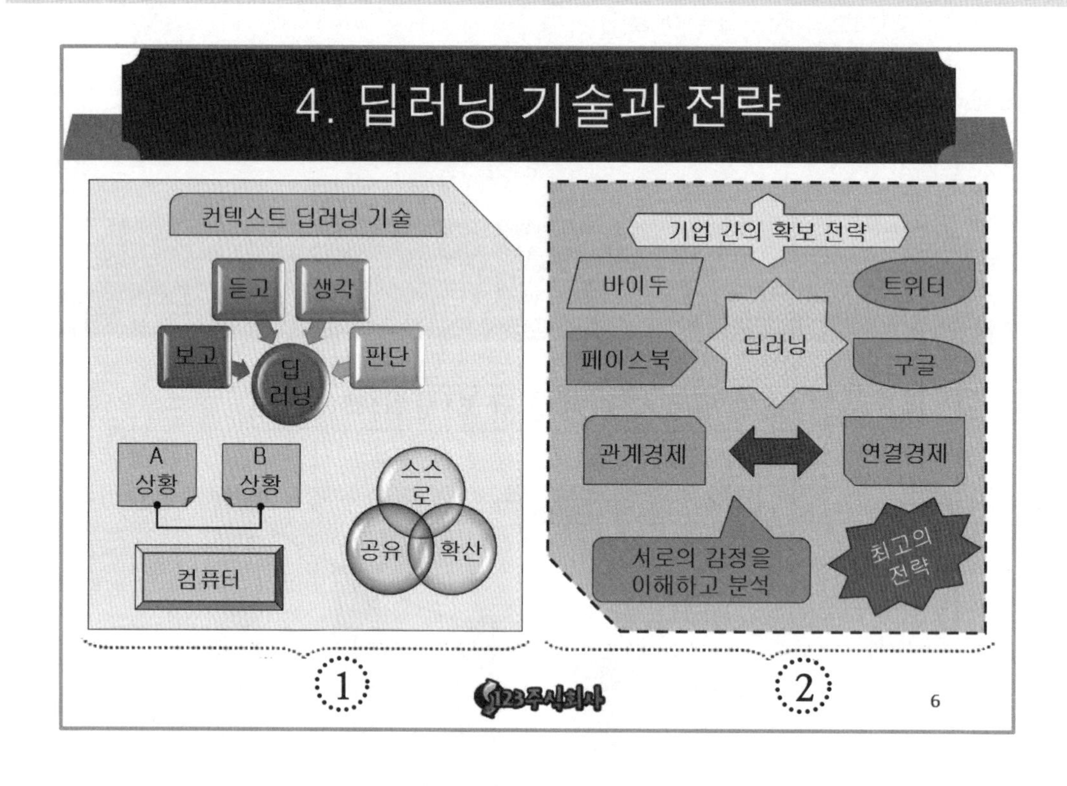

* 파워포인트 기출문제 2

[전체구성] (60점)

(1) 슬라이드 크기 및 순서 : 크기를 A4 용지로 설정하고 슬라이드 순서에 맞게 작성한다.

(2) 슬라이드 마스터 : 2~6 슬라이드의 제목, 하단 로고, 슬라이드 번호는 슬라이드 마스터를 이용하여 작성한다.

- 제목 글꼴(궁서, 40pt, 흰색), 왼쪽 맞춤, 도형(선 없음)
- 하단 로고(「내 PC\문서\ITQ\Picture\로고2.jpg」, 배경(회색) 투명색으로 설정)

[슬라이드 1] 〈표지 디자인〉 (40점)

(1) 표지 디자인 : 도형, 워드아트 및 그림을 이용하여 작성한다.

세부조건

① 도형 편집 - 도형에 그림 채우기 : 「내 PC₩문서₩ITQ₩Picture₩그림1.jpg」, 투명도 50%
　　　　　　- 도형 효과 : 부드러운 가장자리 5 포인트

② 워드아트 삽입 - 변환 : 위로 기울기, 글꼴 : 궁서, 굵게, 텍스트 반사 : 근접 반사, 터치

③ 그림 삽입 - 「내 PC₩문서₩ITQ₩Picture₩로고2.jpg」, 배경(회색) 투명색으로 설정.

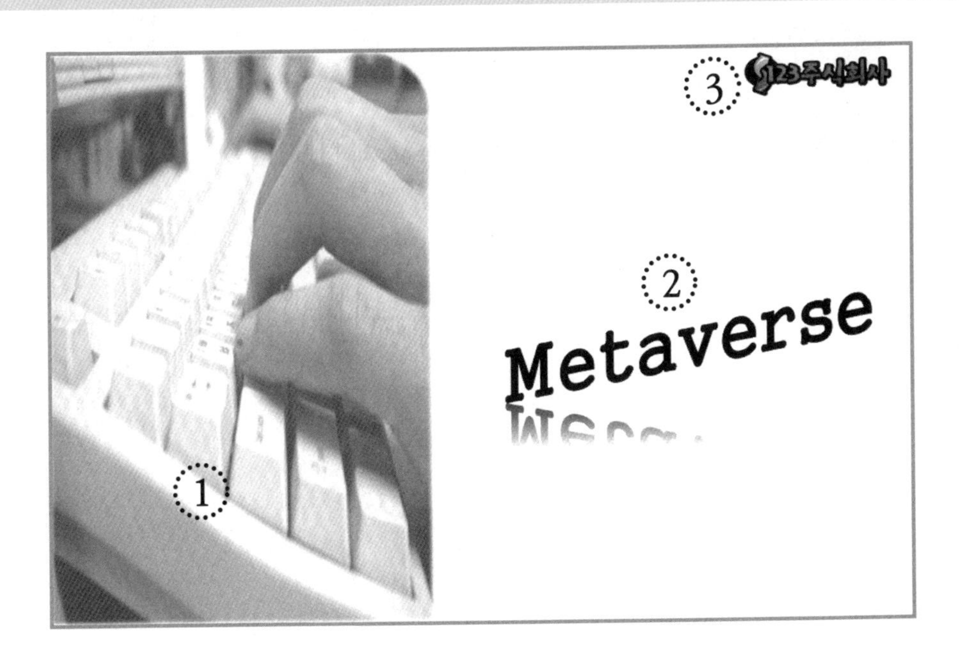

[슬라이드 2] ≪목차 슬라이드≫ (60점)

(1) 출력형태와 같이 도형을 이용하여 목차를 작성한다(글꼴 : 궁서, 24pt).

(2) 도형 : 선 없음

세부조건

① 텍스트에 하이퍼링크 적용 -> '슬라이드 4'

② 그림 삽입 - 「내 PC₩문서₩ITQ₩Picture₩그림4.JPG」
 - 자르기 기능 이용.

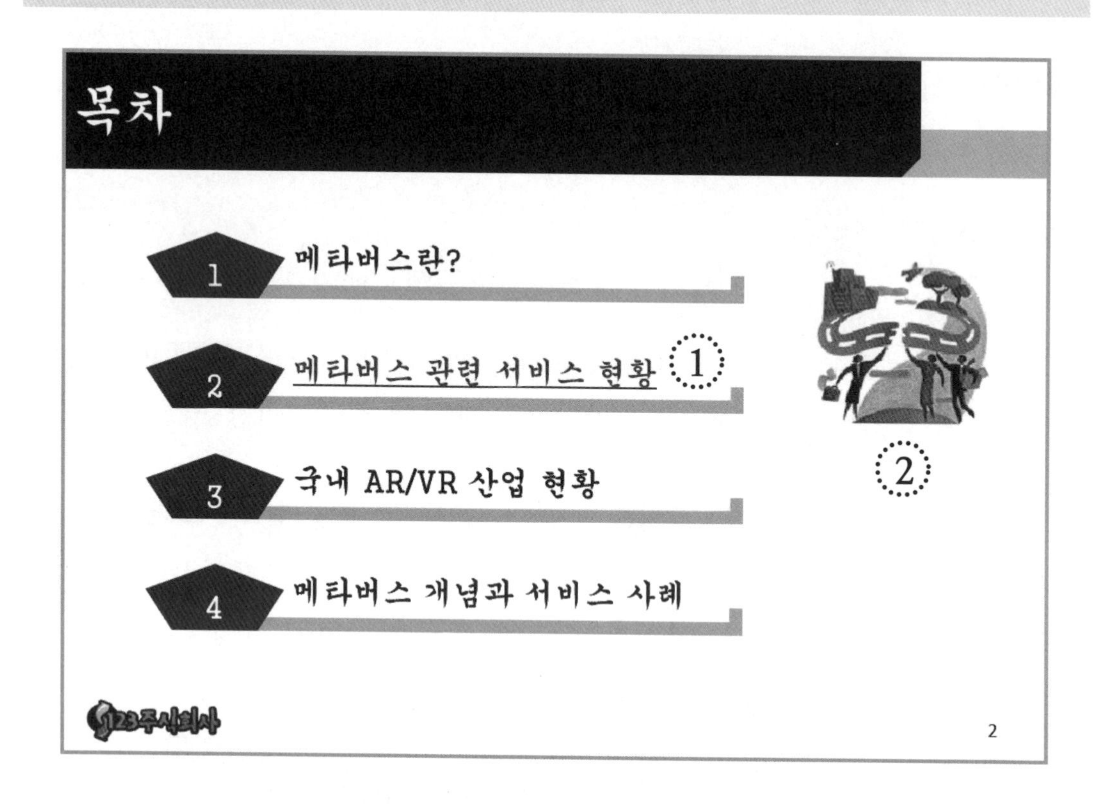

[슬라이드 3] ≪텍스트 / 동영상 슬라이드≫ (60점)

(1) 텍스트 작성 : 글머리 기호 사용(➢, ■)

➢ 문단(굴림, 24pt, 굵게, 줄간격 : 1.5줄), ■ 문단(굴림, 20pt, 줄간격 : 1.5줄)

세부조건

① 동영상 삽입 - 「내 PC₩문서₩ITQ₩Picture₩동영상.wmv」
- 자동실행, 반복재생 실행

1. 메타버스란?

➢ Metaverse

- ▪ A compound word of the Greek word meta, meaning 'transcend or more', and universe, meaning 'the world or the universe'

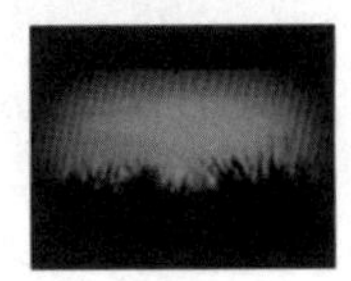

➢ 메타버스란?

- ▪ '초월, 그 이상'을 뜻하는 그리스어 메타와 '세상 또는 우주'를 뜻하는 유니버스의 합성어
- ▪ 가상과 실제 현실이 상호작용하는 새로운 사이버 세계를 의미

3

[슬라이드 4] ≪표 슬라이드≫ (80점)

(1) 도형과 표 작성 기능을 이용하여 슬라이드를 작성한다(글꼴 : 돋움, 18pt).

세부조건

① 상단 도형 : 2개 도형의 조합으로 작성
② 좌측 도형 : 그라데이션 효과(선형 아래쪽)
③ 표 스타일 : 테마 스타일 1 - 강조 5

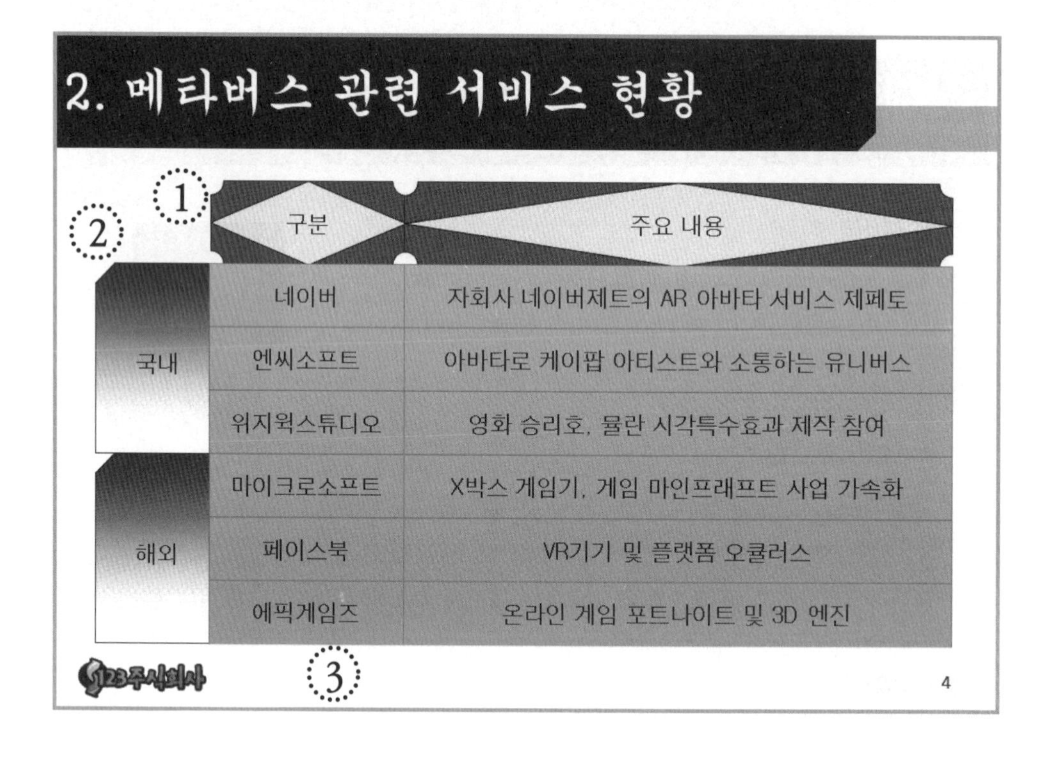

[슬라이드 5] ≪차트 슬라이드≫ (100점)

(1) 차트 작성 기능을 이용하여 슬라이드를 작성한다.

(2) 차트 : 종류(묶은 세로 막대형), 글꼴(돋움, 16pt), 외곽선

세부조건

※ 차트설명

- 차트제목 : 궁서, 20pt, 굵게, 채우기(흰색), 테두리, 그림자(오프셋 오른쪽)
- 차트영역 : 채우기(노랑), 그림영역 : 채우기(흰색)
- 데이터 서식 : 콘텐츠 계열을 표식이 있는 꺾은선형으로 변경 후 보조축으로 지정
- 값 표시 : 2020년의 하드웨어 계열만

① 도형을 삽입 - 스타일 : 미세 효과 - 파랑, 강조1
　　　　　　- 글꼴 : 굴림, 16pt

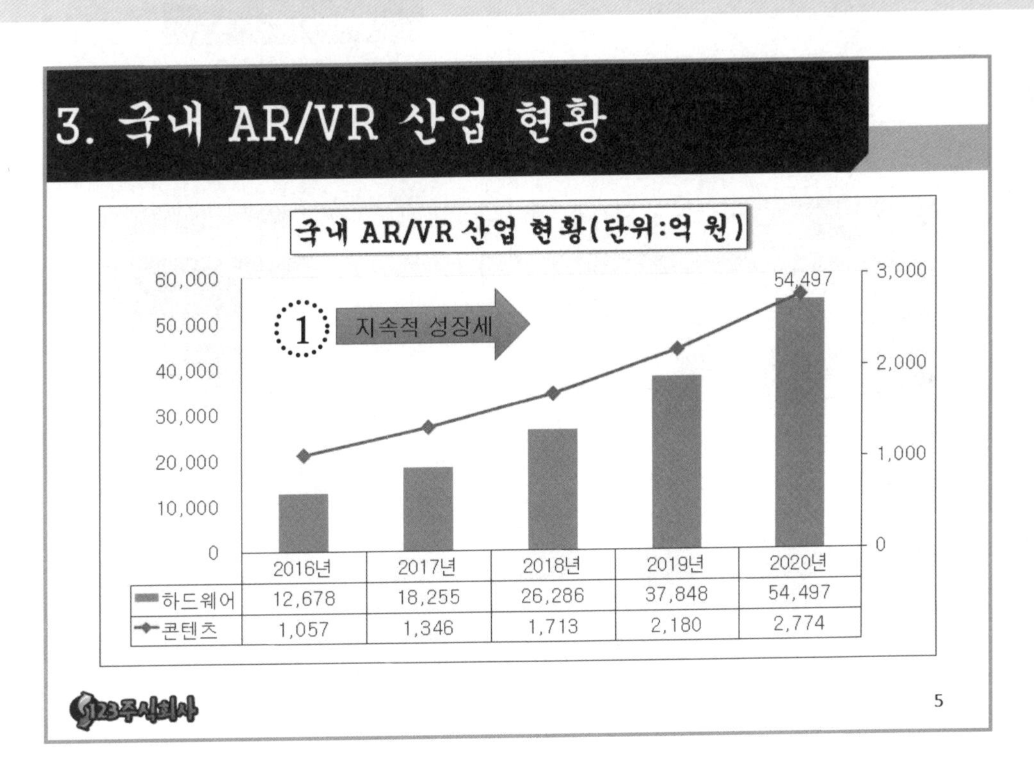

	2016년	2017년	2018년	2019년	2020년
하드웨어	12,678	18,255	26,286	37,848	54,497
콘텐츠	1,057	1,346	1,713	2,180	2,774

[슬라이드 6] ≪도형 슬라이드≫ (100점)

(1) 슬라이드와 같이 도형 및 스마트아트를 배치한다(글꼴 : 굴림, 18pt).

(2) 애니메이션 순서 : ① ⇒ ②

세부조건

① 도형 및 스마트아트 편집 - 스마트아트 디자인 : 3차원 경사, 3차원 광택 처리
- 그룹화 후 애니메이션 효과 : 나타내기

② 도형 편집 - 그룹화 후 애니메이션 효과 : 닦아내기(오른쪽에서)

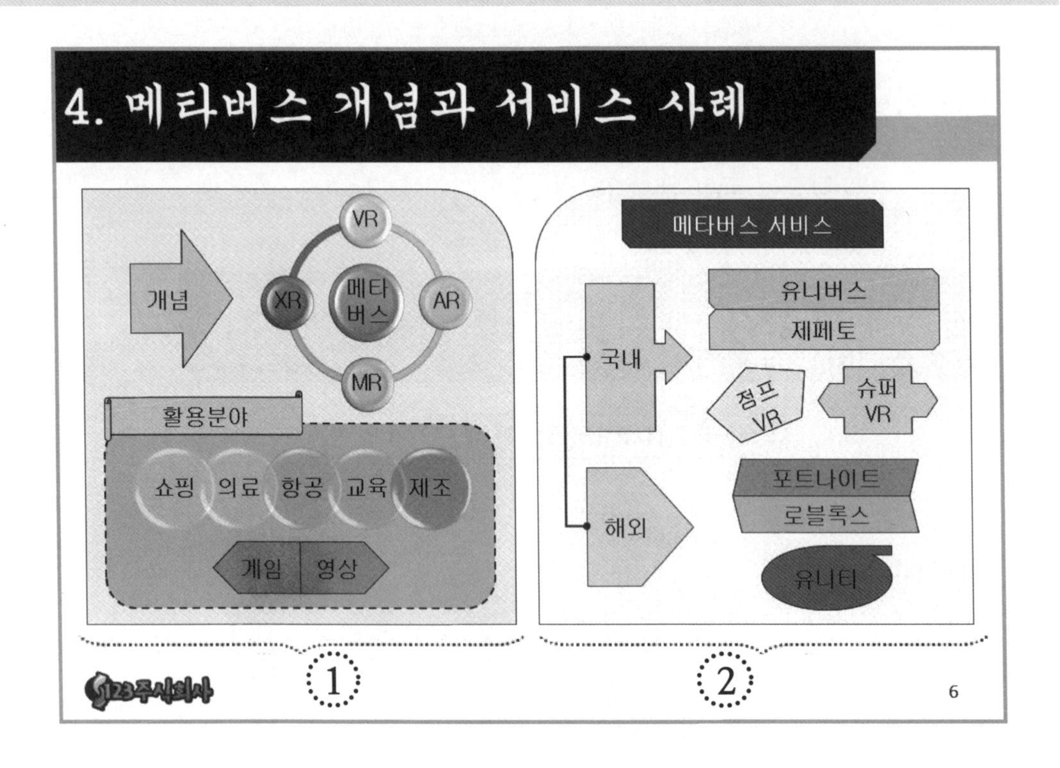

* 엑셀과 파워포인트 융합 문제 1

1. 엑셀 기출문제 6 자료를 이용하여 프리젠테이션을 작성해봅니다.

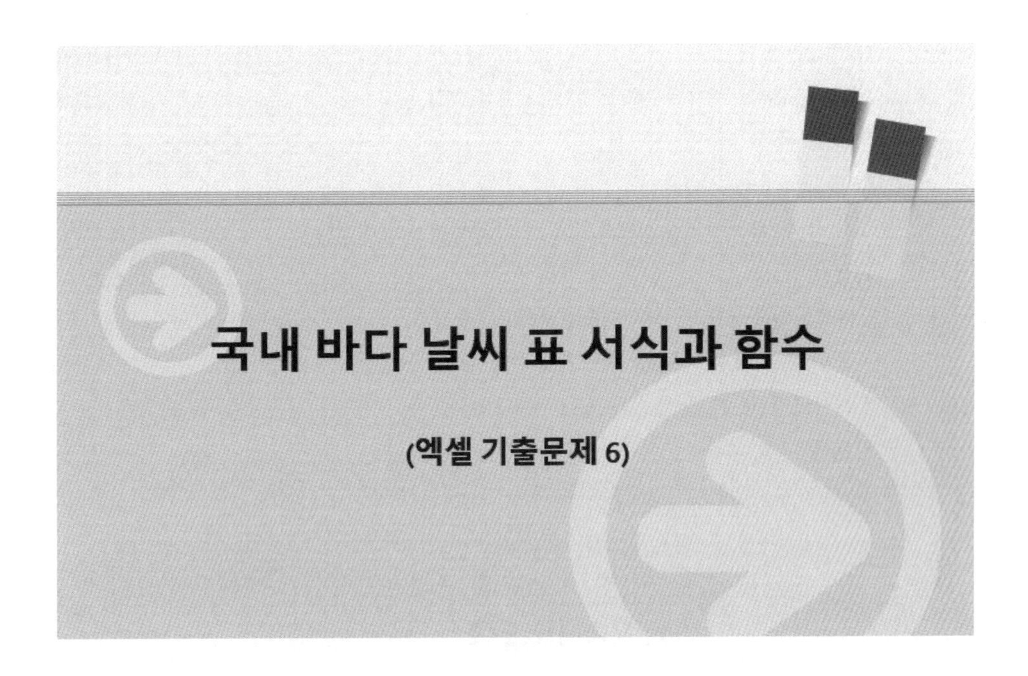

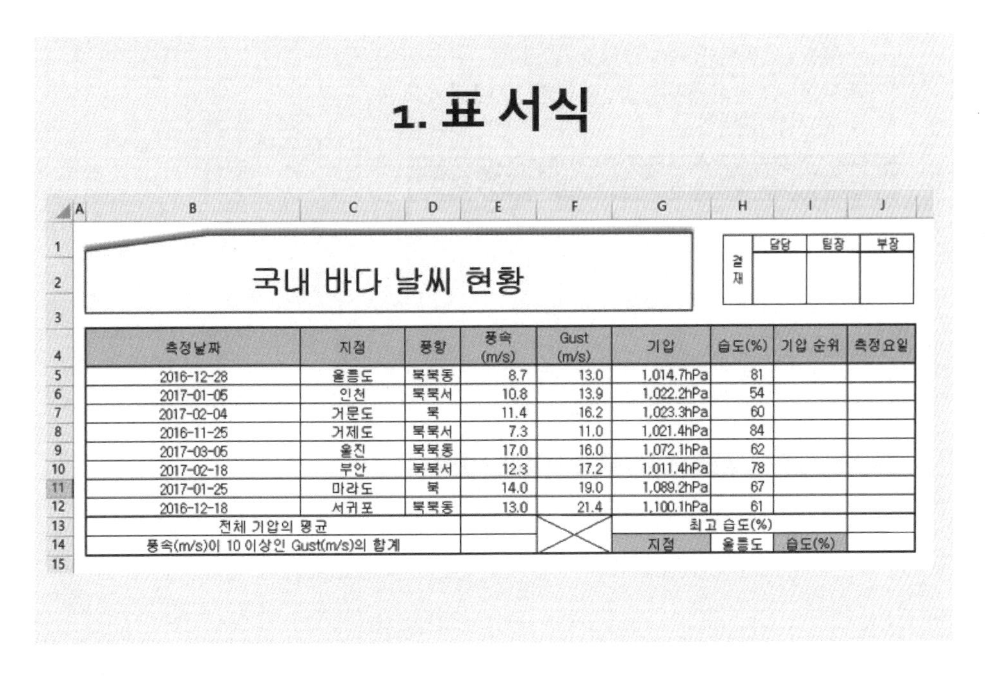

측정날짜	지점	풍향	풍속(m/s)	Gust(m/s)	기압	습도(%)	기압 순위	측정요일
2016-12-28	울릉도	북북동	8.7	13.0	1,014.7hPa	81		
2017-01-05	인천	북북서	10.8	13.9	1,022.2hPa	54		
2017-02-04	거문도	북	11.4	16.2	1,023.3hPa	60		
2016-11-25	거제도	북북서	7.3	11.0	1,021.4hPa	84		
2017-03-05	울진	북북동	17.0	16.0	1,072.1hPa	62		
2017-02-18	부안	북북서	12.3	17.2	1,011.4hPa	78		
2017-01-25	마라도	북	14.0	19.0	1,089.2hPa	67		
2016-12-18	서귀포	북북동	13.0	21.4	1,100.1hPa	61		
전체 기압의 평균					최고 습도(%)			
풍속(m/s)이 10 이상인 Gust(m/s)의 합계					지점	울릉도	습도(%)	

표 꾸미기 설명

1. 데이터 입력
   - 문자는 가운데, 숫자는 오른쪽, 숫자표시형식 : 회계, 숫자
2. 셀 음영 : 주황
3. 셀 서식 : #,##0.0"hPa"
4. 이름 정의 : 특정범위를 선택후 마우스-이름정의 또는 이름상자
5. 유효성 검사
   - 한 개의 셀에 여러 개의 데이터를 표시하고자 할 경우
   - 데이터-데이터 유효성 검사-제한대상 : 목록, 원본 : 범위선택

1. RANK.EQ

1. =RANK.EQ (G5,$G$5:$G$12,0) &"위"
2. =RANK.EQ(숫자, 범위, 옵션), 옵션 : 0 내림, 1 오름
   & : 문자연결연산자

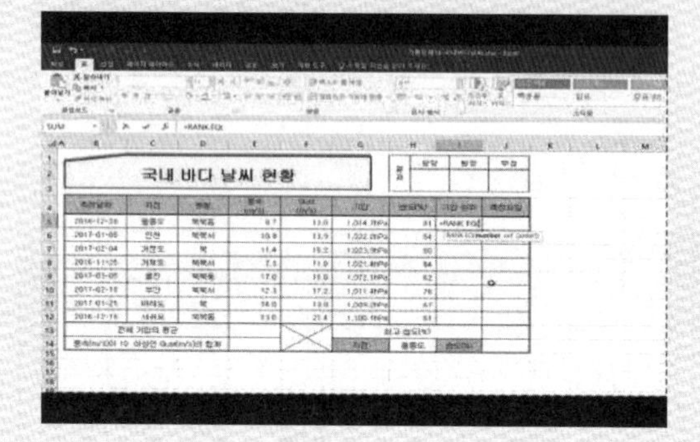

2. IF, WEEKDAY

1. =IF(WEEKDAY(B5,2)<=5,"평일","주말")
2. =IF(WEEKDAY(B5,2)>5,"주말","평일")
3. =IF(조건식, 참값, 거짓값)
   1. 조건식 : 피연산자, 연산자 (>=,>,<,<=,<>, =) ,피연산자
4. =WEEKDAY(날짜,옵션) 옵션= 1:일,월,... 2:월,화,...

3. ROUND,AVERAGE

1. ROUND(AVERAGE(G5:G12),0)
2. AVERAGE(범위) 예) AVERAGE(G5:G12)
3. =ROUND(숫자, 자리수) 자리수:0정수, 일:-1, 십:-2,,,소수이하 첫째 1,2,,,
   - 예) 1,080.4 → 1,080 (0:-1, 00:-2, 000:-3)

4.SUMIF

1. =SUMIF(E5:E12,">=10",F5:F12)
2. =SUMIF{조건범위, 조건,합범위)}
3. 참고
   - =AVERGEIF(조검범위, 조건, 평균범위)
   - =COUNTIF(조건범위, 조건)

5.MAX

1. =MAX(습도)
2. =MAX(범위) , 범위:B5:B12
3. =MAX(H5:H12) = LARGE (H5:H12,1), LARGE(범위,K), K=K번째 → K번째로 큰값
4. =MIN(H5:H12) = SMALL(H5:H12,1) → K번째로 작은 값

6. VLOOKUP

1. =VLOOKUP(H14,C5:H12,6,0)
2. =VLOOKUP(찾는값, 참조범위, 열번호, 옵션)
   - 옵션0:FAISE, 정확한 값, 1:TRUE, 근사값
3. 참고
   - =HLOOKUP(찾는값, 참조범위, 행번호, 옵션)
   - =CHOOSE (색인값, 1번값, 2번값,...)
   - =CHOOSE (MID(),...)
   - =CHOOSE(RIGHT(),...)

7.조건부 서식

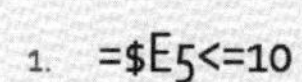

1. =$E5<=10
   - B5:J12 영역을 선택한다.
   - 홈-조건부 서식-새규칙-수식입력(예:=$E5<=10)
   - 서식: 굵게, 파랑 지정-확인

제1작업 완성

국내 바다 날씨 현황

결재	담당	팀장	부장

측정날짜	지점	풍향	풍속 (m/s)	Gust (m/s)	기압	습도(%)	기압 순위	측정요일
2016-12-28	울릉도	북북동	8.7	13.0	1,014.7hPa	81	7위	평일
2017-01-05	인천	북북서	10.8	13.9	1,022.2hPa	54	5위	평일
2017-02-04	거문도	북	11.4	16.2	1,023.3hPa	60	4위	주말
2016-11-25	거제도	북북서	7.3	11.0	1,021.4hPa	84	6위	평일
2017-03-05	울진	북북동	17.0	16.0	1,072.1hPa	62	3위	주말
2017-02-18	부안	북북서	12.3	17.2	1,011.4hPa	78	8위	주말
2017-01-25	마라도	북	14.0	19.0	1,089.2hPa	67	2위	평일
2016-12-18	서귀포	북북동	13.0	21.4	1,100.1hPa	61	1위	주말
전체 기압의 평균			1,044		최고 습도(%)			84
풍속(m/s)이 10 이상인 Gust(m/s)의 합계			103.7		지점	울릉도	습도(%)	81

* 엑셀과 파워포인트 융합 문제 2

1. 엑셀 기출문제 8 자료를 이용하여 프리젠테이션을 작성해봅니다.

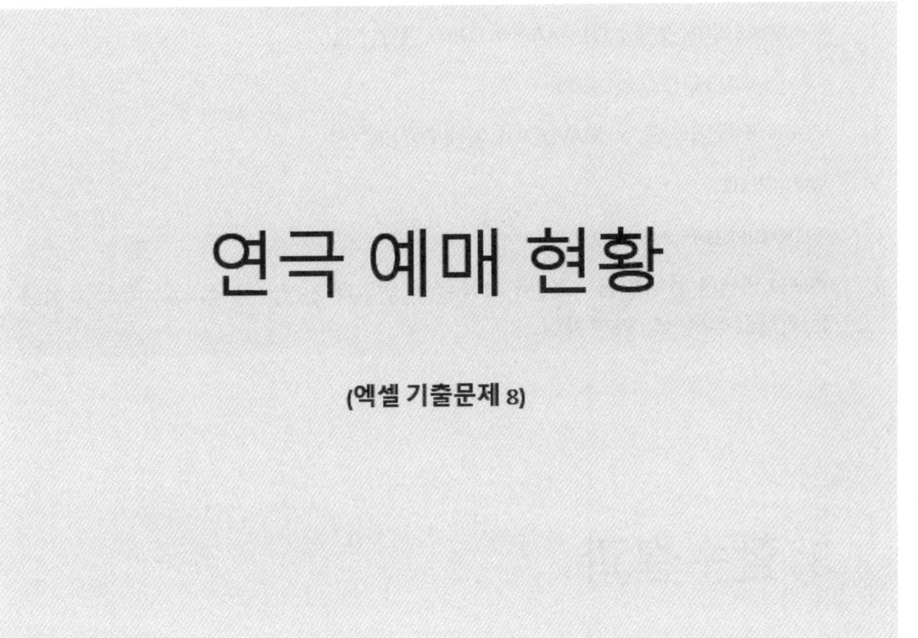

1. 표꾸미기

관리번호	공연명	공연장	관람등급	공연일	관람료 (단위:원)	예매수량	관람가능 좌석수	예매순위
BPN-02	세친구	아레나극장	7세 이상	2019-05-10	30,000	667		
JSN-03	캠핑 가는 날	동산아트센터	9세 이상	2019-05-05	70,000	1,954		
HJN-02	히스톨 보이즈	아레나극장	15세 이상	2019-06-08	60,000	705		
LON-03	꽃씨를 심는 우체부	블랙아트센터	19세 이상	2019-04-18	80,000	2,752		
CHN-01	이야기 기계	동산아트센터	3세 이상	2019-04-26	30,000	598		
AFN-03	그림자가 사는 마을	동산아트센터	9세 이상	2019-05-06	66,000	521		
SGN-02	황금 물고기	아레나극장	15세 이상	2019-04-30	90,000	800		
GGN-02	그리스	블랙아트센터	19세 이상	2019-06-27	50,000	1,719		
아레나극장의 관람료(단위:원) 평균					최저 관람료(단위:원)			
예매수량이 평균 이상인 공연 개수					공연명	세친구	예매수량	

2. 함수

1. =RIGHT(B5,1)*1000
2. =IF(RANK.EQ(H5,예매수량)<=3,RANK.EQ(H5,예매수량),"")
3. =DAVERAGE(B4:H12,G4,D4:D5)
4. =COUNTIF(예매수량,">="&AVERAGE(예매수량))&"개“
5. =MIN(G5:G12)
6. =VLOOKUP(H14,C5:H12,6,0)
7. H5:H12 영역을 선택후 홈 – 조건부서식 –데이터막대-기타규칙- 최소값 :최소값, 최대값 :최대값 선택, 색 : 녹색 지정

3. 함수결과

관리번호	공연명	공연장	관람등급	공연일	관람료(단위:원)	예매수량	관람가능 좌석수	예매순위
BPM-02	세친구	아레나극장	7세 이상	2019-05-10	30,000	667	2,000	
JSM-03	캠핑 가는 날	동산아트센터	9세 이상	2019-05-05	70,000	1,954	3,000	2
HJM-02	히스를 보이즈	아레나극장	15세 이상	2019-06-08	60,000	705	2,000	
LOM-03	꽃씨를 심는 우체부	블랙아트센터	19세 이상	2019-04-18	80,000	2,752	3,000	1
CHM-01	이야기 기계	동산아트센터	3세 이상	2019-04-26	30,000	598	1,000	
AFM-03	그림자가 사는 마을	동산아트센터	9세 이상	2019-05-06	66,000	521	3,000	
SGM-02	황금 물고기	아레나극장	15세 이상	2019-04-30	90,000	800	2,000	
GGM-02	그리스	블랙아트센터	19세 이상	2019-06-27	50,000	1,719	2,000	3
아레나극장의 관람료(단위:원) 평균			60,000		최저 관람료(단위:원)			30,000
예매수량이 평균 이상인 공연 개수			3개		공연명	세친구	예매수량	667

4. 고급필터

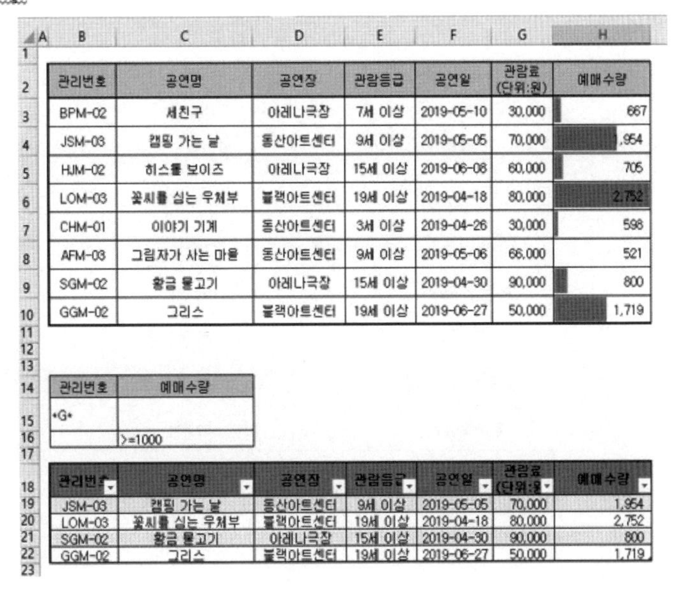

관리번호	공연명	공연장	관람등급	공연일	관람료 (단위:원)	예매수량
BPM-02	세친구	아레나극장	7세 이상	2019-05-10	30,000	667
JSM-03	캠핑 가는 날	동산아트센터	9세 이상	2019-05-05	70,000	,954
HJM-02	히스톨 보이즈	아레나극장	15세 이상	2019-06-08	60,000	705
LOM-03	꽃씨를 심는 우체부	블랙아트센터	19세 이상	2019-04-18	80,000	2,752
CHM-01	이야기 기계	동산아트센터	3세 이상	2019-04-26	30,000	598
AFM-03	그림자가 사는 마을	동산아트센터	9세 이상	2019-05-06	66,000	521
SGM-02	황금 물고기	아레나극장	15세 이상	2019-04-30	90,000	800
GGM-02	그리스	블랙아트센터	19세 이상	2019-06-27	50,000	1,719

관리번호	예매수량
G	
	>=1000

관리번호	공연명	공연장	관람등급	공연일	관람료 (단위:원)	예매수량
JSM-03	캠핑 가는 날	동산아트센터	9세 이상	2019-05-05	70,000	1,954
LOM-03	꽃씨를 심는 우체부	블랙아트센터	19세 이상	2019-04-18	80,000	2,752
SGM-02	황금 물고기	아레나극장	15세 이상	2019-04-30	90,000	800
GGM-02	그리스	블랙아트센터	19세 이상	2019-06-27	50,000	1,719

5. 피벗테이블

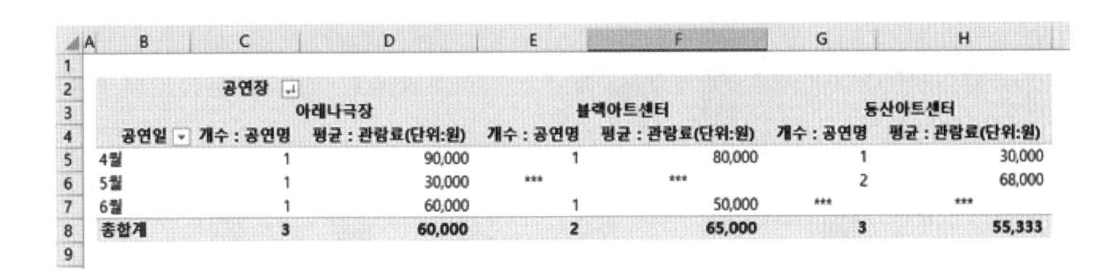

	공연장					
	아레나극장		블랙아트센터		동산아트센터	
공연일	개수 : 공연명	평균 : 관람료(단위:원)	개수 : 공연명	평균 : 관람료(단위:원)	개수 : 공연명	평균 : 관람료(단위:원)
4월	1	90,000	1	80,000	1	30,000
5월	1	30,000	***	***	2	68,000
6월	1	60,000	1	50,000	***	***
총합계	**3**	**60,000**	**2**	**65,000**	**3**	**55,333**

6. 그래프

(제1작업에서 공연명, 관람료,예매수량자료만 표로 작성)

공연명	관람료	예매수량
세친구	30,000	667
캠핑 가는 날	70,000	1,954
히스톨 보이즈	60,000	705
이야기 기계	30,000	598
그림자가 사는 마을	66,000	521
황금 물고기	90,000	800

7. 그래프 결과

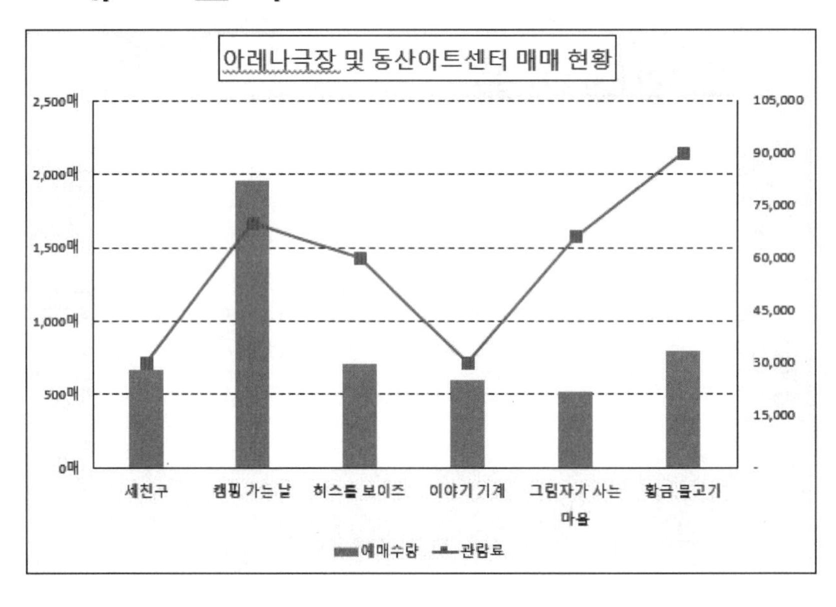

* 엑셀과 파워포인트 융합 문제3

1. 엑셀 기출문제 9 자료를 이용하여 프리젠테이션을 작성해봅니다.

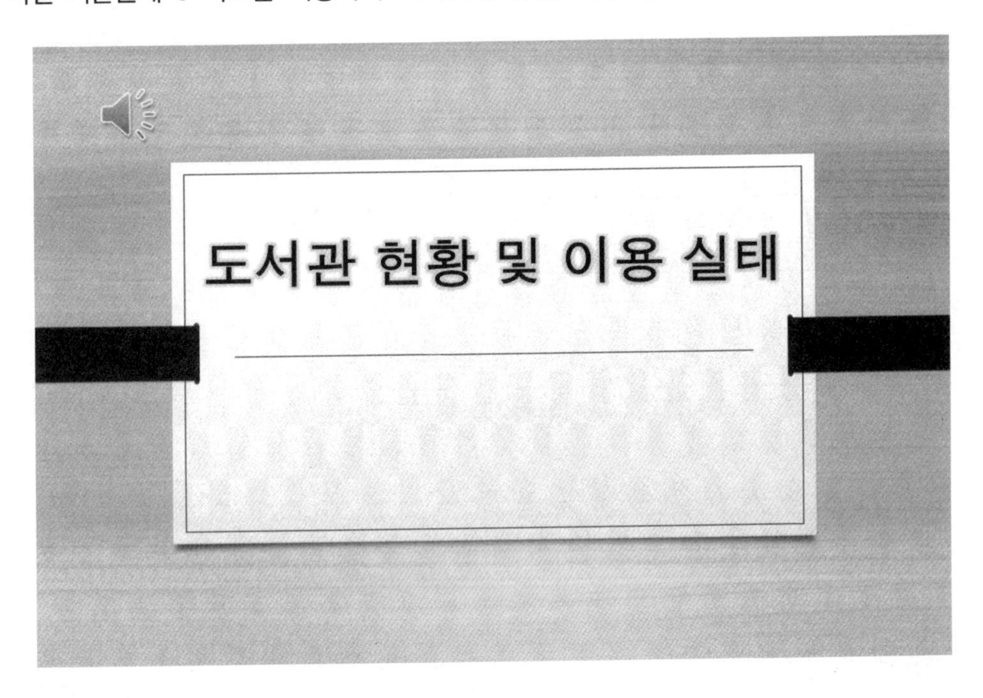

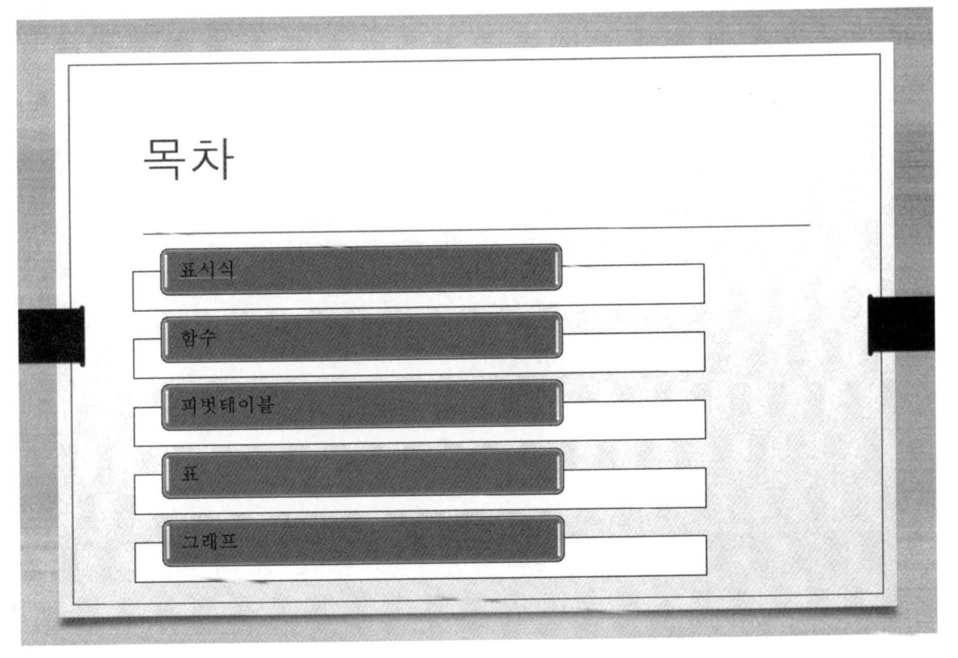

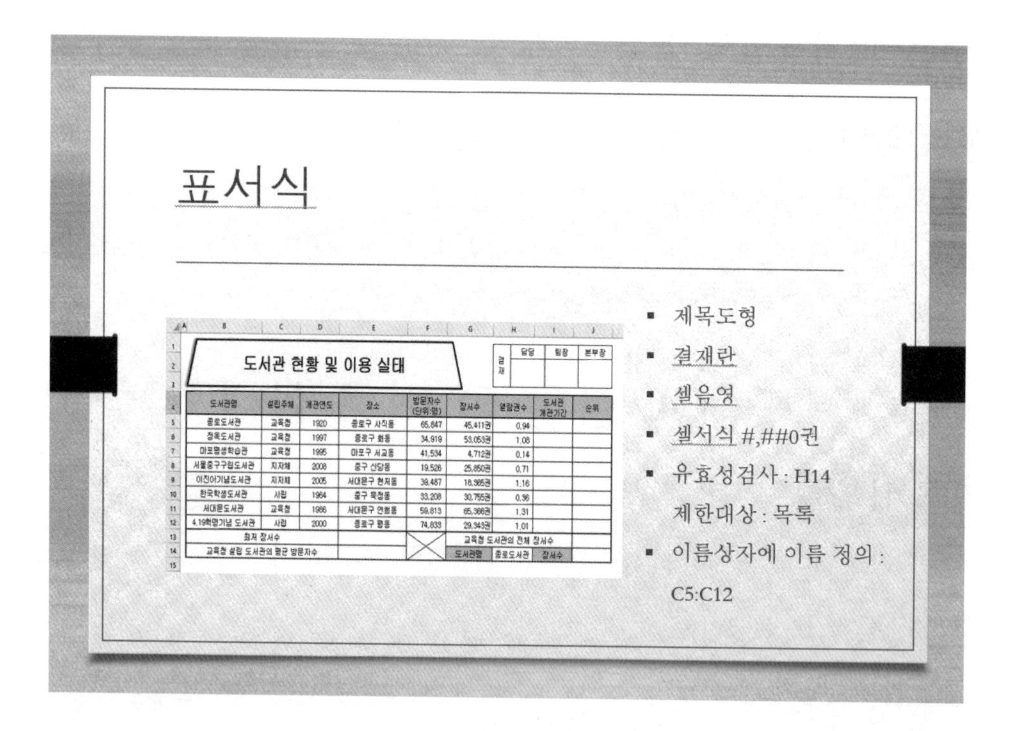
표서식
도서관 현황 및 이용 실태
▪ 제목도형
▪ 결재란
▪ 셀음영
▪ 셀서식 #,##0권
▪ 유효성검사 : H14
제한대상 : 목록
▪ 이름상자에 이름 정의 :
C5:C12

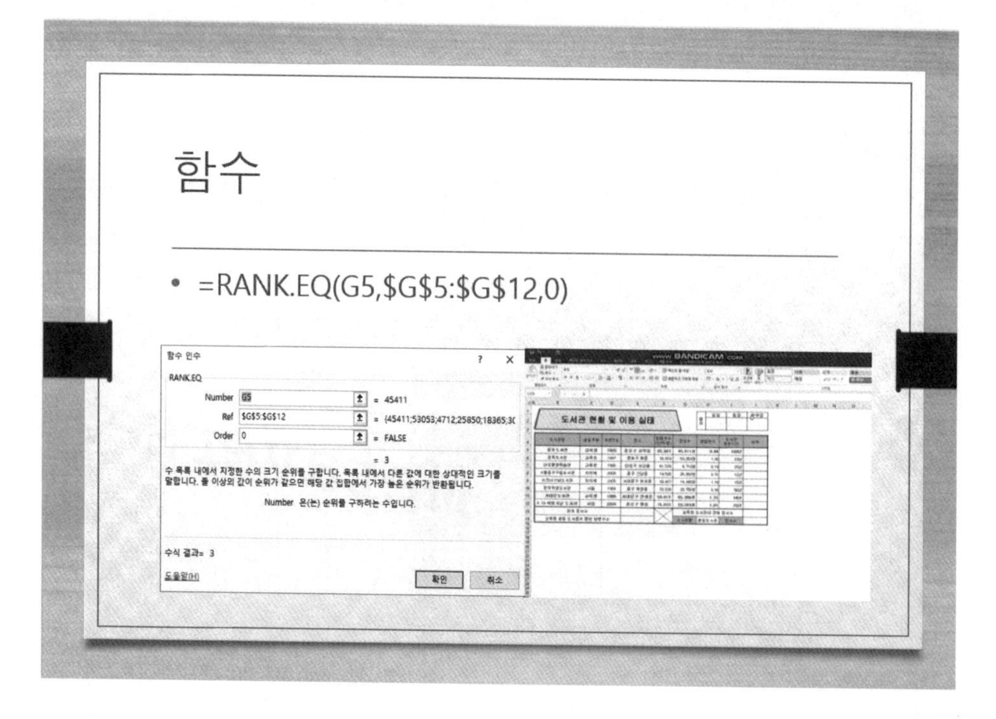
함수
• =RANK.EQ(G5,$G$5:$G$12,0)
함수 인수
RANK.EQ
Number G5
Ref $G$5:$G$12
Order 0
= 45411
= FALSE
= 3
Number 은(는) 순위를 구하려는 수입니다.
수식 결과= 3
도움말(H)
확인
취소
도서관 현황 및 이용 실태

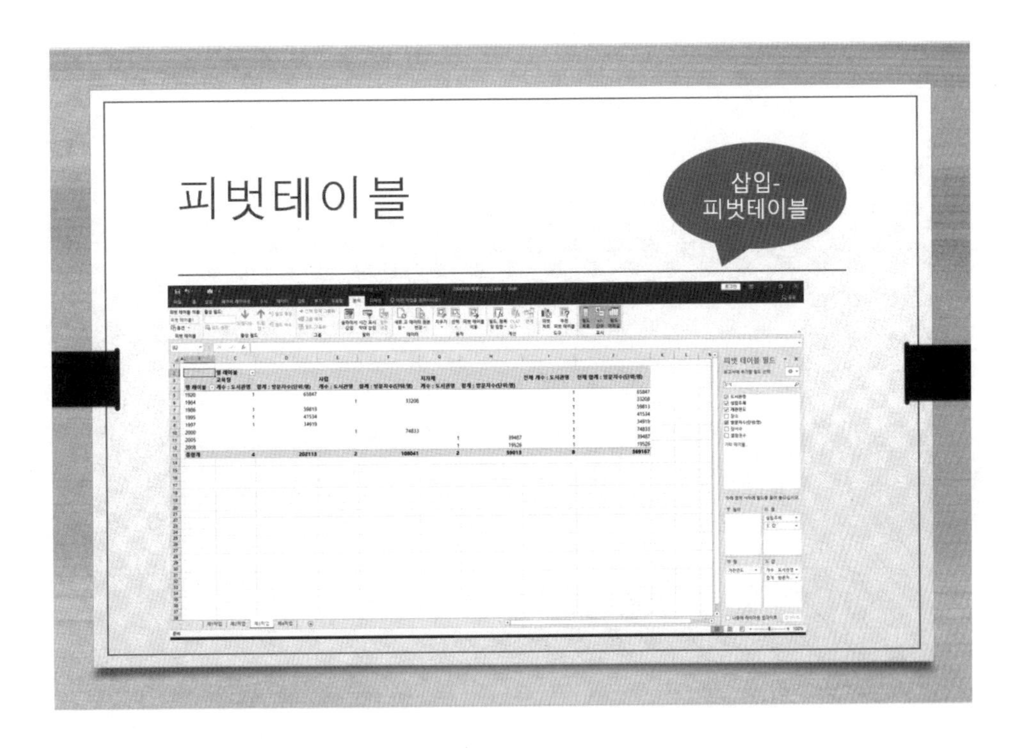
피벗테이블
삽입-
피벗테이블

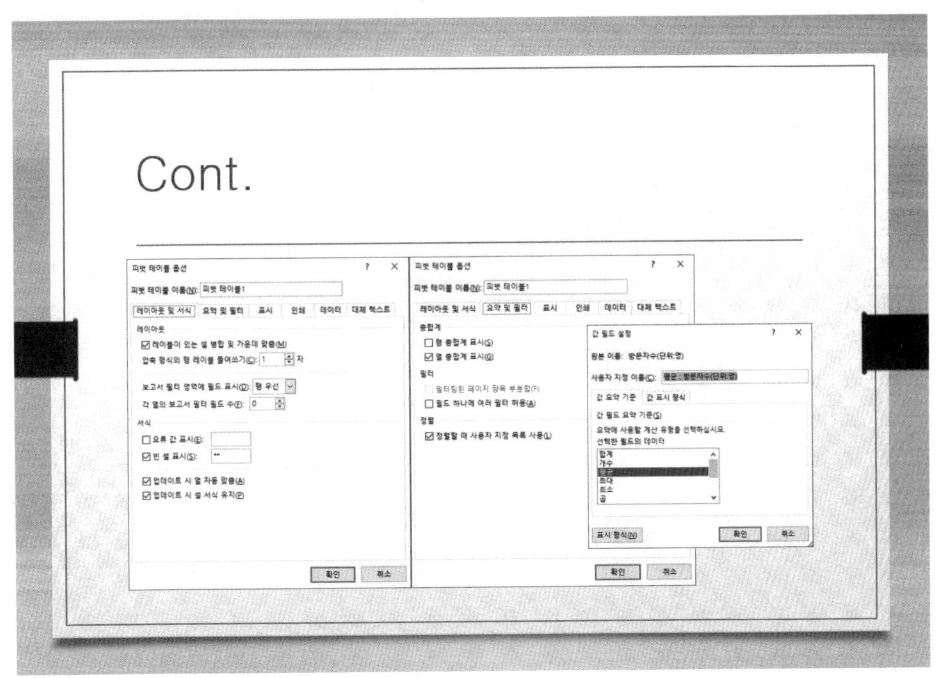
Cont.

표

도서관명	방문자수(단위:명)	장서수
종로도서관	65,847	45,411권
정독도서관	34,919	53,053권
마포평생학습관	41,534	4,712권
서울중구구립도서관	19,526	25,850권
이진아기념도서관	39,487	18,365권
한국학생도서관	33,208	30,755권
서대문도서관	59,813	65,366권
4.19혁명기념 도서관	74,833	29,343권

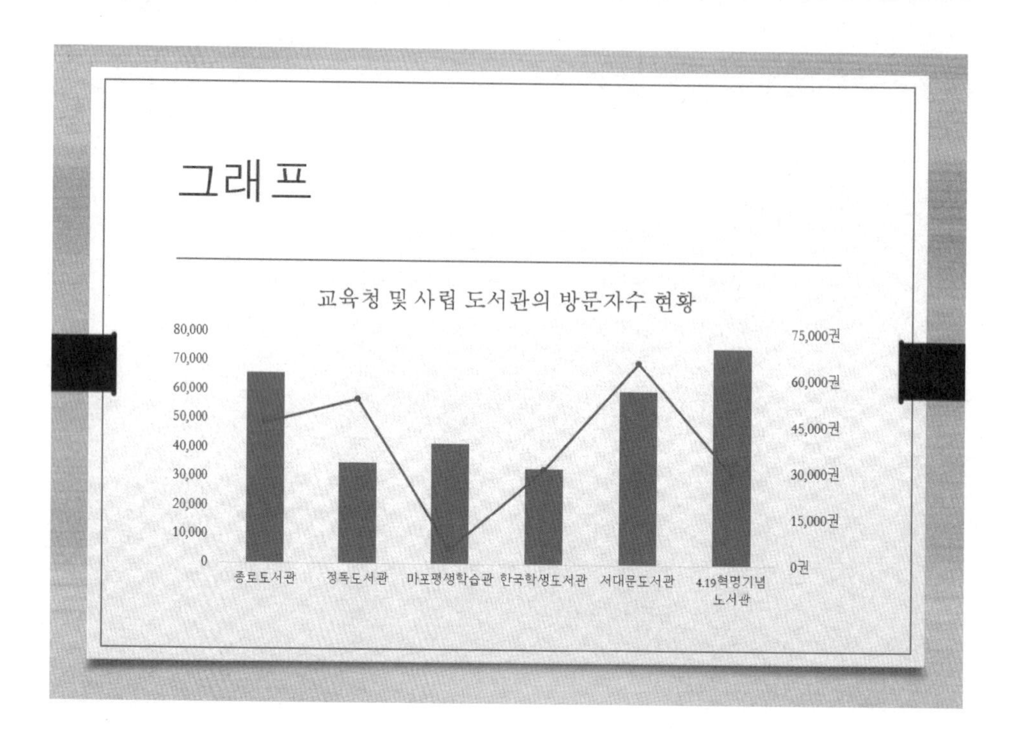

Part 3
엑셀
Excel

Chapter 01

데이터 입력 및 표 서식

1. 엑셀 실행과 화면구성

시작단추 – 모든 프로그램 – Microsoft Office – Microsoft Excel 버전을 클릭합니다.

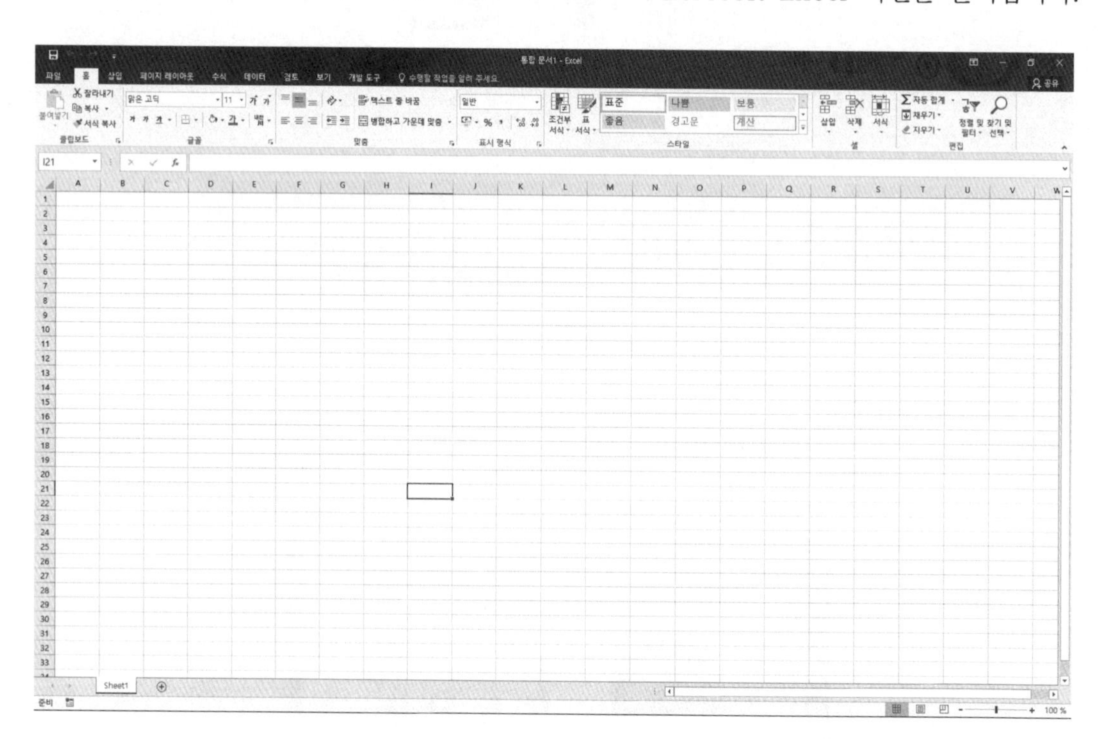

2. 시트 전체 서식 지정

(1) A열 너비 '1'로 지정

① 3개의 Sheet를 만들기 위해 Sheet1 뒤에 있는 ⊕ 기호(새시트)를 두 번 클릭합니다.

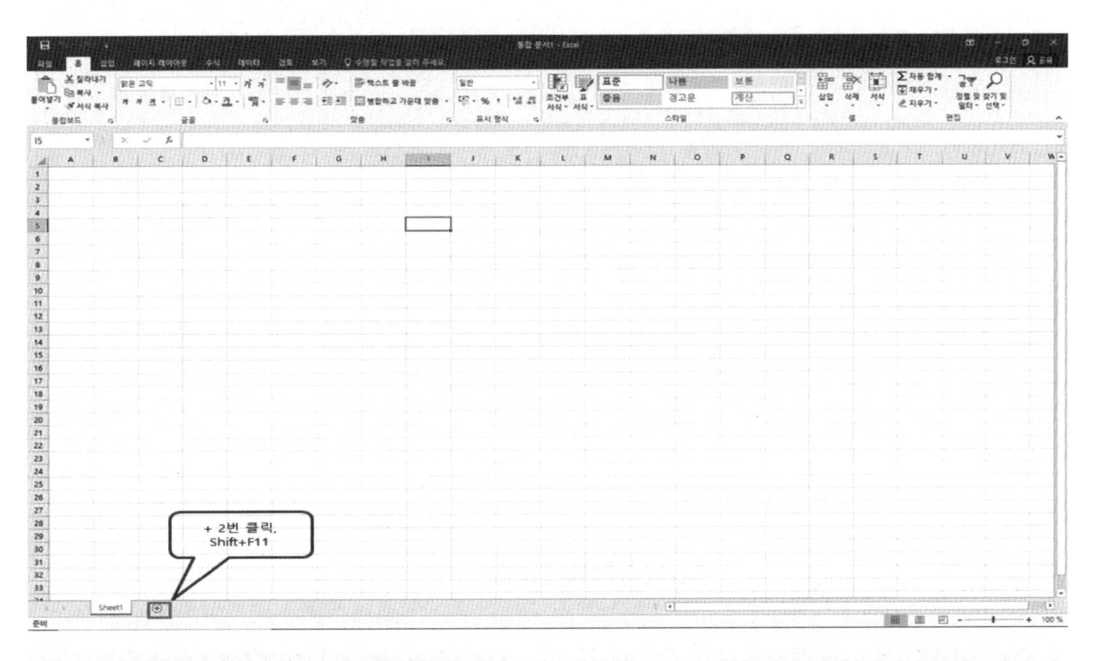

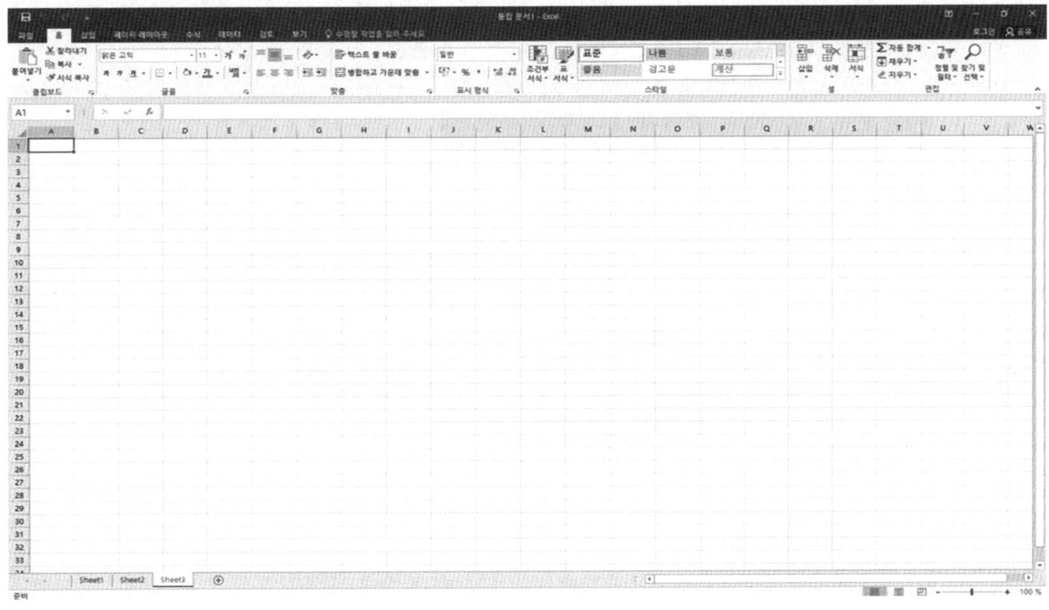

- Sheet1위에 커서를 두고 바로 가기 메뉴의 [모든 시트 선택]을 클릭합니다.

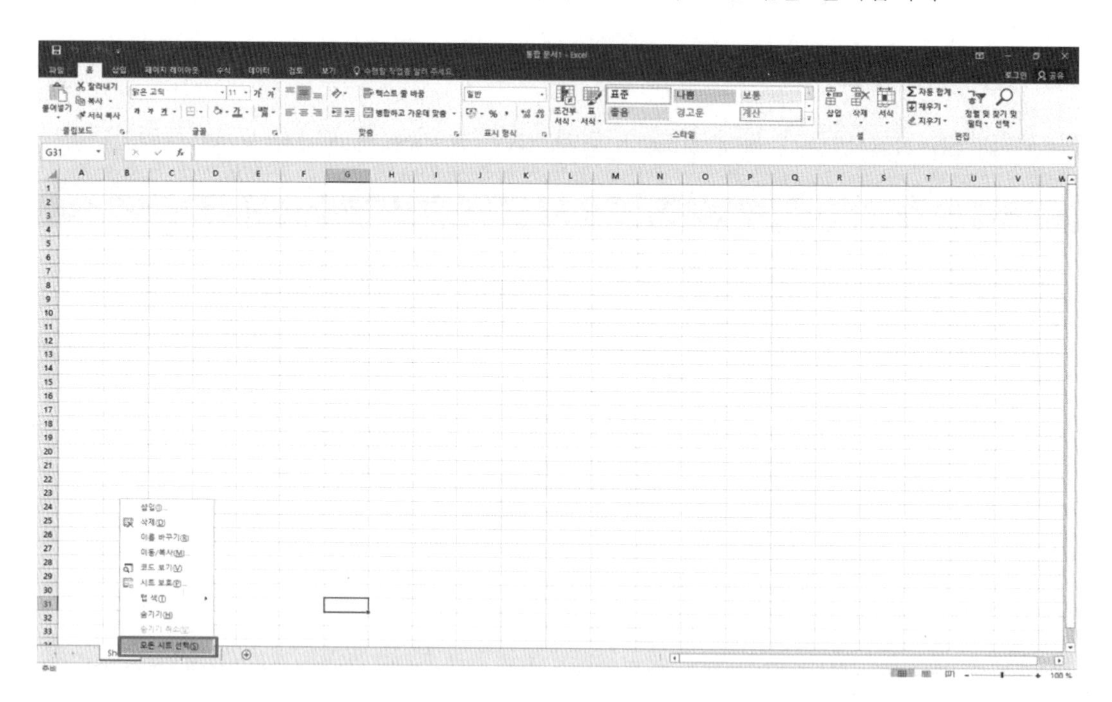

- 제목표시줄에 [그룹]이라는 글자가 표시됩니다.

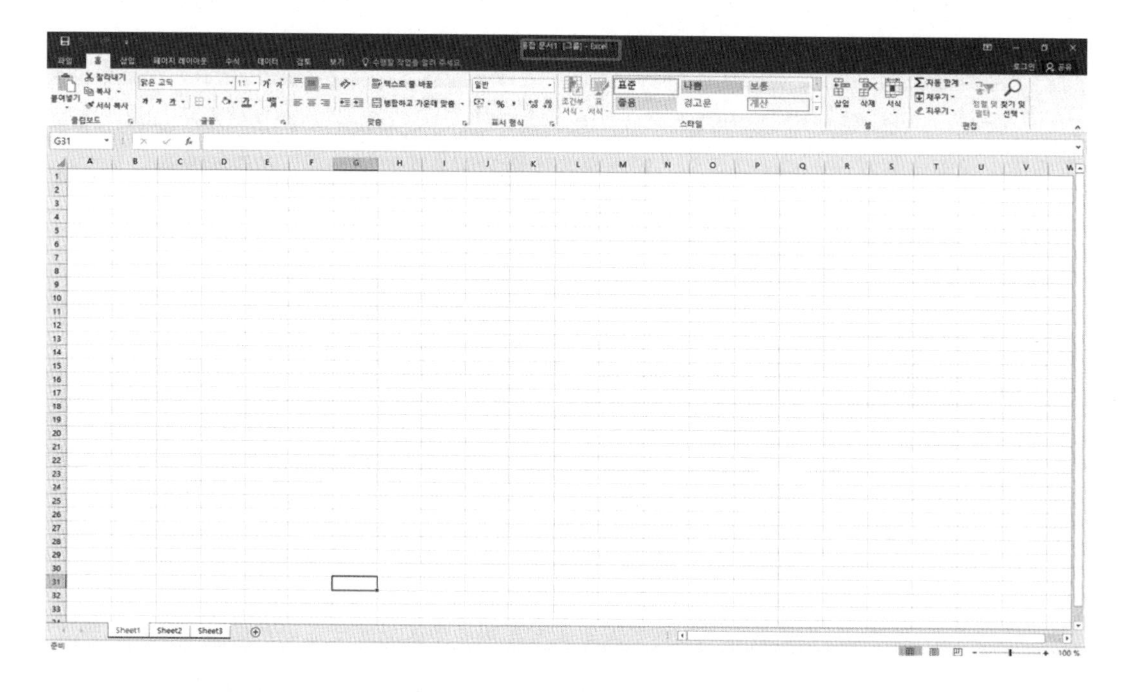

② [A]열 머리글을 클릭하여 [A]열 전체를 선택하고 바로 가기 메뉴의 [열 너비]를 클릭합니다.

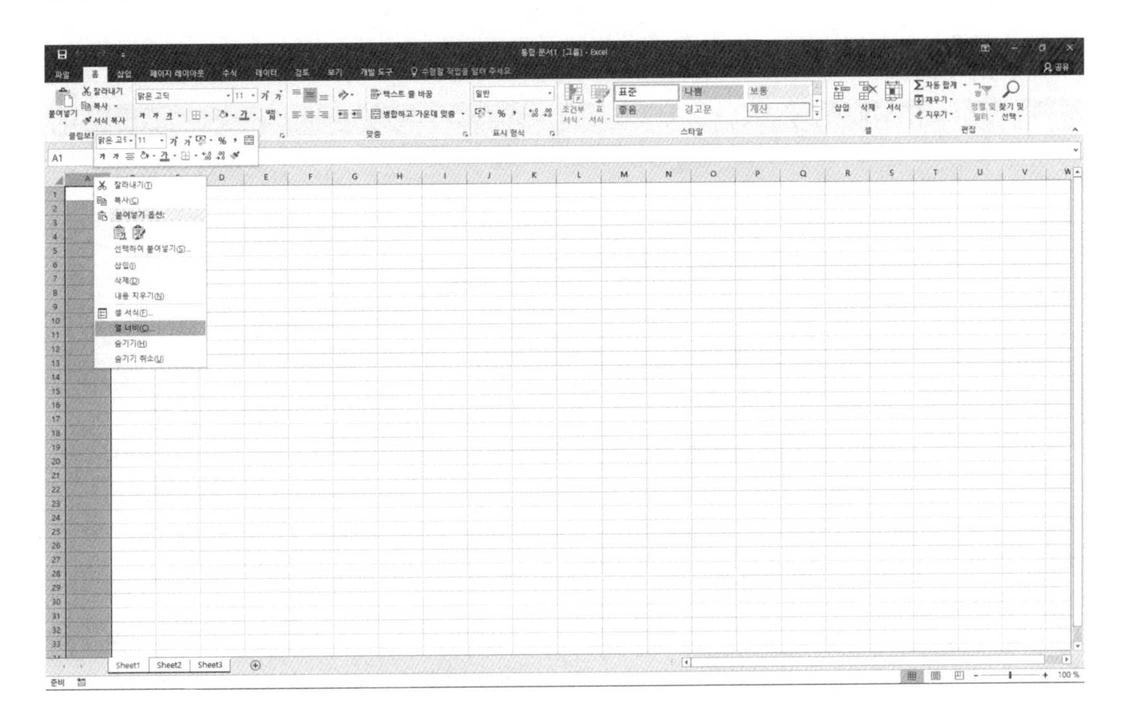

③ [열 너비] 대화상자에 "1"을 입력한 후 [확인]을 클릭합니다.

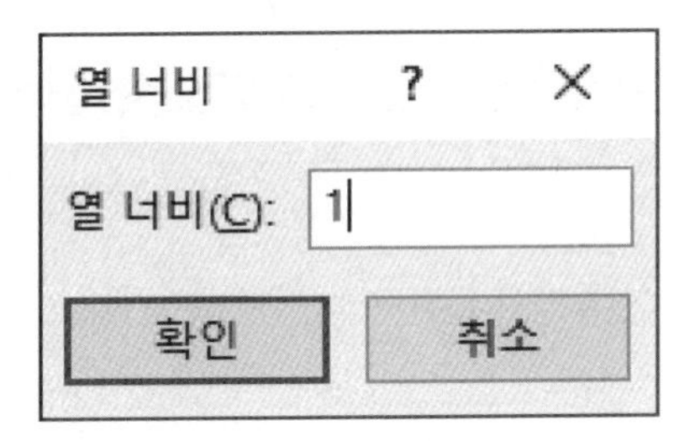

(2) 글꼴 : 굴림, 11pt로 지정

① Ctrl+A키를 이용하거나, 전체 셀(모든 셀 선택 단추)을 선택합니다.

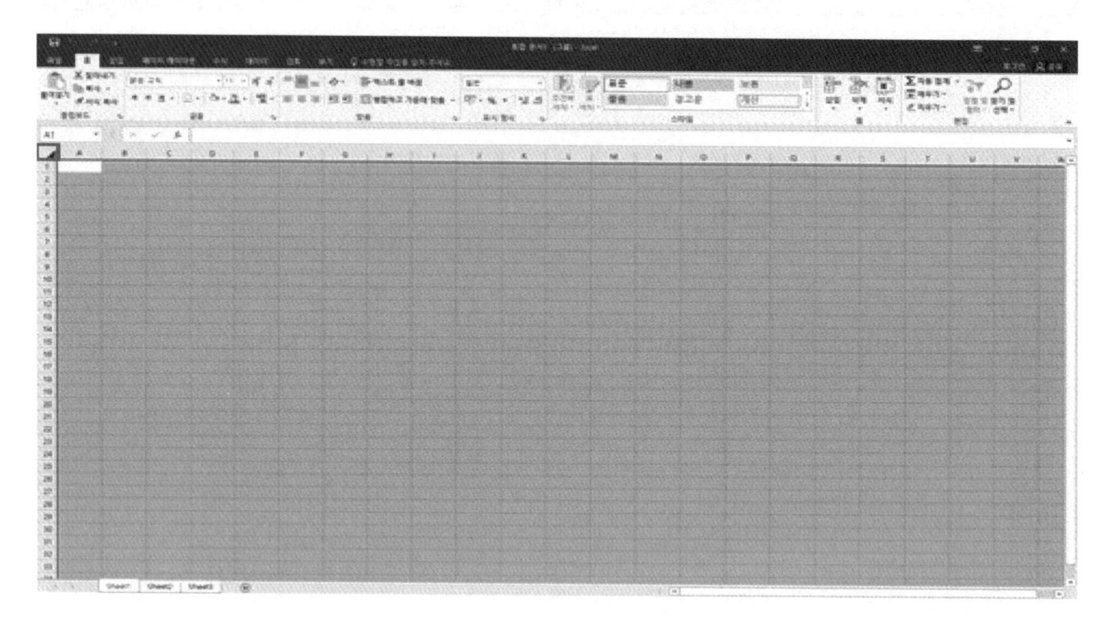

② [홈]탭의 [글꼴]그룹에서 '글꼴 → 굴림', '글꼴 크기 → 11'로 지정합니다.

③ 전체 셀이 선택된 상태에서 [홈]탭의 [맞춤]그룹에서 [세로, 가로 - 가운데 맞춤]을 합니다.

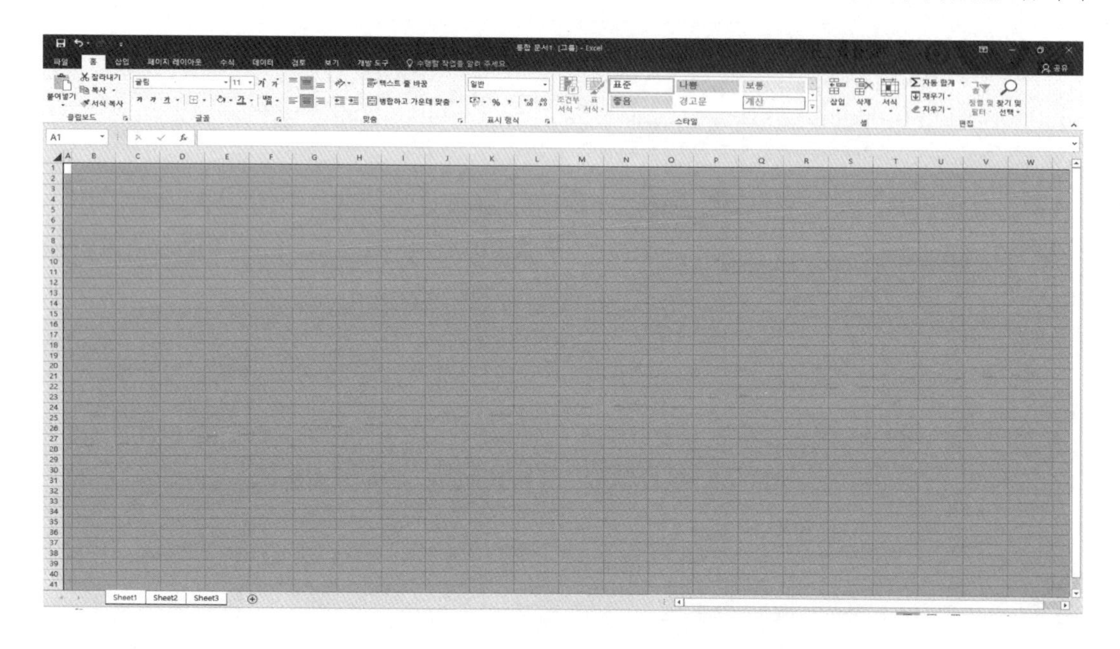

④ 선택된 시트 중 맨 앞에 위치한 시트를 제외한 나머지 시트 탭을 클릭하여 [그룹]을 해제하거나, 마우스 오른쪽 버튼을 누르고 시트 그룹 해제를 클릭합니다.

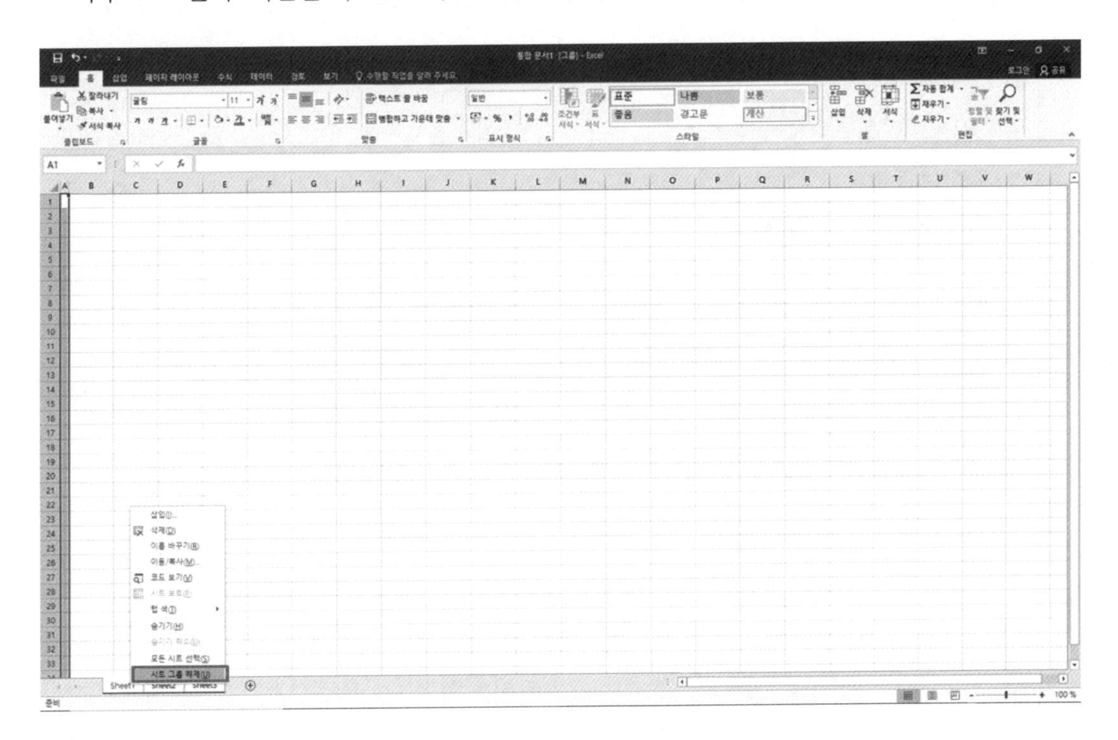

(3) 시트명 변경하기

① 첫 번째 시트 탭을 더블클릭합니다.

② 시트명이 역상으로 바뀌면 '제1작업'을 입력한 후 〈Enter〉를 눌러 이름은 변경합니다.

③ 같은 방법으로 나머지 시트도 '제2작업', '제3작업'으로 이름을 변경합니다.

④ 또는 우클릭하여 이름바꾸기를 합니다.

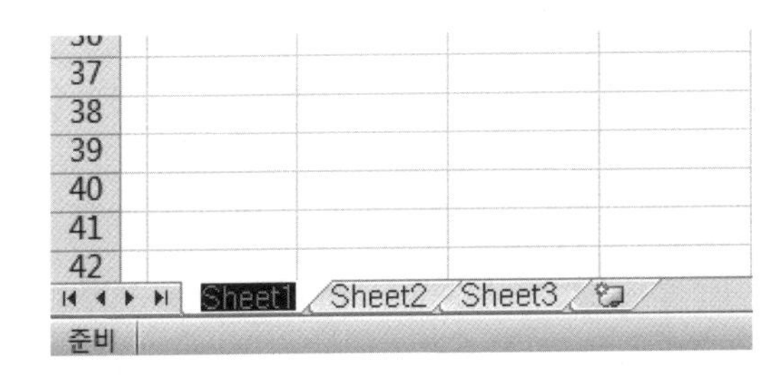

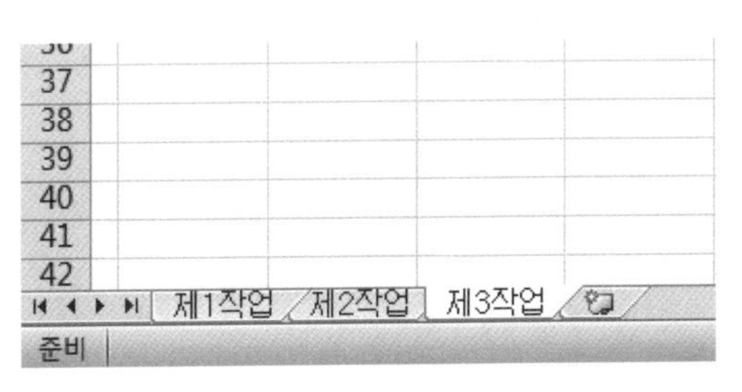

(4) 파일 저장

① [파일] → [저장] 또는 Ctrl+S를 클릭하거나, 빠른 실행 도구모음의 저장 단추 클릭합니다.

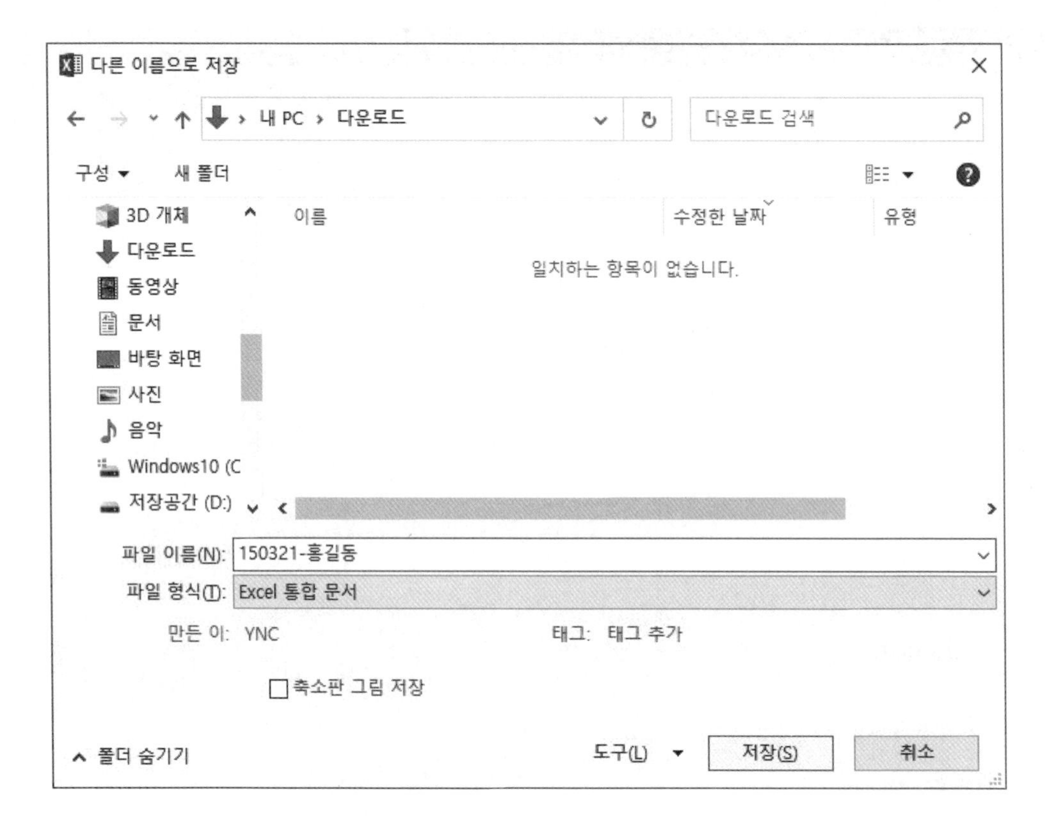

3. 데이터 입력 및 표 서식

3-1. 실습 문제

☞ 다음은 '카드이용 명세 현황'에 대한 자료입니다. 다음과 같이 자료를 입력하고 조건에 맞도록 작업하시오.

≪출력형태≫

카드이용 명세 현황

결재	담당	팀장	부장

관리코드	고객명	결제은행	주민번호	결제금액(단위:원)	이용한도(단위:만원)	누적포인트	결제일	성별
N0915	최화인	금성은행	741206-2	24,500	600	300	(1)	(2)
P3210	김학일	한일은행	851006-1	1,060,000	300	2,900	(1)	(2)
P4815	이유진	한일은행	720506-2	1,364,000	1,000	12,800	(1)	(2)
N2010	박세진	행복은행	860413-2	64,000	400	4,090	(1)	(2)
P2025	김리아	행복은행	901106-2	2,490,000	2,000	3,450	(1)	(2)
P5010	신유진	금성은행	920103-2	1,538,000	1,200	5,640	(1)	(2)
N0225	김한	금성은행	770824-1	723,600	400	9,360	(1)	(2)
N1125	강현	한일은행	820519-1	945,000	900	8,200	(1)	(2)
결제은행이 행복은행인 고객 수			(3)		금성은행의 결제금액(단위:원) 합계			(5)
최대 결제금액(단위:원)			(4)		고객명	최화인	누적포인트	(6)

≪조건≫

○ 모든 데이터의 서식에는 글꼴(굴림, 11pt), 정렬은 숫자 및 회계 서식은 오른쪽 정렬, 나머지 서식은 가운데 정렬로 작성하며 예외적인 것은 ≪출력형태≫를 참조하시오.

○ 제 목 ⇒ 모서리가 둥근 직사각형과 바깥쪽 그림자 스타일(오프셋 오른쪽)을 이용하여 작성하고 "카드이용 명세 현황"을 입력한 후 다음 서식을 적용하시오 (글꼴-굴림, 24pt, 검정, 굵게, 채우기-노랑).

○ 임의의 셀에 결재란을 작성하여 그림으로 복사 기능을 이용하여 붙이기 하시오(단, 원본 삭제).

○ 「B4:J4, G14, I14」영역은 '주황'으로 채우기 하시오.

○ 유효성 검사를 이용하여 「H14」셀에 고객명(「C5:C12」영역)이 선택 표시되도록 하시오.

○ 셀 서식 ⇒ 「E5:E12」영역에 셀 서식을 이용하여 문자 뒤에 '******'를 표시하시오 (예 : 741206-2******).

○ 「F5:F12」영역에 대해 '결제금액'으로 이름정의를 하시오.

3-2. 실습 문제 설명

(1) 자료입력

〈입력화면〉

	A	B	C	D	E	F	G	H	I	J
1										
2										
3										
4		관리코드	고객명	결제은행	주민번호	결제금액(단위:원)	이용한도(단위:만원)	누적포인트	결제일	성별
5		N0915	최화인	금성은행	741206-2	24500	600	300		
6		P3210	김학일	한일은행	851006-1	1060000	300	2900		
7		P4815	이유진	한일은행	720506-2	1364000	1000	12800		
8		N2010	박세진	행복은행	860413-2	64000	400	4090		
9		P2025	김리아	행복은행	901106-2	2490000	2000	3450		
10		P5010	신유진	금성은행	920103-2	1538000	1200	5640		
11		N0225	김한	금성은행	770824-1	723600	400	9360		
12		N1125	강현	한일은행	820519-1	945000	900	8200		
13		결제은행이 행복은행인 고객 수					금성은행의 결제금액(단위:원) 합계			
14		최대 결제금액(단위:원)					고객명	최화인	누적포인트	

① 하나의 셀에 두 줄을 입력할 때는 첫줄의 데이터를 입력한 후 Alt+Enter를 누르고 다음 줄의 데이터를 입력합니다.

② 백분율(%) 입력할 때는 [홈]탭 → [표시형식]그룹에서 [%]를 적용하고 10을 입력하면 10%가 입력됩니다. 또는 서식을 나중에 지정할 경우 0.1을 입력한 후 [홈]탭 → [표시형식]그룹에서 [%]을 적용하거나, 직접 10%로 입력해도 됩니다.

③ 날짜 데이터를 입력할 때는 연, 월, 일 사이에 '-' 또는 '/'를 입력합니다.

④ 글자는 가운데 맞춤, 숫자, 회계는 오른쪽 맞춤, 주민등록번호 데이터는 반드시 '-'을 넣어서 입력합니다.

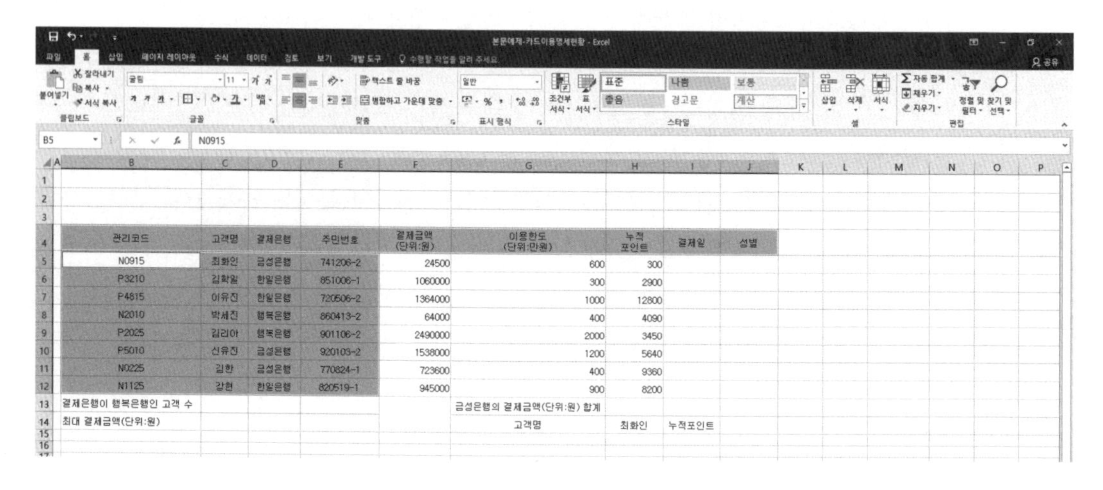

	A	B	C	D	E	F	G	H	I	J
4		관리코드	고객명	결제은행	주민번호	결제금액 (단위:원)	이용한도 (단위:만원)	누적 포인트	결제일	성별
5		N0915	최화인	금성은행	741206-2	24500	600	300		
6		P3210	김학일	한일은행	851006-1	1060000	300	2900		
7		P4815	이유진	한일은행	720506-2	1364000	1000	12800		
8		N2010	박세진	행복은행	860413-2	64000	400	4090		
9		P2025	김리아	행복은행	901106-2	2490000	2000	3450		
10		P5010	신유진	금성은행	920103-2	1538000	1200	5640		
11		N0225	김한	금성은행	770824-1	723600	400	9360		
12		N1125	강현	한일은행	820519-1	945000	900	8200		
13		결제은행이 행복은행인 고객 수					금성은행의 결제금액(단위:원) 합계			
14		최대 결제금액(단위:원)					고객명	최화인	누적포인트	

⑤ 「F5:H12」영역을 블록 설정한 후 [홈]탭 → [표시 형식]그룹의 [쉼표 스타일]을 클릭하거나, 목록단추에서 [회계]를 클릭합니다.

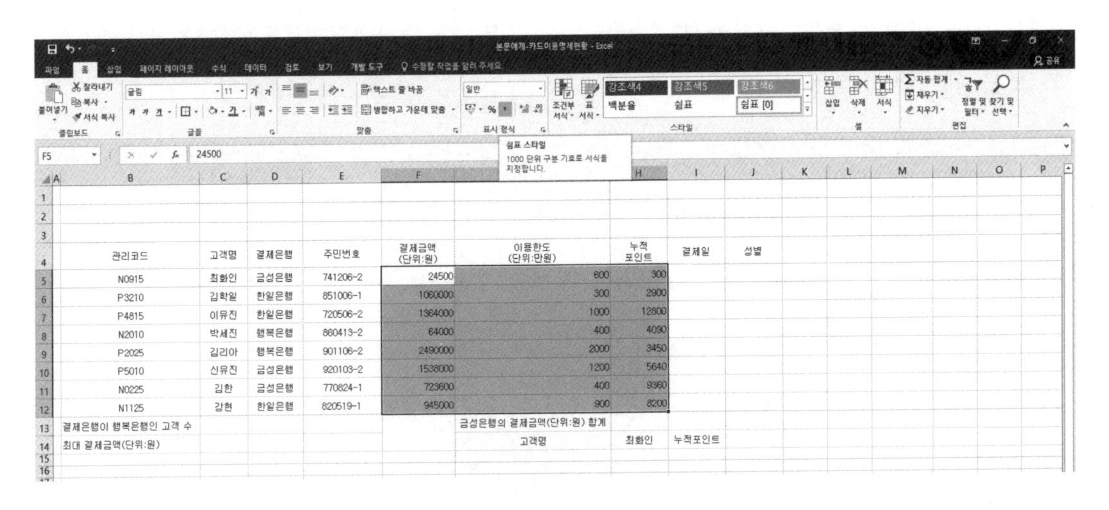

(2) 데이터 서식 지정

① 열 너비 조정은 열 머리글 사이에서 더블 클릭을 할 경우 열의 너비는 입력된 데이터 중 가장 긴 데이터의 너비에 맞춰 조정됩니다.

② 병합하고 가운데 맞춤은 다음 그림을 참고하여, 여러 개의 셀을 블록 설정한 후 [병합하고 가운데 맞춤] 기능을 이용해서 셀을 병합합니다.

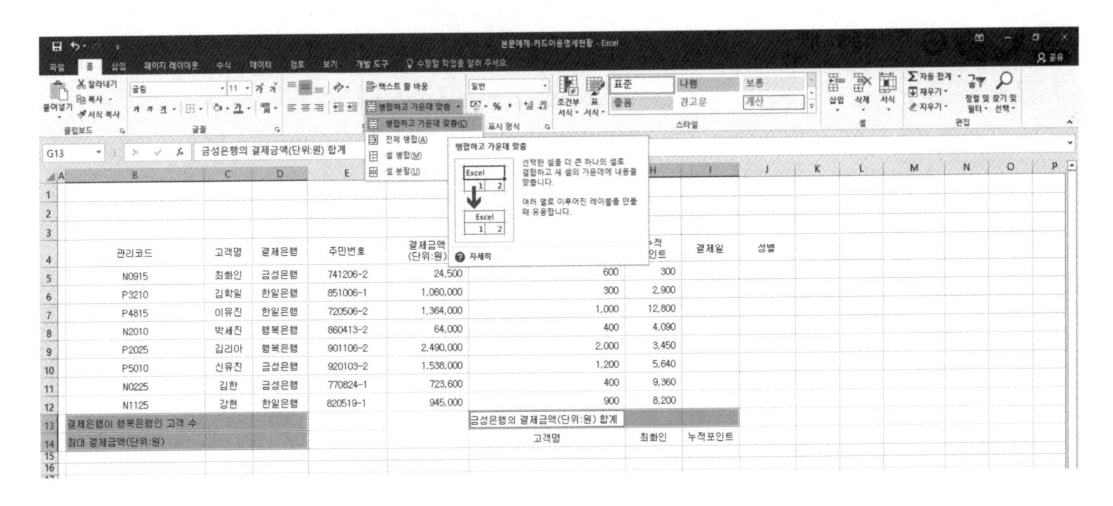

③ 떨어져 있는 셀을 선택할 때는 Ctrl을, 연속된 셀을 선택할 때는 마우스를 드래그해서 영역을 설정할 수 있고, 처음 셀을 선택한 후 Shift를 누른 채 마지막 셀을 선택해도 됩니다.

④ 「B4:J14」영역을 블록 설정한 후 [홈]탭 → [글꼴]그룹의 [테두리] 목록 단추를 클릭한 후 '모든 테두리'를 선택합니다.

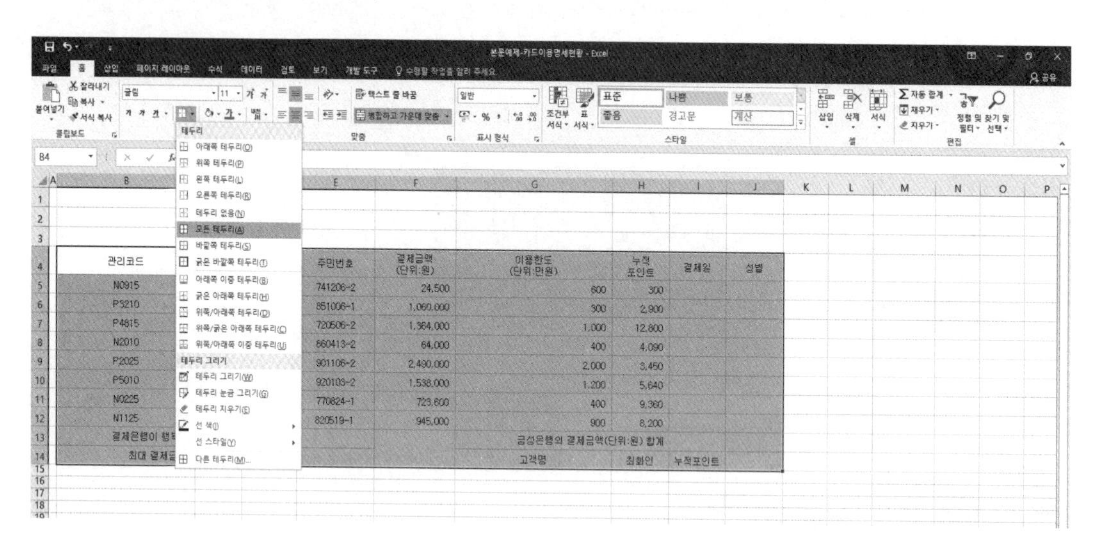

⑤ 다시 [홈]탭 → [글꼴]그룹의 [테두리] 목록 단추를 클릭한 후 '굵은 바깥쪽 테두리'를 선택합니다.

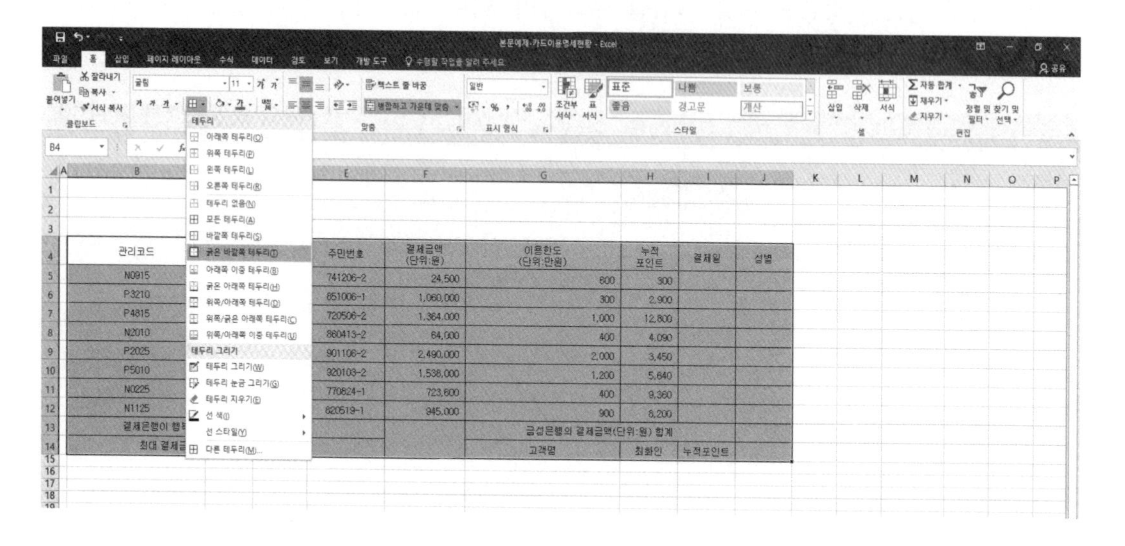

⑥ 「B5:J12」영역을 블록 설정한 후 [홈]탭 → [글꼴]그룹의 [테두리] 목록 단추를 클릭한 후 '굵은 바깥쪽 테두리'를 선택합니다.

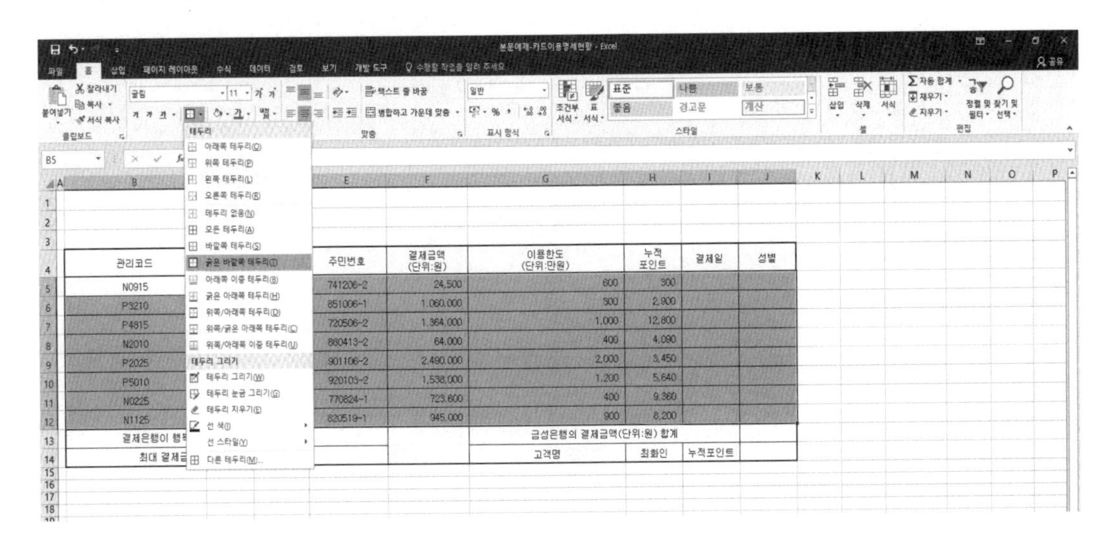

⑦ 「F13」셀을 선택한 후 Ctrl+1을 눌러 [셀 서식] 대화상자가 나타나면 [테두리]탭에서 양쪽 '대각선'을 선택하고 [확인] 버튼을 클릭합니다.

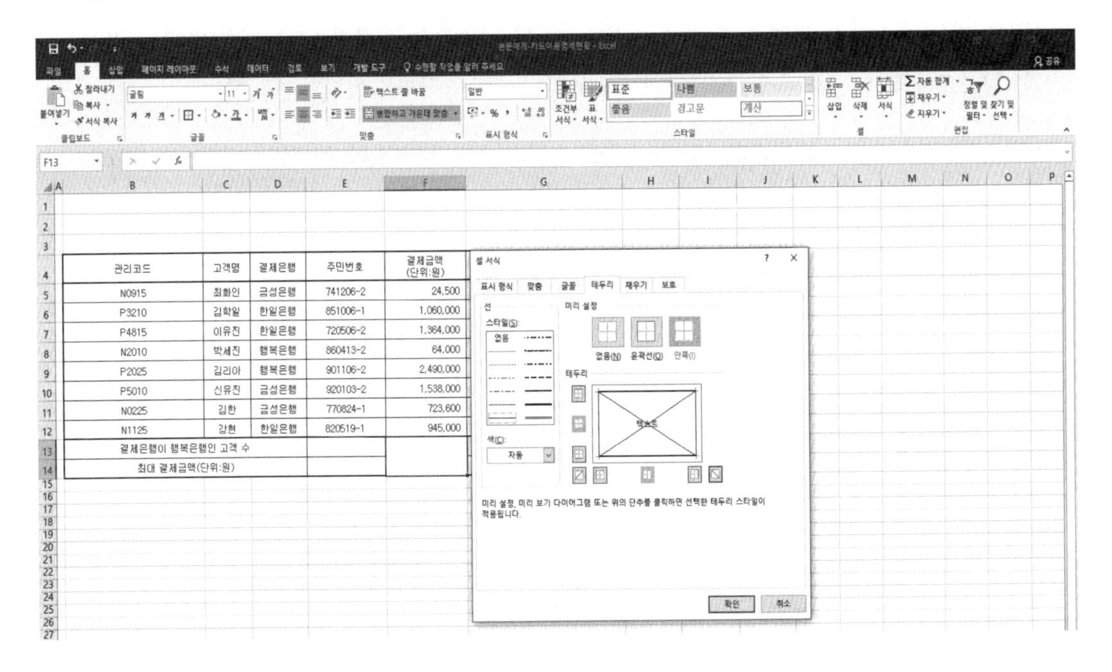

⑧ 「B4:J4」, 「G14」, 「I14」영역을 범위 지정한 후 [홈]탭 → [글꼴]그룹의 [채우기] 목록 단추를 클릭하고 [표준 색]에서 '주황'을 선택합니다.

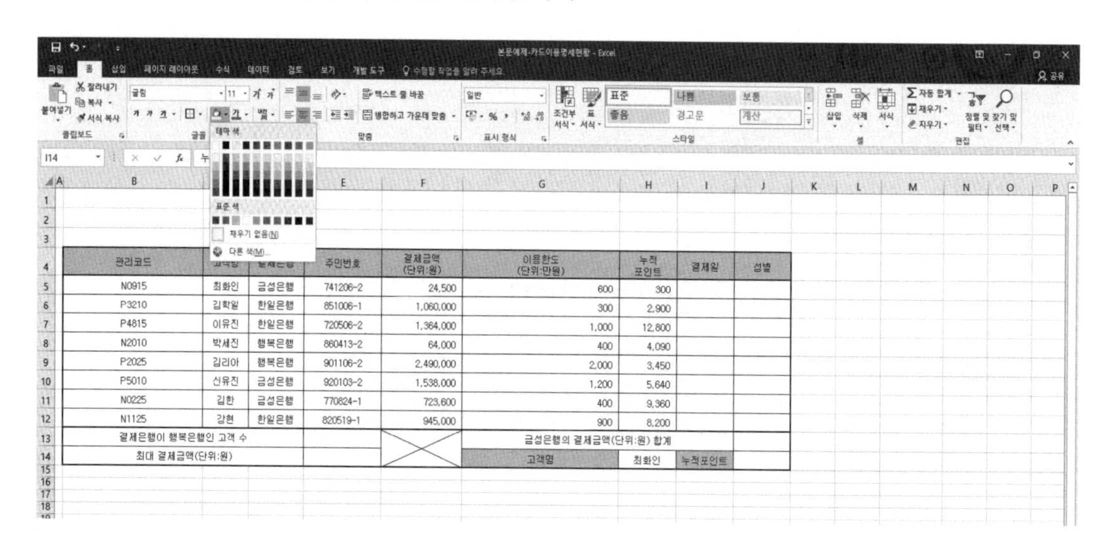

(3) 제목도형 작성

① 제목도형을 작성하기 위해 1, 2, 3행을 선택 후 행 구분선을 조정한 다음 , [삽입]탭 → [일러스트레이션]그룹의 [도형] → [사각형]의 '모서리가 둥근 직사각형'을 선택합니다.

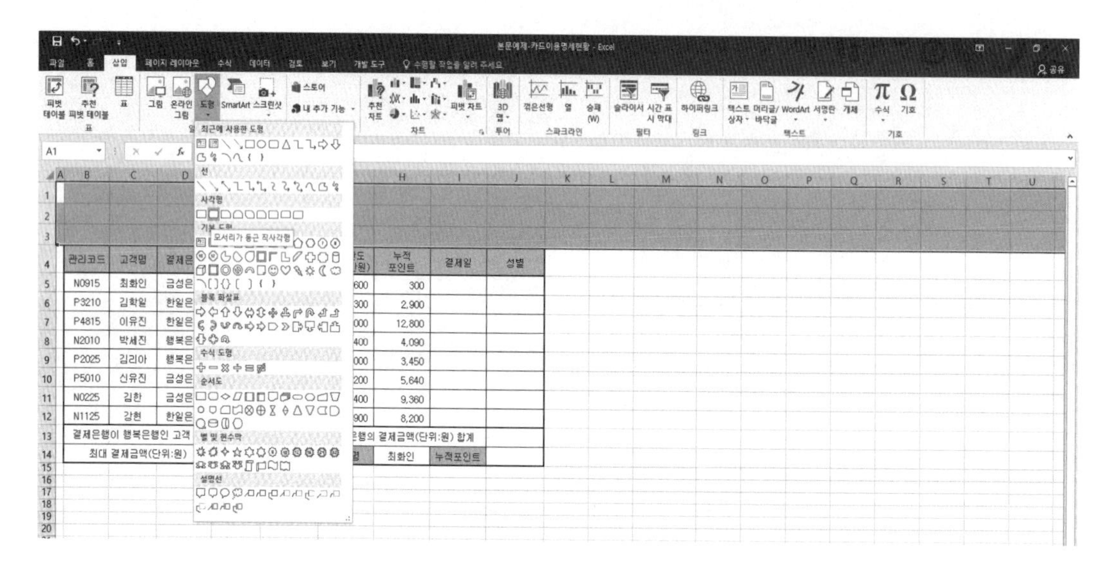

② 「B1:G3」영역 내에 도형을 그립니다.

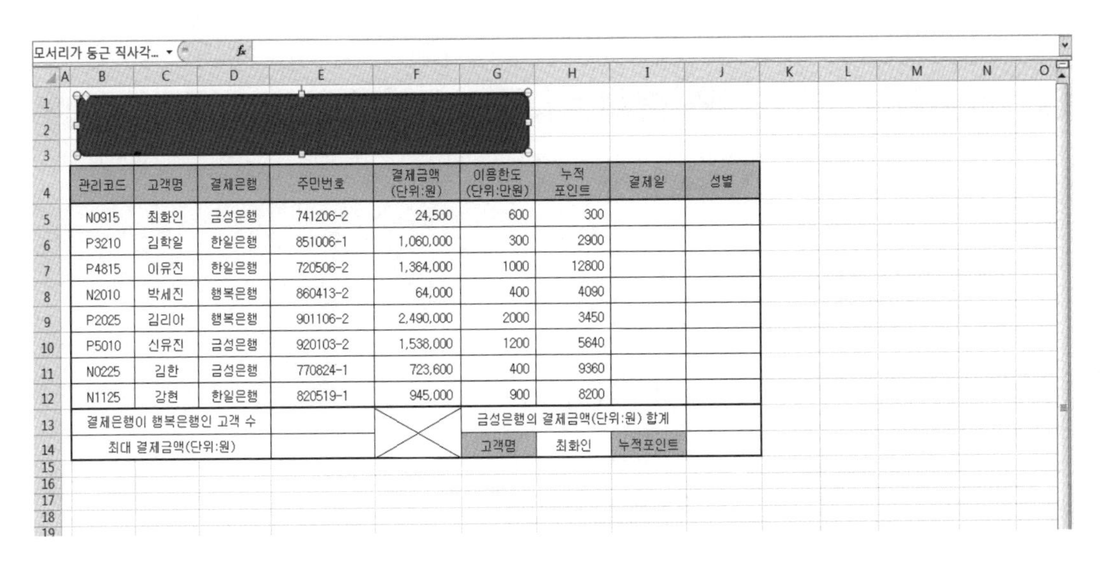

관리코드	고객명	결제은행	주민번호	결제금액 (단위:원)	이용한도 (단위:만원)	누적 포인트	결제일	성별
N0915	최화인	금성은행	741206-2	24,500	600	300		
P3210	김학일	한일은행	851006-1	1,060,000	300	2900		
P4815	이유진	한일은행	720506-2	1,364,000	1000	12800		
N2010	박세진	행복은행	860413-2	64,000	400	4090		
P2025	김리아	행복은행	901106-2	2,490,000	2000	3450		
P5010	신유진	금성은행	920103-2	1,538,000	1200	5640		
N0225	김한	금성은행	770824-1	723,600	400	9360		
N1125	강현	한일은행	820519-1	945,000	900	8200		
결제은행이 행복은행인 고객 수					금성은행의 결제금액(단위:원) 합계			
최대 결제금액(단위:원)					고객명	최화인	누적포인트	

③ 도형이 선택된 상태에서 [홈]탭 → [글꼴]그룹에서 '글꼴 → 굴림', '글꼴 크기 → 24', '굵게', '글꼴색 → 검정' 또는 '자동'으로 지정한 후 [홈]탭 → [맞춤]그룹에서 가로, 세로 모두 [가운데 맞춤]을 클릭하고 제목을 입력합니다.

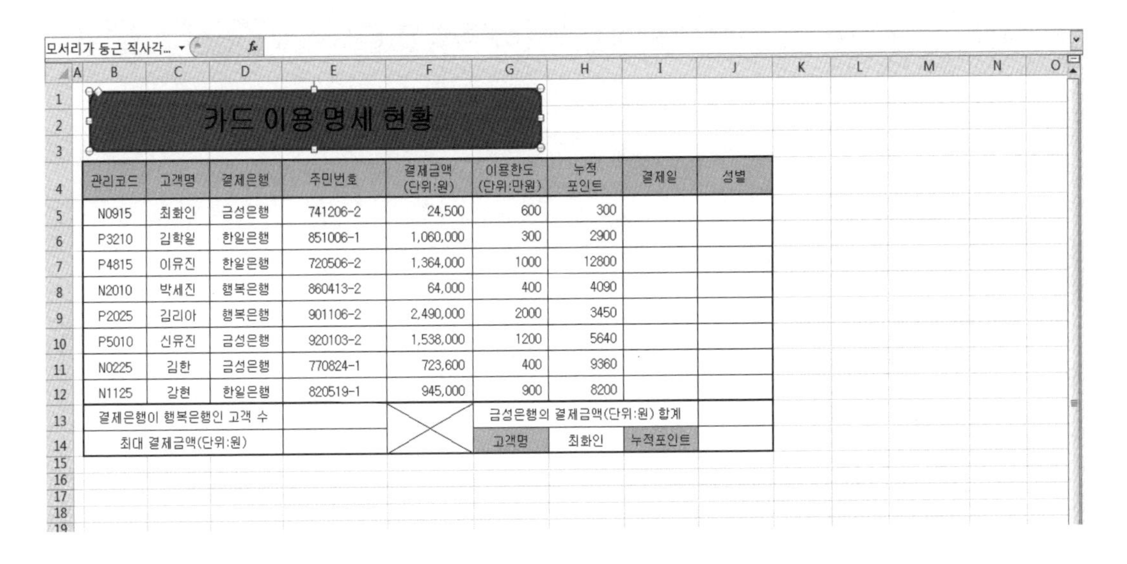

카드 이용 명세 현황

관리코드	고객명	결제은행	주민번호	결제금액 (단위:원)	이용한도 (단위:만원)	누적 포인트	결제일	성별
N0915	최화인	금성은행	741206-2	24,500	600	300		
P3210	김학일	한일은행	851006-1	1,060,000	300	2900		
P4815	이유진	한일은행	720506-2	1,364,000	1000	12800		
N2010	박세진	행복은행	860413-2	64,000	400	4090		
P2025	김리아	행복은행	901106-2	2,490,000	2000	3450		
P5010	신유진	금성은행	920103-2	1,538,000	1200	5640		
N0225	김한	금성은행	770824-1	723,600	400	9360		
N1125	강현	한일은행	820519-1	945,000	900	8200		
결제은행이 행복은행인 고객 수					금성은행의 결제금액(단위:원) 합계			
최대 결제금액(단위:원)					고객명	최화인	누적포인트	

④ 도형을 선택한 후 [그리기 도구] → [서식]탭 → [도형 스타일]그룹의 [도형 채우기] 목록 단추를 클릭하고 [표준 색]에서 '노랑'을 선택합니다.

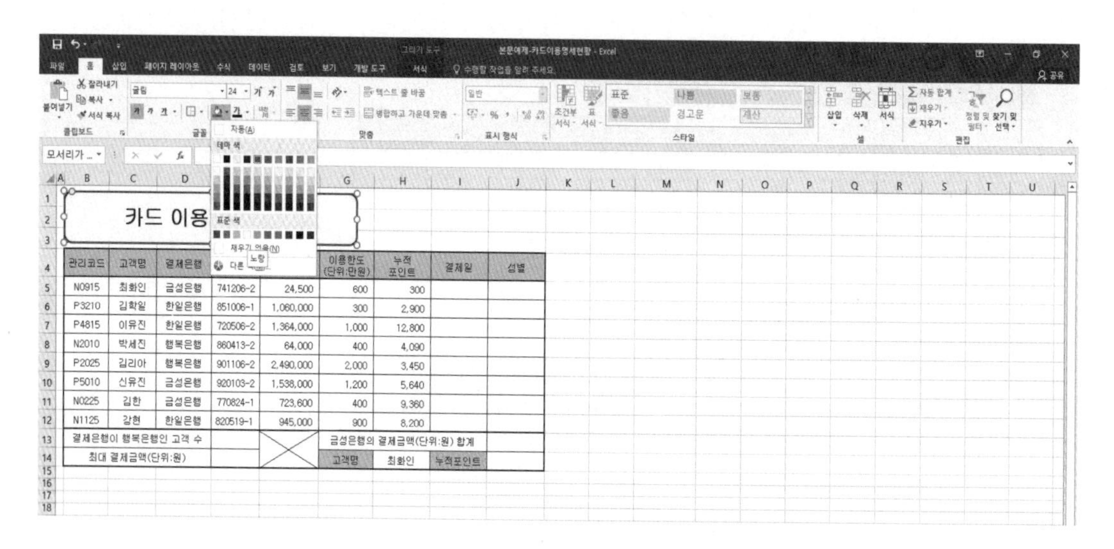

⑤ [그리기 도구] → [서식]탭 → [도형 스타일]그룹에서 [도형 효과] 목록단추 → [그림자] → [오프셋 오른쪽]을 클릭합니다.

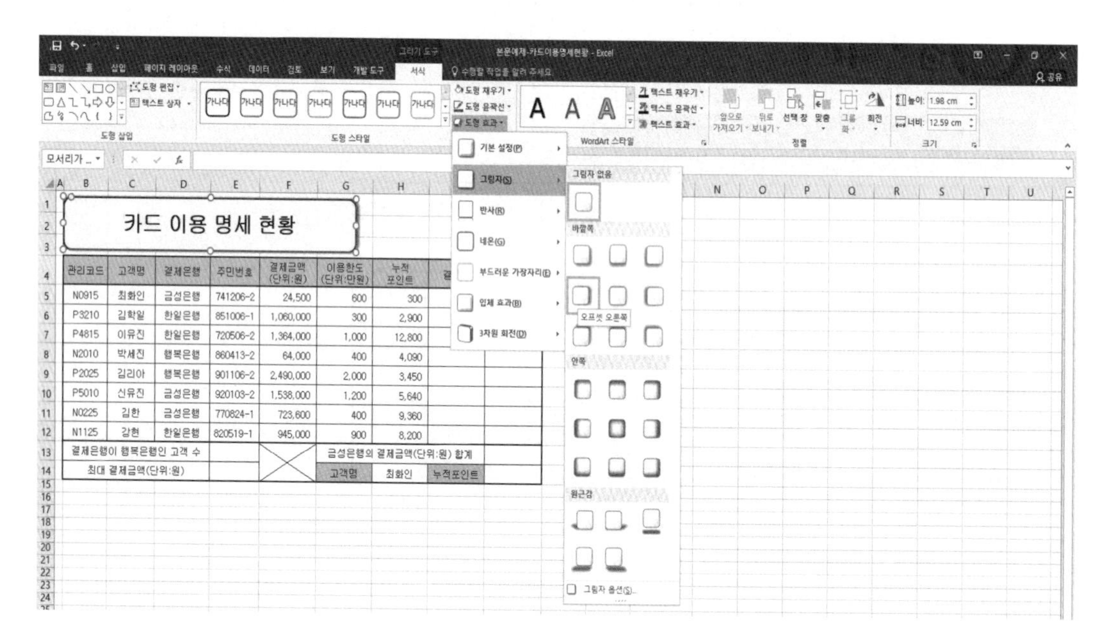

(4) 결재란 작성

① 결재란을 만들기 위해 임의의 셀 「L6:O8」에 다음과 같이 내용을 입력한 후, 「L6:O8」영역을 블록 설정한 후 [홈]탭 → [글꼴]그룹의 [테두리] 목록단추를 클릭하고 '모든 테두리'를 선택하고 맞춤에서 가로 가운데맞춤을 클릭합니다.

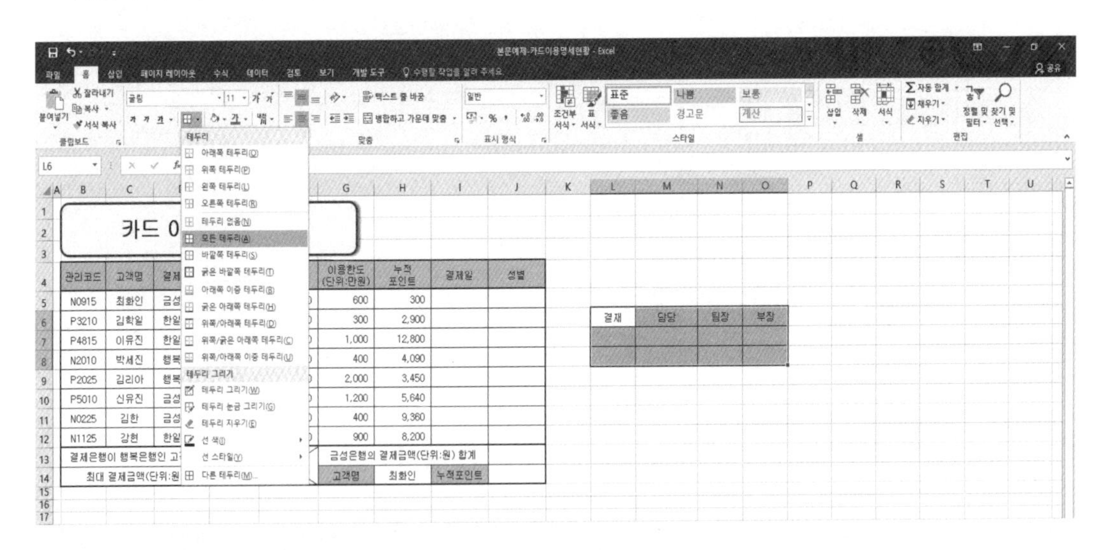

② 「L6:L8」, 「M7:M8」,「N7:N8」,「O7:O8」 범위를 선택한 후 [홈]탭 → [맞춤]그룹의 [병합하고 가운데 맞춤]을 클릭하여 셀을 병합합니다.

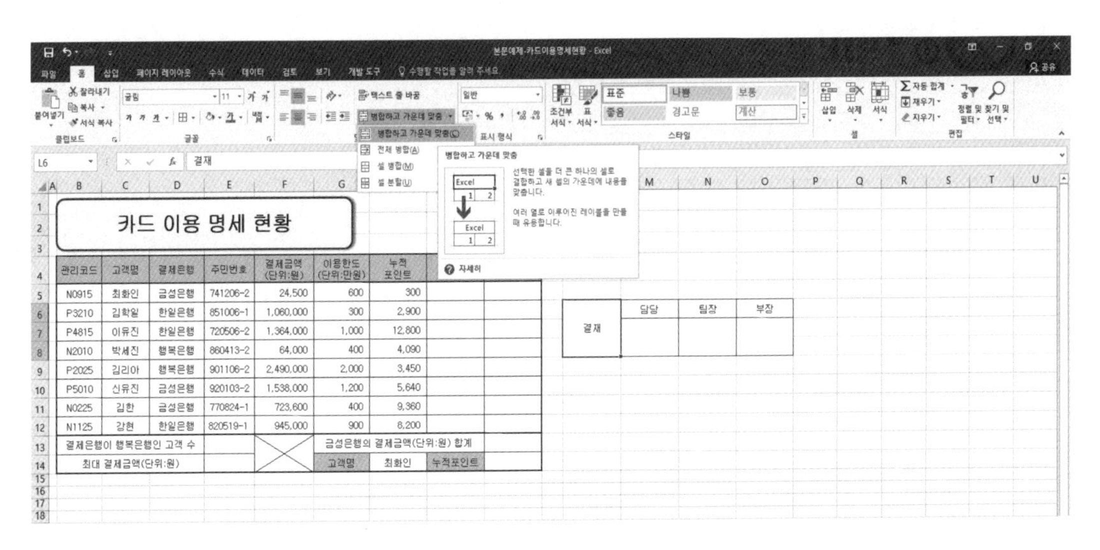

③ 「L6:L8」을 선택한 다음, [홈]탭 → [맞춤]그룹의 [방향]을 클릭한 후 '세로 쓰기'를 선택합니다.

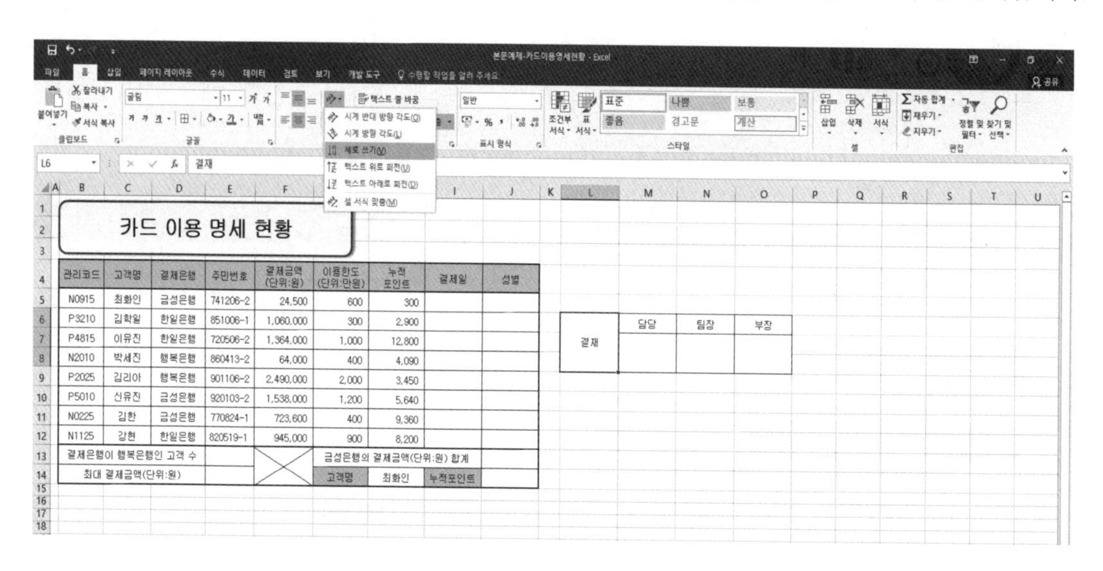

④ L열과 M열 사이의 열 구분선을 이용하여 1/3만큼 줄입니다.

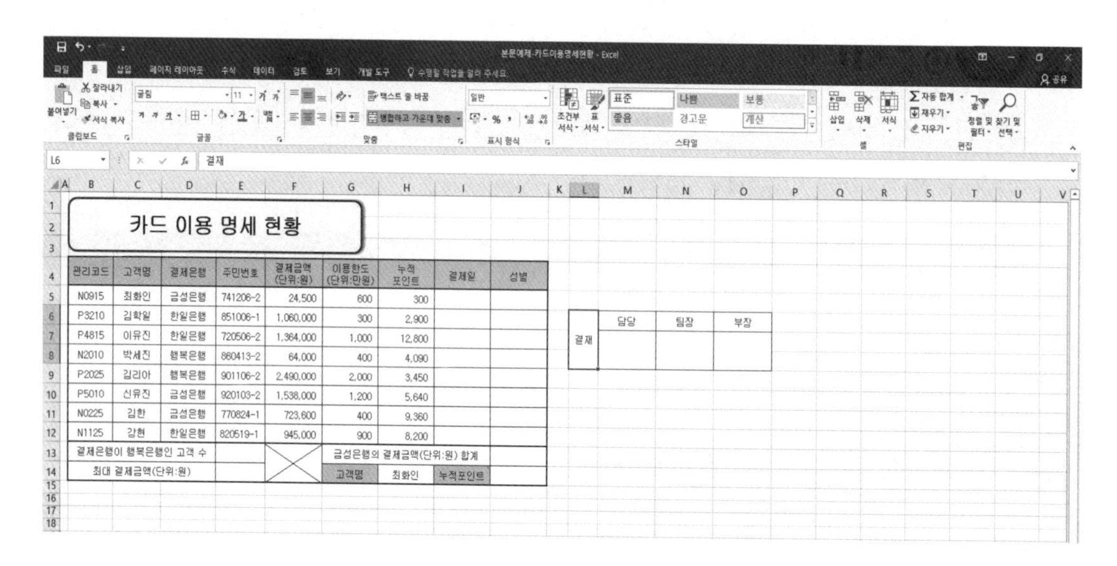

⑤ 작성된 결재란 범위를 선택하고 [홈]탭 → [클립보드]그룹에서 [복사] 목록 단추를 클릭합니다.

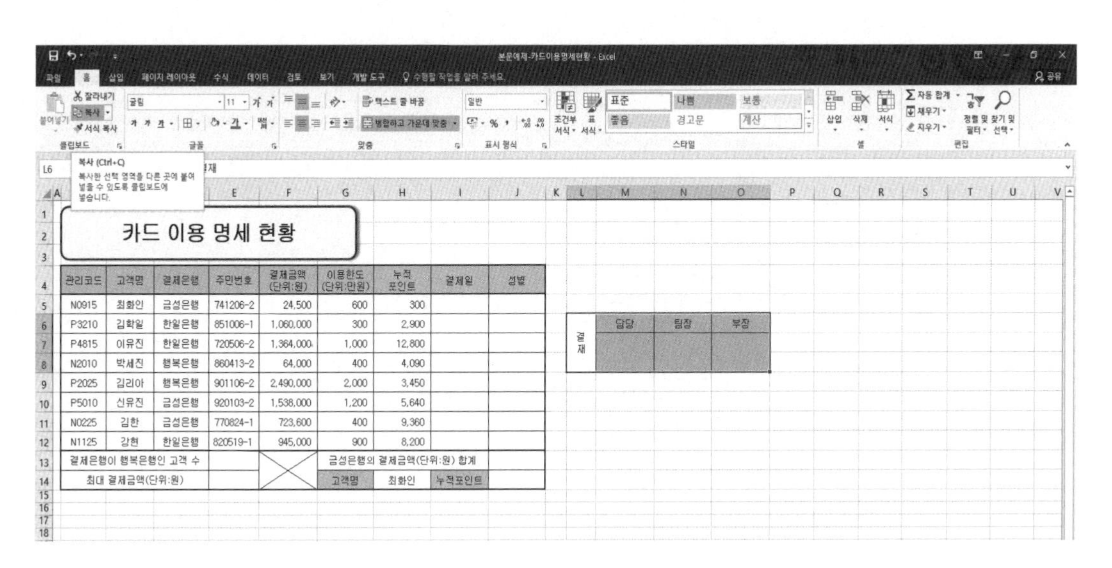

⑥ 우클릭하여 [선택하여 붙여넣기]가 나오면 [기타 붙여넣기 옵션]에서 [그림]을 선택하고 [확인] 버튼을 클릭합니다.

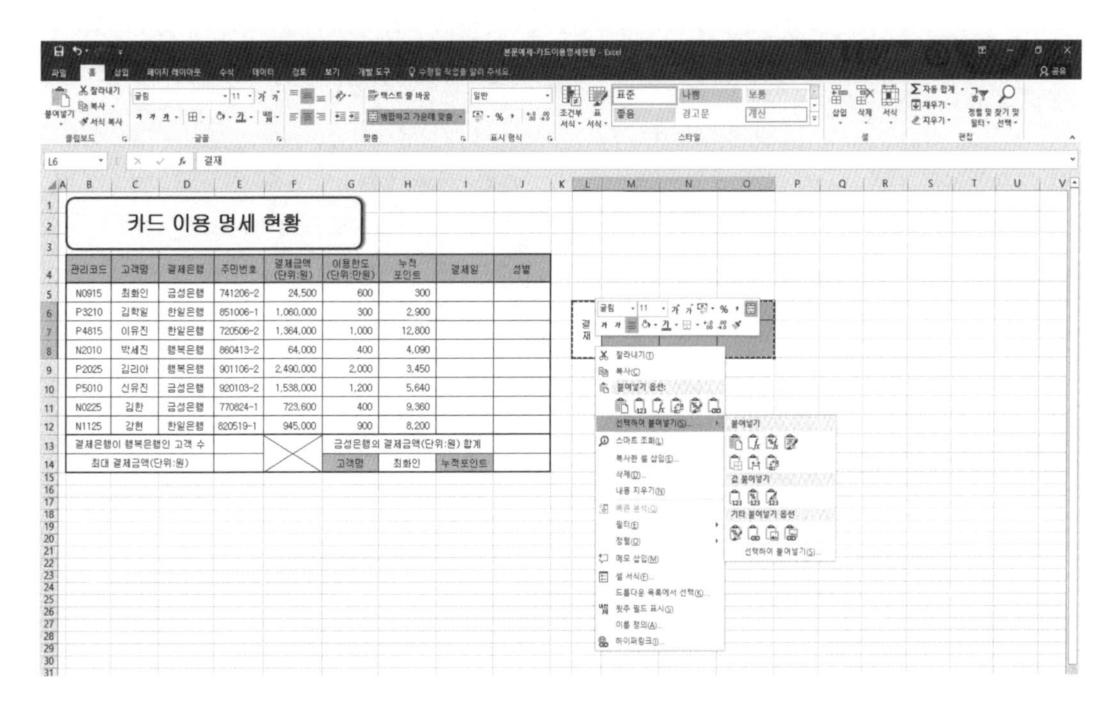

⑦ 결재란 개체를 선택하여 출력 형태에 맞게 크기와 위치를 조절합니다.

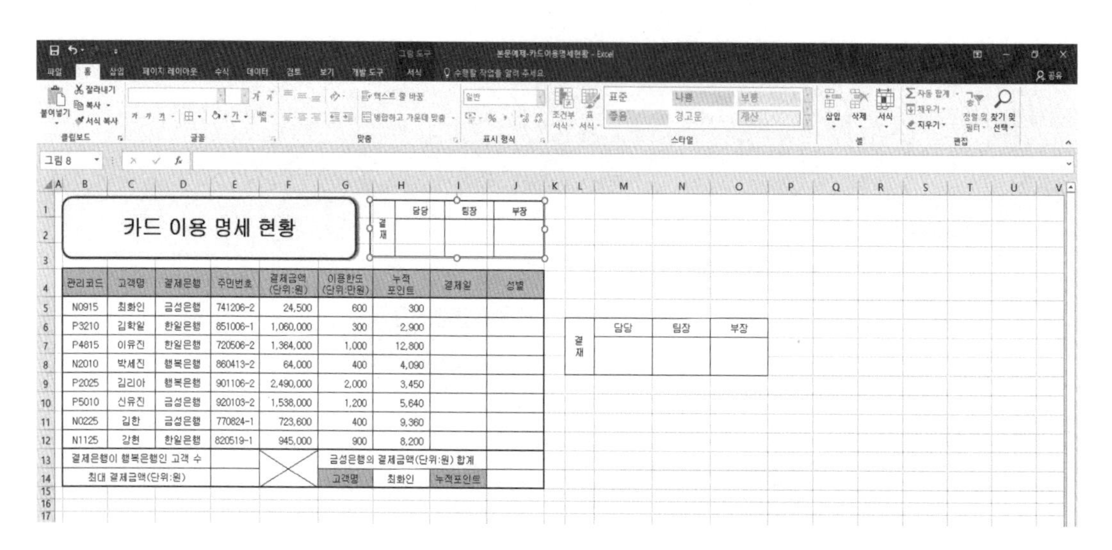

⑧ 붙여넣기가 끝나면 「L:O」 머리글을 선택한 후 마우스 오른쪽 버튼을 클릭하여 '삭제'를 선택합니다.

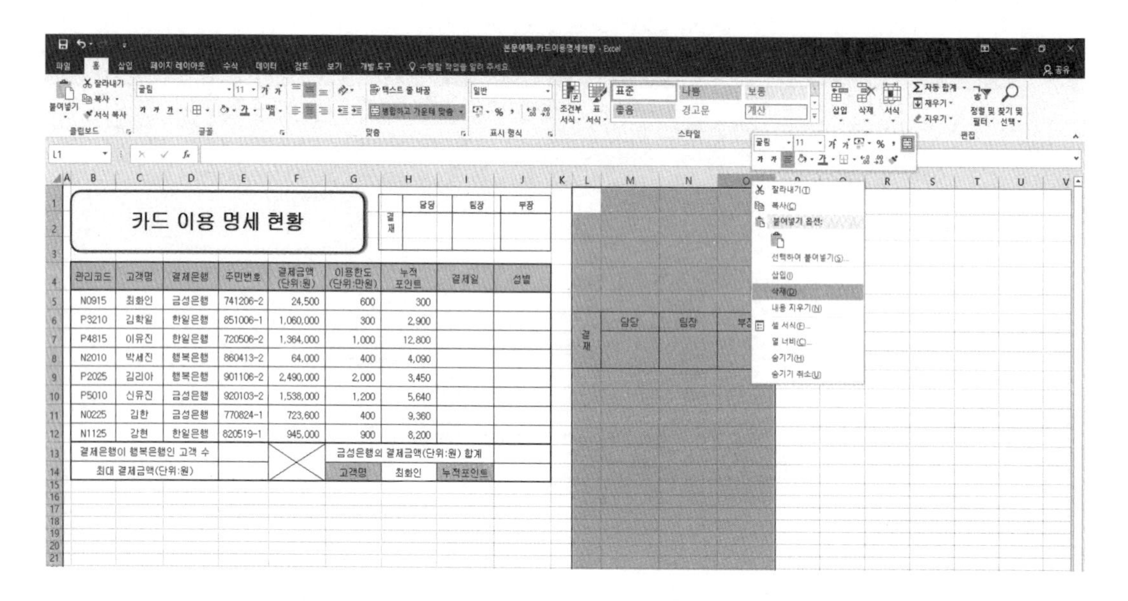

(5) 유효성 검사

데이터 유효성 검사는 데이터를 정확하게 입력할 수 있도록 도와주는 기능입니다.

① 「H14」셀을 클릭하고 [데이터]탭 → [데이터 도구]그룹에서 [데이터 유효성 검사]를 클릭합니다.

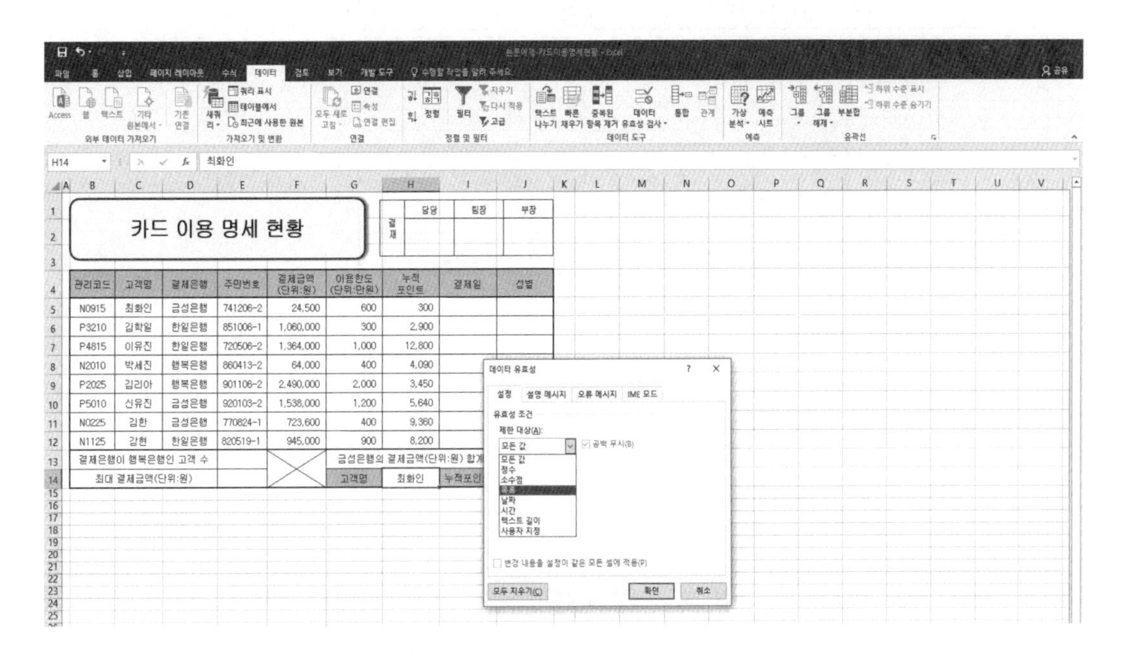

② [데이터 유효성] 대화 상자가 나타나면 [설정]탭의 '제한 대상'은 '목록', '원본'은 「C5:C12」 영역을 블록 설정하고 [확인]을 클릭합니다.

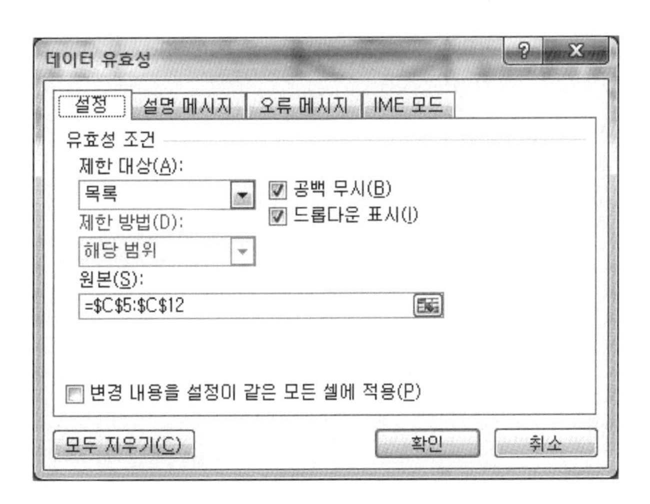

(6) 사용자 지정 서식

① 「E5:E12」영역을 블록 설정한 후 마우스 오른쪽 버튼을 클릭하여 [셀 서식] 메뉴를 클릭합니다.

② [셀 서식] 대화상자가 나타나면 [표시 형식]탭의 '범주'에서 '사용자 지정'을 선택하고 형식에 @"******"를 입력한 후 [확인] 버튼을 클릭합니다.

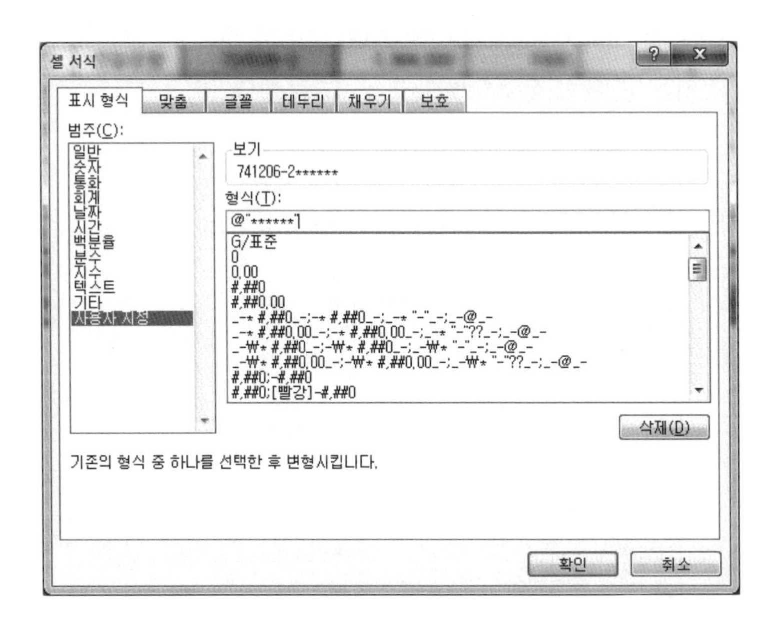

※ 사용자 지정 코드

사용자가 셀에 표현되는 특정 서식을 직접 설정하는 방법으로, 서식 종류에 없는 형식을 사용자가 임의로 만들어 사용할 수 있습니다. 사용자 지정에서 사용할 수 있는 서식 코드는 다음과 같습니다.

서식코드	기능	서식코드	기능
G/표준	숫자를 일반 표시 형식으로 지정	,	천 단위 구분 기호
;	지정된 조건에 따른 표시 형식을 구분	$, ₩	화폐 단위 표시
#	자릿수 표시(필요 없는 자릿수의 숫자는 제외) 예 : 52356 → #,##0 : 52,356	" "	임의의 문자열 삽입
0	자릿수 표시(필요 없는 자릿수의 숫자까지 0으로 표시)	[]	색상이나 조건지정
?	필요 없는 자릿수의 자리에 공백 추가	*	* 뒤에 입력한 문자를 반복 표시
.	소수점 구분 기호	@	특정한 문자를 붙여서 표시

서식 코드 기호 '#'은 숫자를 표시하며 의미 없는 0은 표시하지 않습니다. '0'은 숫자를 표시하며 의미 없는 0을 표시합니다. ','는 천 단위 구분 기호입니다. 문자 데이터에 원하는 문자를 덧붙여 사용하는 기호는 '@'로 @ 뒤에 큰따옴표로 특정 문자를 묶어줍니다. 날짜와 시간을 나타내는 기호는 y(연), m(월), d(일), h(시), m(분), s(초)가 있습니다. 사용자 지정 형식이 'yy'이면 입력된 날짜 연도의 마지막 두 자리, 'yyyy'이면 연도 네 자리가 표시됩니다. 'mm'은 3월이 '03'으로 표시되며 'm'은 '3'으로 표시됩니다. 'mmmm'은 월의 영문을 표시합니다. 예를 들어, 12월이면 December가 표시되며 'mmm'은 앞 세 글자 'Dec'로 표시됩니다. 또한 시간 자료에서 엑셀은 24시간 표현 방식을 사용하므로 오전과 오후는 'AM'과 'PM'으로 구분해 주어야 합니다.

날짜 서식코드	기능	날짜 서식코드	기능
yy	연도 중 뒤의 2자리만 표시	d	일을 1~31로 표시
yyyy	연도를 4자리로 표시	dd	일을 01~31로 표시
m	월을 1~12로 표시	ddd	일을 Sun~Sat로 표시
mm	월을 01~12로 표시	dddd	일을 Sunday~Saturday로 표시
mmm	월을 Jan~Dec로 표시	aaa	한글로 일을 월~일로 표시
mmmm	월을 January~December로 표시	aaaa	한글로 일을 월요일~일요일로 표시

(7) 이름 정의

① 「F5:F12」영역을 범위 지정한 후 수식 입력줄 왼쪽에 있는 '이름 상자'에 "결제금액"을 입력하고 〈Enter〉를 클릭하거나 범위를 선택한 상태에서 우클릭하여 이름 정의로 지정해도 됩니다.

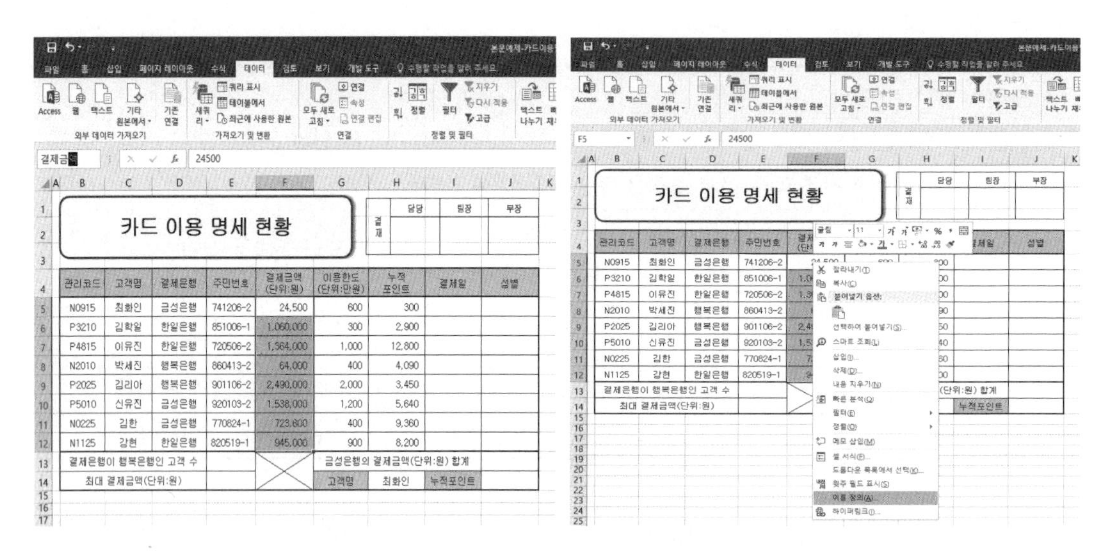

② 정의된 이름을 삭제할 경우에는 [수식]탭 → [정의된 이름]그룹의 [이름 관리자] 단추를 클릭한 후 지우고자 하는 이름을 선택하고 [삭제] 버튼을 누릅니다.

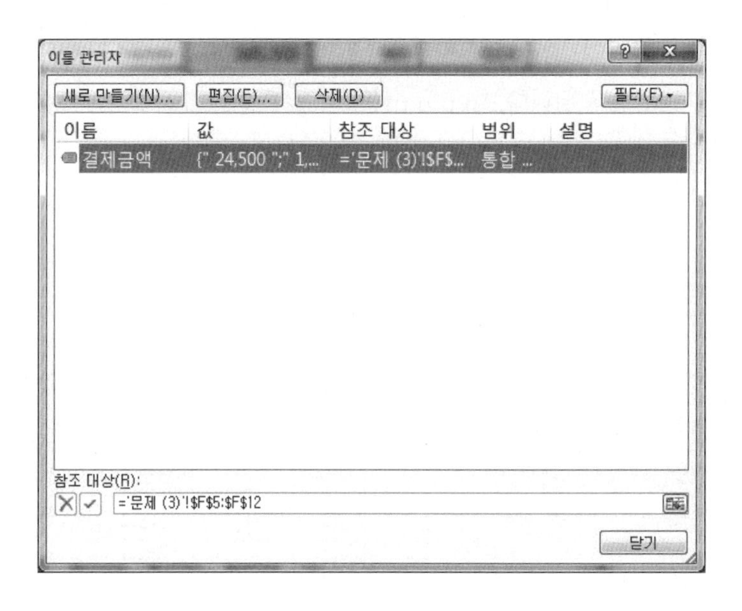

4. 퀴즈

(1) 시트 전체에 서식을 지정하는 과정을 쓰시오.

(2) 연속적인 여러 셀을 선택 시 사용하는 키는?

(3) 비연속적인 여러 셀을 선택 시 사용하는 키는?

(4) 한 셀에 두 줄을 입력할 때 사용하는 키는?

(5) 연속적인 셀을 하나로 합쳐서 가운데 위치하게 하는 기능을 무엇이라 하는가?

(6) 숫자자료 뒤에 글자를 추가하는 방법은? (예: 100 → 100점)

(7) 문자자료 뒤에 글자를 추가하는 방법은? (예: 홍길동 → 홍길동님)

(8) 숫자자료 뒤에 천단위 구분 기호와 글자를 추가하는 방법은? (예: 1000 → 1,000원)

(9) 숫자자료 뒤에 백만단위로 표시하는 방법은? (예: 15500000 → 16)

(10) 입력된 자료가 2019-03-11인데 19년 3월 11일 mon으로 출력 표시하려면, 셀서식의 사용자 지정을 어떻게 설정해야 하는가?

(11) 임의의 제목 도형을 작성하려고 한다. 작성 순서 중 괄호 안에 들어갈 부분은 무엇인가?

① 임의의 도형을 그린다.
② 도형을 클릭 후 글자를 입력한다.
③ 도형을 클릭한 후 굴림, 24pt, 굵게, 검정(또는 자동), 채우기 색 : 노랑, 가로 가운데, 세로 가운데 맞춤을 한다.
④ ( )를 넣는다.

Chapter 02 수식과 함수 사용

1. 수식 사용

수식은 등호(=)로 시작해서 상수, 연산자, 셀 주소, 함수 등의 조합으로 만듭니다. 수식을 입력한 셀에는 수식의 결과가 표시되고, 입력한 원본 수식은 수식 입력줄을 통해 확인할 수 있습니다. 사용자는 표시할 값을 직접 입력하지 않고 어떻게 계산해서 표시하라는 수식을 입력하는 것입니다. 또한 채우기 핸들을 이용해서 수식을 인접한 다른 셀로 복사할 수도 있습니다.

엑셀에서 수식 작성을 위해 사용되는 연산자로는 다음 표에서와 같이 산술 연산자, 비교 연산자, 참조 연산자, 문자열 연산자가 있습니다. 산술 연산자는 기본 수치 연산에 사용되며, 비교 연산자는 두 값의 크기를 비교하여 참과 거짓을 표현하는 논리 연산, 문자열 연산자는 문자와 문자, 문자와 숫자를 연결하기 위해, 참조 연산자는 셀 범위 지정을 위해 사용됩니다.

<table>
<tr><th>종류</th><th>연산자</th><th>기능</th><th>종류</th><th>연산자</th><th>기능</th></tr>
<tr><td rowspan="6">산술 연산자</td><td>%</td><td>백분율</td><td rowspan="6">비교 연산자</td><td>=</td><td>~이다.</td></tr>
<tr><td>^</td><td>제곱</td><td><></td><td>~이 아니다.</td></tr>
<tr><td>*</td><td>곱하기</td><td>></td><td>초과</td></tr>
<tr><td>/</td><td>나누기</td><td><</td><td>미만</td></tr>
<tr><td>+</td><td>더하기</td><td>>=</td><td>이상(이후)</td></tr>
<tr><td>−</td><td>빼기</td><td><=</td><td>이하(이전)</td></tr>
<tr><td>문자 연산자</td><td>&</td><td>문자열 연결</td><td rowspan="4">참조 연산자</td><td>콜론 (:)</td><td>연속적인
셀 범위 지정</td></tr>
<tr><td rowspan="3">논리 연산자</td><td>AND</td><td>조건 모두
만족 시 참</td><td rowspan="3">쉼표 (,)</td><td rowspan="3">비연속적인
셀 범위 지정</td></tr>
<tr><td>OR</td><td>조건 하나라도
만족 시 참</td></tr>
<tr><td>NOT</td><td>부정</td></tr>
</table>

2. 셀 참조

수식을 입력할 때 셀의 연산에 필요한 데이터를 직접 입력하지 않고, 데이터가 입력된 셀 주소를 사용하는 것을 셀 참조라 합니다. 셀 참조의 유형으로는 상대 참조, 절대 참조, 혼합 참조가 있습니다.

(1) 상대 참조

A1 또는 B2와 같이 열 머리글과 행 머리글을 조합해서 만든 일반적인 셀 주소를 상대 참조라 합니다. 수식에는 기본적으로 상대 참조가 사용되며, 만약 수식이 입력된 셀의 위치가 바뀌면 해당 셀의 주소를 기준으로 참조한 셀 주소도 바뀝니다. 다시 말해, 수식의 결과를 구한 후 채우기 핸들로 끌어 수식을 복사하면 주소가 저절로 바뀌는데 이런 주소를 상대주소라 합니다.

(2) 절대 참조

수식 복사를 위해 채우기 핸들을 이용하여 드래그 하더라도 셀의 주소가 변함없이 그대로 유지하도록 셀의 주소를 고정시킬 때 사용하는 방식을 절대 참조라 합니다. 절대 참조의 표시는 행, 열 값 앞에 $ 기호를 붙여 사용합니다. 예를 들어 $A$1 또는 $B$2 셀 주소는 수식 복사해도 변하지 않는 절대주소가 됩니다. 주소 변환을 쉽게 하기 위해 키보드의 기능키 F4를 한번 누를 때 마다 상대주소 → 절대주소 → 혼합형 주소를 반복해서 표시해 줍니다.. 예를 들어 A1 셀에서 F4 키를 반복해서 누르면 A1 → $A$1 → A$1 → $A1 → A1로 주소 상태가 변합니다.

(3) 혼합 참조

혼합 참조는 상대 참조와 절대 참조를 혼합하여 사용하는 주소입니다. 행 또는 열 값 중 한곳에만 $ 기호를 붙인 형태입니다. 예를 들어 'A1' 셀에서 '$A1'은 열 문자에만 절대 참조를 적용한 열 고정 혼합 참조이며, 'A$1'은 행 문자에만 절대 참조를 적용한 행 고정 혼합 참조입니다. 수식을 복사하면 '$'가 붙은 값은 자동으로 조정되지 않고 그대로 유지됩니다.

3. 함수의 형식

함수는 일정한 형식을 가지고 있습니다. 이 형식에 대한 몇 가지 규칙을 알고 형식에 맞추어 입력하면 보다 편리하게 사용할 수 있습니다. 다음은 함수의 구성 요소와 사용 규칙입니다.

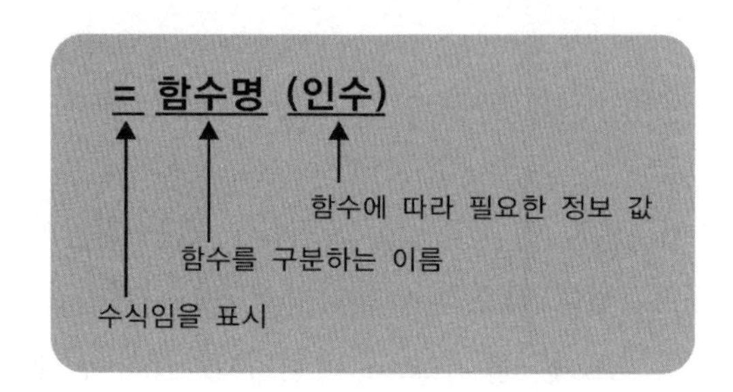

- 함수는 반드시 등호(=)로 시작합니다.
- 함수명은 대문자, 소문자를 구별하지 않습니다.
- 인수는 중간에 공백이 포함될 수 없습니다.
  단, 인수가 따옴표로 묶인 문자열인 경우는 가능합니다.
- 인수는 함수 계산에 필요한 데이터이며 콤마(,)로 구분합니다.

4. 함수의 종류

함수는 수학/삼각, 통계, 찾기/참조, 논리, 날짜 및 시간, 텍스트, 데이터베이스, 정보, 재무 등의 범주로 나누어집니다. 다음 표는 많이 사용되는 함수를 범주별로 구분지어 그 종류와 기능을 보여줍니다.

(1) 수학 / 삼각 함수

<table>
<tr><th>함 수</th><th>기 능</th></tr>
<tr><td>ROUND(숫자, 자리수)</td><td>숫자를 지정한 자릿수까지 반올림한 값을 구한다.</td></tr>
<tr><td>ROUNDUP(숫자, 자리수)</td><td>숫자를 지정한 자릿수까지 올림한 값을 구한다.</td></tr>
<tr><td>ROUNDDOWN(숫자, 자리수)</td><td>숫자를 지정한 자릿수까지 내림한 값을 구한다.</td></tr>
<tr><td colspan="2">문제) 판매금액(단위:원) ⇒ 「제품가격(단위:원)×판매수량」을 반올림하여 천원 단위까지 구하시오
(ROUND 함수)(예: 23,450 → 23,000). =ROUND(F5*G5,-3)</td></tr>
<tr><td>TRUNC(숫자, 자리수)</td><td>숫자를 지정한 자릿수만큼 소수아래에 남기고 나머지 자리는 버린다.</td></tr>
<tr><td colspan="2">문제) 각 학생들의 중간, 수행, 기말점수에 대한 평균을 구하시오(TRUNC, AVERAGE함수)
(예: 94.37 → 94.3). =TRUNC(AVERAGE(C5:E5), 1)</td></tr>
<tr><td>SUM(인수1, 인수2, ...)</td><td>인수들의 합을 구한다.</td></tr>
<tr><td>SUMIF(조건범위, 조건, 합계범위)</td><td>조건에 맞는 셀의 위치에 해당하는 셀들의 합을 구한다.</td></tr>
<tr><td colspan="2">문제) 한국 에세이의 판매량 합계 ⇒ 정의된 이름(국가)을 이용하여 구하시오(SUMIF 함수).
=SUMIF(국가,"한국",G5:G12)</td></tr>
<tr><td>ABS(숫자)</td><td>부호가 없는 절대값을 구한다.</td></tr>
<tr><td>INT(숫자)</td><td>소수 이하를 버리고 내림하여 정수를 구한다.</td></tr>
<tr><td colspan="2">문제) 초등학생 평균 교육비(단위:원) ⇒ 조건은 입력데이터를 이용하고, 버림하여 정수로 구하시오
(INT, DAVERAGE 함수)(예: 27,356.7 → 27,356).
=INT(DAVERAGE(B4:H12,6,D4:D5))</td></tr>
<tr><td>MOD(인수1, 인수2)</td><td>첫 번째 인수로 입력한 숫자를 두 번째 인수로 입력한 숫자로 나누었을 때의 나머지를 구한다.</td></tr>
<tr><td>SQRT(숫자)</td><td>양의 제곱근의 값을 구한다.</td></tr>
<tr><td>PRODUCT(인수1, 인수2, ...)</td><td>인수들의 곱을 구한다.</td></tr>
<tr><td>SUMPRODUCT(배열1, 배열2, ...)</td><td>배열 또는 범위의 대응되는 값끼리 곱해서 그 합을 구한다.</td></tr>
<tr><td colspan="2">문제) 당월매출액(단위:원) 합계 ⇒ 「단가(단위:원)×당월판매량」의 합계로 구하시오(SUMPRODUCT 함수).
=SUMPRODUCT(E5:E12,H5:H12)</td></tr>
</table>

(2) 통계 함수

함 수	기 능
AVERAGE(범위)	지정된 범위 내에서 인수들의 평균값을 구한다.
MAX(범위)	지정된 범위 내에서 최대값을 구한다.
MIN(범위)	지정된 범위 내에서 최소값을 구한다.

문제) 최다 판매수량 ⇒ 결과값 뒤에 '개'를 붙이시오(MAX 함수, & 연산자)(예: 1개).
=MAX(G5:G12)&"개"

함 수	기 능
LARGE(범위,K)	지정된 범위 내에서 K번째 큰 수를 구한다.
SMALL(범위,K)	지정된 범위 내에서 K번째 작은 수를 구한다.

문제) 두 번째로 큰 강좌 목차 ⇒ 정의된 이름(목차)을 이용하여 구하시오(LARGE 함수).
=LARGE(목차,2)

함 수	기 능
RANK.EQ(숫자, 범위, 옵션)	지정된 범위 내에서 특정 데이터 값의 순위를 구한다. 옵션: 0 또는 생략하면 내림차순, 1은 오름차순

문제) 매출 순위 ⇒ 판매량(단위:개)의 내림차순 순위를 구한 결과값에 '위'를 표시하시오
(RANK.EQ 함수, & 연산자)(예: 1위). =RANK.EQ(H5,$H$5:$H$12)&"위"

함 수	기 능
MODE(범위)	지정된 범위 내에서 가장 빈도수가 높은 값을 구한다.
MEDIAN(범위)	지정된 범위 내에서 중간값을 구한다.
COUNT(범위)	지정된 범위 내에서 숫자가 들어 있는 셀의 개수를 구한다.
COUNTIF(범위, 조건)	지정된 범위 내에서 조건에 맞는 셀의 개수를 구한다.

문제) 결제은행이 행복은행인 고객 수 ⇒ 결과값 뒤에 '명'을 붙이시오(COUNTIF 함수, & 연산자)
(예: 1명). =COUNTIF(D5:D12,"행복은행")&"명"

문제) 네티즌 평점이 4.8 이상인 도서 수 ⇒ 결과값에 '권'을 붙이시오.(COUNTIF 함수, & 연산자)
(예: 3→3권). =COUNTIF(F5:F12,">=4.8")&"권"

문제) 2013년 이후 설립된 업체 수 ⇒ 2013년 이후(해당 연도 포함)에 설립된 업체 수를 구하시오
(COUNTIF 함수). =COUNTIF(D5:D12,">=2013-1-1")

함 수	기 능
FREQUENCY(데이터범위, 구간범위)	범위 또는 등급에 대한 데이터들의 도수분포를 구한다.

(3) 찾기 / 참조 함수

함 수	기 능
VLOOKUP (찾는값, 참조범위, 열 번호, 옵션)	표나 배열의 첫 열에서 세로 방향으로 원하는 값을 추출한다. 옵션이 0 또는 FALSE: 정확한 값, 1 또는 TRUE: 근사값

문제) 누적포인트 ⇒ 「H14」셀에서 선택한 고객명에 대한 누적포인트를 구하시오(VLOOKUP 함수).
=VLOOKUP(H14,C5:H12,6,0)

문제) 성장률 ⇒ 「H14」셀에서 선택한 제품명에 대해 「3분기매출(만원)÷2분기매출(만원)-1」로 구하고, 결과값에 백분율(소수 이하 1자리) 표시 형식을 적용하시오
(VLOOKUP 함수)(예: 10.5%).
=VLOOKUP(H14,C5:H12,6,FALSE)/VLOOKUP(H14,C5:H12,5,FALSE)-1

함 수	기 능
HLOOKUP (찾는값, 참조범위, 행번호, 옵션)	표나 배열의 첫 행에서 가로 방향으로 원하는 값을 추출한다. 옵션이 0 또는 FALSE: 정확한 값, 1 또는 TRUE: 근사값
CHOOSE(인수, 값1, 값2,...)	원하는 목록을 직접 입력하여 원하는 인덱스 값으로 목록을 찾는다.

문제) 성별 ⇒ 주민번호의 8번째 글자가 1 또는 3이면 '남성', 2 또는 4이면 '여성'으로 하시오
(CHOOSE, MID 함수). =CHOOSE(MID(E5,8,1),"남성","여성","남성","여성")

문제) 요일 ⇒ 작성일(「H13」셀)의 요일을 구하시오(CHOOSE, WEEKDAY 함수)(예: 월요일)
=CHOOSE(WEEKDAY(H13,2),"월요일","화요일","수요일","목요일","금요일","토요일",
"일요일")

함 수	기 능
INDEX(범위, 행번호, 열 번호) INDEX(범위, MATCH(찾는값, 범위,0), 열번호)	범위에서 행 번호와 열 번호가 교차하는 값을 표시 0: 자료가 혼합, 1: 오름, -1: 내림

(4) 논리 함수

함 수	기 능
AND(인수1, 인수2,...)	여러 개의 조건 중 인수가 모두 참일 때 참이 된다.
OR(인수1, 인수2,...)	여러 개의 조건 중 인수가 하나라도 참일 때 참이 된다.
NOT(인수)	인수의 반대 논리값을 구한다.
IFERROR(인수, 오류 시 표시할 값)	인수로 지정한 수식이나 셀에서 오류가 발생했으면 '오류 시 표시할 값'을 반환하고, 그렇지 않으면 결과값을 반환한다.
IF(조건식, 참, 거짓)	지정 조건을 검사하여 참 또는 거짓인 경우에 따라 특정값을 반환한다.

문제) 비고 ⇒ 출시일의 연도가 2017이면 '신상품', 그 외에는 공백으로 표시하시오(IF, YEAR 함수).
=IF(YEAR(E5)=2017,"신상품","")

문제) 미니양수 제품가격(단위:원) 순위평가 ⇒ 정의된 이름(제품가격)을 이용하여 제품가격(단위:원)의 내림차순 순위를 구하고, 3 이하이면 '고가', 그 외에는 '보통'으로 구하시오(IF, RANK.EQ 함수).
=IF(RANK.EQ(F7,제품가격)<=3,"고가","보통")

문제) 비고 ⇒ 전월판매량이 2,000 이상이면서 당월판매량이 2,000 이상이면 '베스트 상품', 그 외에는 공백으로 구하시오(IF, AND 함수).
=IF(AND(G5>=2000,H5>=2000),"베스트 상품","")

문제) 비고 ⇒ 전월판매량이 2,000 이상이거나 당월판매량이 2,000 이상이면 '베스트 상품', 그 외에는 공백으로 구하시오(IF, AND 함수).
=IF(OR(G5>=2000,H5>=2000),"베스트 상품","")

문제) 결제일 ⇒ 관리코드의 마지막 두 글자가 10이면 '10일', 15이면 '15일', 그 외에는 '25일'로 표시하시오(IF, RIGHT 함수).
=IF(RIGHT(B5,2)="10","10일",IF(RIGHT(B5,2)="15","15일","25일"))

(5) 날짜 및 시간 함수

<table>
<tr><th>함 수</th><th>기 능</th></tr>
<tr><td>NOW( )</td><td>현재 시스템 날짜와 시간의 일련번호를 구한다.</td></tr>
<tr><td>TODAY( )</td><td>현재 시스템의 날짜를 구한다.</td></tr>
<tr><td>DATE(연, 월, 일)</td><td>지정한 연, 월, 일에 대한 날짜의 일련번호를 구한다.</td></tr>
<tr><td>YEAR(날짜)</td><td>날짜에서 연도를 표시한다.</td></tr>
<tr><td colspan="2">문제) 업력 ⇒ '2016-설립일의 연도'로 계산한 값 뒤에 '년'을 붙이시오(YEAR 함수, & 연산자)
(예: 1년). =2016-YEAR(D5)&"년"</td></tr>
<tr><td>TIME(시, 분, 초)</td><td>지정한 시간, 분, 초에 대한 시간의 일련번호를 구한다.</td></tr>
<tr><td>WEEKDAY(날짜, 옵션)</td><td>날짜의 해당요일을 숫자로 변환
옵션이 1이면 일요일(1)에서 토요일(7)
옵션이 2이면 월요일(1)에서 일요일(7)
옵션이 3이면 월요일(0)에서 일요일(6)</td></tr>
<tr><td colspan="2">문제) 측정요일 ⇒ 측정날짜의 요일이 토요일과 일요일이면 '주말', 그 외에는 '평일'로 구하시오
(IF, WEEKDAY 함수). =IF(WEEKDAY(B5,2)>=6,"주말","평일")</td></tr>
</table>

(6) 텍스트 함수

<table>
<tr><th>함 수</th><th>기 능</th></tr>
<tr><td>LEFT(문자, 개수)</td><td>셀 값의 왼쪽부터 지정한 문자수만큼 문자를 추출한다.</td></tr>
<tr><td colspan="2">문제) 월 관리비용 ⇒ 계약형태가 월급이면 「계약금액(단위:원)×10%」, 시급이면 「계약금액(단위:원)×8×7%×21」로 구하시오(IF, LEFT 함수).
=IF(LEFT(E5,2)="월급",G5*10%,G5*8*7%*21)</td></tr>
<tr><td>RIGHT(문자, 개수)</td><td>셀 값의 오른쪽부터 지정한 문자수만큼 문자를 추출한다.</td></tr>
<tr><td colspan="2">문제) 결제일 ⇒ 관리코드의 마지막 두 글자가 10이면 ‘10일’, 15이면 ‘15일’, 그 외에는 ‘25일’로 표시하시오(IF, RIGHT 함수). =IF(RIGHT(B5,2)="10","10일",IF(RIGHT(B5,2)="15","15일","25일"))</td></tr>
<tr><td>MID(문자, 시작위치, 개수)</td><td>지정한 중간 문자부터 지정한 개수만큼 문자를 추출한다.</td></tr>
<tr><td colspan="2">문제) 성별 ⇒ 주민번호의 8번째 글자가 1 또는 3이면 ‘남성’, 2 또는 4이면 ‘여성’으로 하시오(CHOOSE, MID 함수). =CHOOSE(MID(E5,8,1),"남성","여성","남성","여성")</td></tr>
<tr><td>REPT(표시할 문자, 개수)</td><td>표시할 문자를 개수만큼 반복해서 표시한다.</td></tr>
<tr><td colspan="2">문제) 비고 ⇒ 「판매량÷1,000」으로 구한 값을 사용하여 ‘★’ 문자를 반복하여 표시하시오(REPT 함수) (예: 2 → ★★). =REPT("★",G5/1000)</td></tr>
<tr><td>REPLACE(텍스트1, 시작위치, 개수, 텍스트2)</td><td>텍스트1의 시작위치에서 개수만큼 텍스트2로 변환한다.</td></tr>
<tr><td>CONCATENATE(텍스트1, 텍스트2, ...)</td><td>여러 텍스트 항목들을 하나로 합친다. ‘&’ 연산자와 같은 기능을 가진다.</td></tr>
<tr><td>TRIM(텍스트)</td><td>텍스트 사이의 1개 공백을 제외한 모든 공백을 지운다.</td></tr>
<tr><td>LOWER(텍스트)</td><td>텍스트에 포함된 대문자를 모두 소문자로 변환한다.</td></tr>
<tr><td>UPPER(텍스트)</td><td>텍스트에 포함된 소문자를 모두 대문자로 변환한다.</td></tr>
<tr><td>PROPER(텍스트)</td><td>텍스트의 첫 문자를 대문자로 변환한다.</td></tr>
</table>

(7) 데이터베이스 함수

<table>
<tr><th>함 수</th><th>기 능</th></tr>
<tr><td>DAVERAGE(범위, 필드, 조건)</td><td>데이터베이스(범위)에서 조건을 만족하는 값들의 평균을 구한다.</td></tr>
<tr><td colspan="2">문제) 키즈 책가방의 판매량 평균 ⇒ 조건은 입력데이터를 이용하고, 반올림하여 십의 단위로 구하시오 (ROUND, DAVERAGE 함수)(예: 12,345 → 12,350).
=ROUND(DAVERAGE(B4:H12,7,D4:D5),-1)</td></tr>
<tr><td>DCOUNT(범위, 필드, 조건)</td><td>데이터베이스(범위)에서 조건을 만족하는 셀의 개수를 구한다.</td></tr>
<tr><td>DCOUNTA(범위, 필드, 조건)</td><td>데이터베이스(범위)에서 조건을 만족하는 셀의 개수를 구한다.
(필드가 문자인 경우)</td></tr>
<tr><td>DMAX(범위, 필드, 조건)</td><td>데이터베이스(범위)에서 조건을 만족하는 값 중 최대값을 구한다.</td></tr>
<tr><td colspan="2">문제) 서비스직 최대 연봉(단위:천원) ⇒ 조건은 입력데이터를 이용하시오(DMAX 함수).
=DMAX(B4:H12,H4,D4:D5)</td></tr>
<tr><td>DMIN(범위, 필드, 조건)</td><td>데이터베이스(범위)에서 조건을 만족하는 값 중 최소값을 구한다.</td></tr>
<tr><td>DSUM(범위, 필드, 조건)</td><td>데이터베이스(범위)에서 조건을 만족하는 셀 값들의 합을 구한다.</td></tr>
<tr><td colspan="2">문제) 금성은행의 결제금액(단위:원) 합계 ⇒ 조건은 입력데이터를 이용하시오(DSUM 함수).
=DSUM(B4:H12,F4,D4:D5)</td></tr>
</table>

5. 조건부 서식

특정 조건에 맞는 특정 셀이나 행 전체에 서식을 적용하는 기능입니다.

(1) 조건부 서식을 수식을 이용하여 행 전체에 서식을 적용하기

① 「B5:J12」영역을 블록 설정합니다.

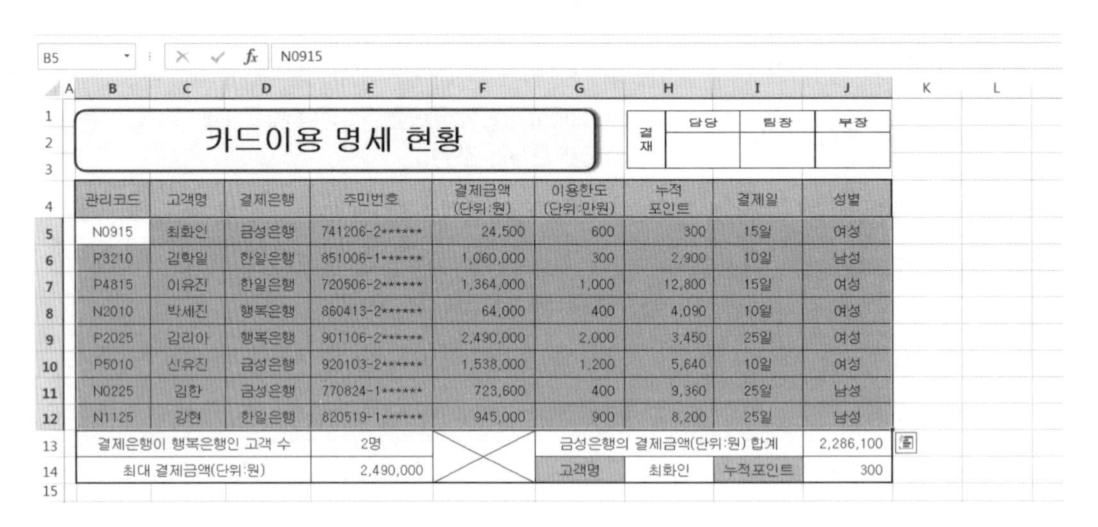

관리코드	고객명	결제은행	주민번호	결제금액 (단위:원)	이용한도 (단위:만원)	누적 포인트	결제일	성별
N0915	최화인	금성은행	741206-2******	24,500	600	300	15일	여성
P3210	김학일	한일은행	851006-1******	1,060,000	300	2,900	10일	남성
P4815	이유진	한일은행	720506-2******	1,364,000	1,000	12,800	15일	여성
N2010	박세진	행복은행	860413-2******	64,000	400	4,090	10일	여성
P2025	김리아	행복은행	901106-2******	2,490,000	2,000	3,450	25일	여성
P5010	신유진	금성은행	920103-2******	1,538,000	1,200	5,640	10일	여성
N0225	김한	금성은행	770824-1******	723,600	400	9,360	25일	남성
N1125	강현	한일은행	820519-1******	945,000	900	8,200	25일	남성
결제은행이 행복은행인 고객 수			2명		금성은행의 결제금액(단위:원) 합계			2,286,100
최대 결제금액(단위:원)			2,490,000		고객명	최화인	누적포인트	300

② [홈] → [스타일] 그룹의 조건부 서식 목록 단추를 클릭하여 새규칙을 선택합니다.

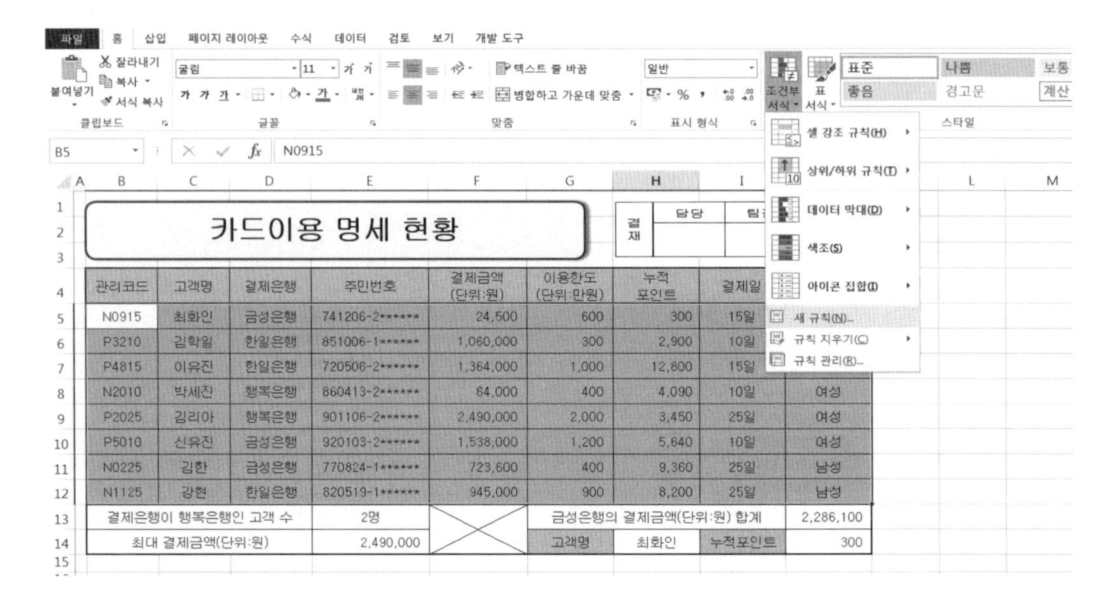

③ [새 서식 규칙] 대화상자에서 '수식을 사용하여 서식을 지정할 셀 결정'을 선택하고 '다음 수식이 참인 값의 서식 지정'에 커서를 둡니다.

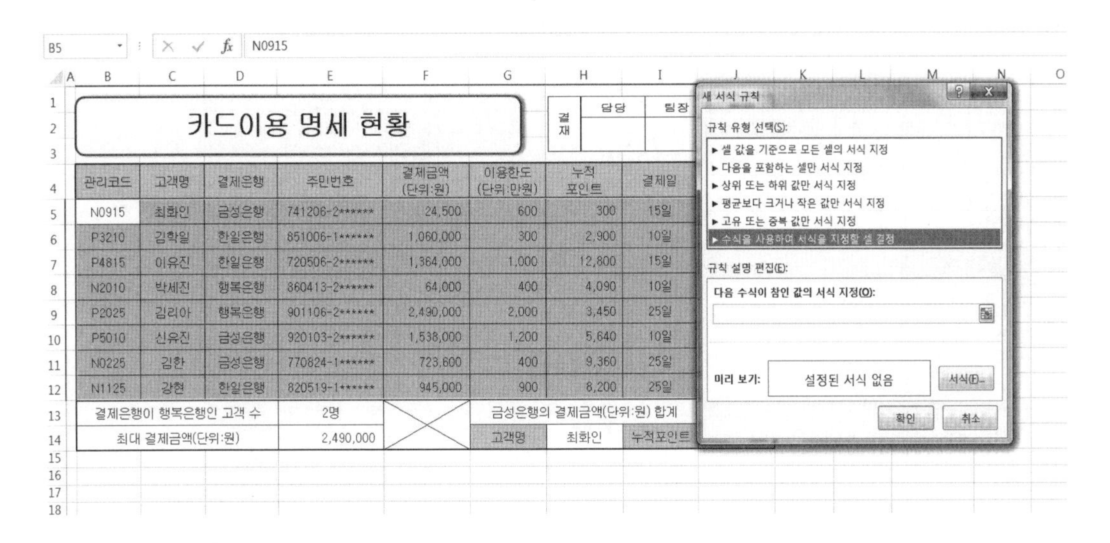

④ 이용한도(단위:만원)의 첫 번째 데이터(G5)를 클릭하면 절대참조의 셀이 참조됩니다.

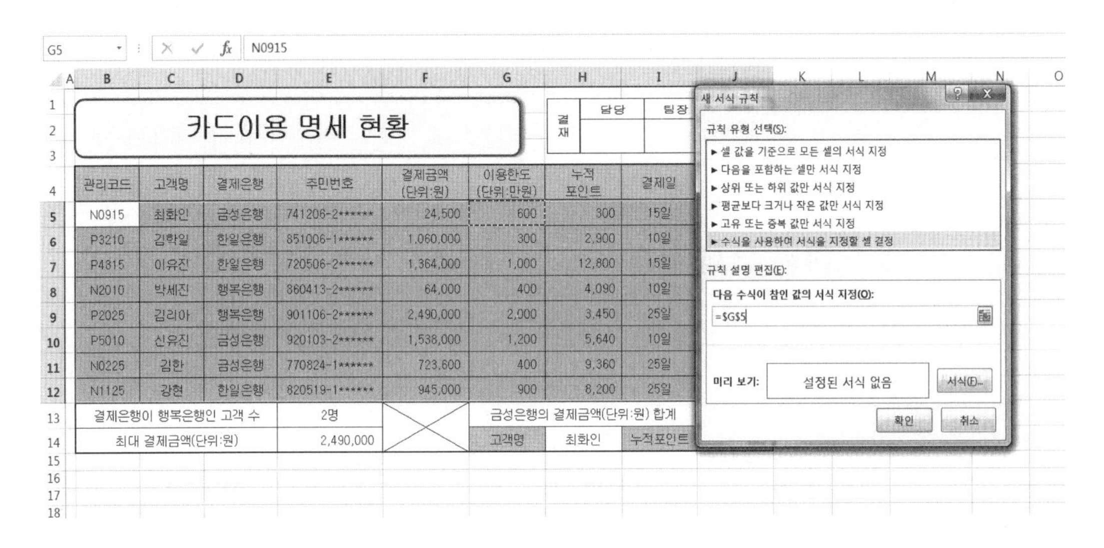

⑤ F4키를 두 번 눌러 행참조($G5)로 바꾸고 >=1000을 입력하고 [서식] 버튼을 클릭합니다.

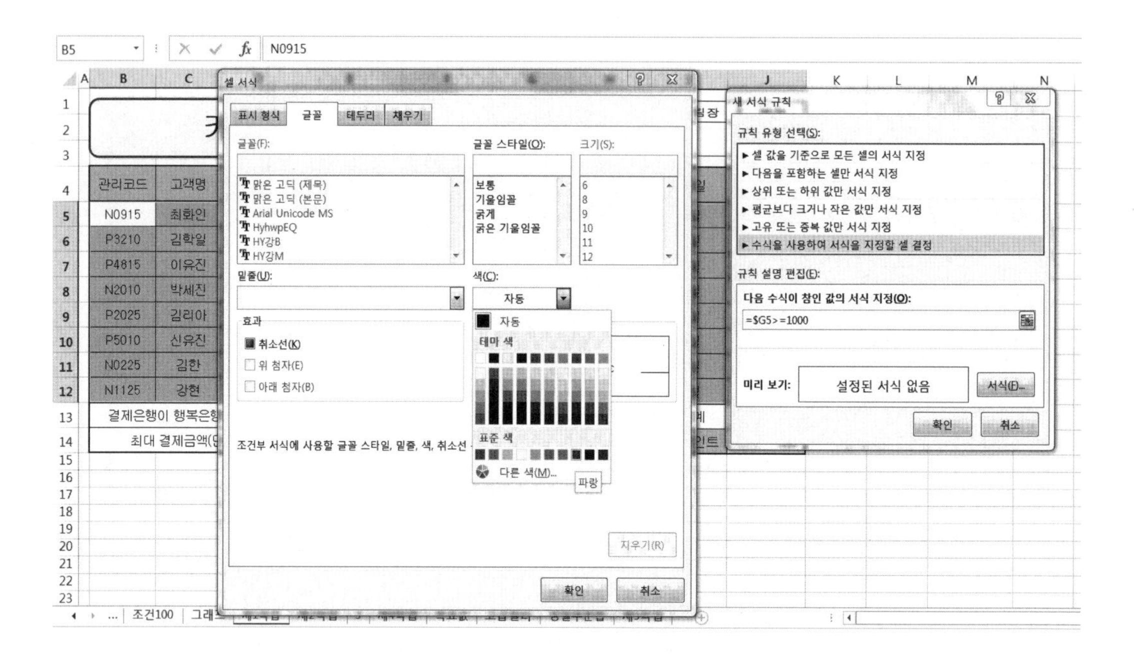

⑥ [셀 서식]의 대화상자에서 [글꼴]탭의 색을 클릭하여 '파랑'을 선택한 후 확인 버튼을 클릭하고 [셀 서식 규칙] 대화상자가 나오면 [확인] 버튼을 클릭하여 대화상자를 닫습니다.

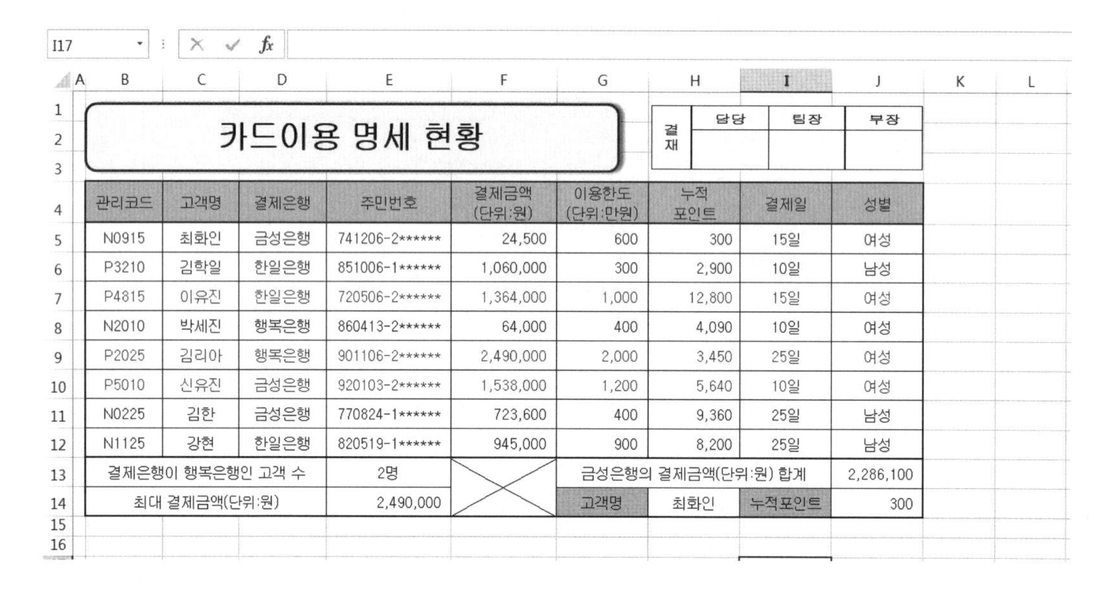

카드이용 명세 현황

결재	담당	팀장	부장

관리코드	고객명	결제은행	주민번호	결제금액(단위:원)	이용한도(단위:만원)	누적포인트	결제일	성별
N0915	최화인	금성은행	741206-2******	24,500	600	300	15일	여성
P3210	김학일	한일은행	851006-1******	1,060,000	300	2,900	10일	남성
P4815	이유진	한일은행	720506-2******	1,364,000	1,000	12,800	15일	여성
N2010	박세진	행복은행	860413-2******	64,000	400	4,090	10일	여성
P2025	김리아	행복은행	901106-2******	2,490,000	2,000	3,450	25일	여성
P5010	신유진	금성은행	920103-2******	1,538,000	1,200	5,640	10일	여성
N0225	김한	금성은행	770824-1******	723,600	400	9,360	25일	남성
N1125	강현	한일은행	820519-1******	945,000	900	8,200	25일	남성
결제은행이 행복은행인 고객 수			2명		금성은행의 결제금액(단위:원) 합계			2,286,100
최대 결제금액(단위:원)			2,490,000		고객명	최화인	누적포인트	300

(2) 조건부 서식을 이용하여 데이터막대스타일로 최대값과 최소값을 적용하기

① 「H5」셀부터 「H12」셀까지 블록을 설정하고 [홈]탭의 [스타일]그룹에서 (조건부 서식) → [데이터 막대] → [빨강 데이터 막대]를 클릭합니다.

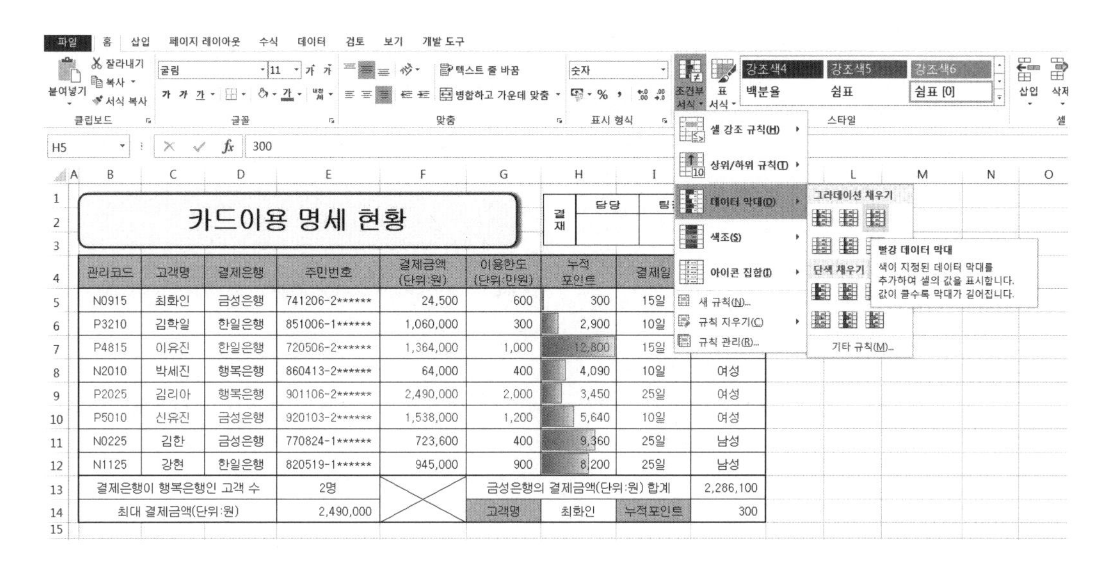

관리코드	고객명	결제은행	주민번호	결제금액(단위:원)	이용한도(단위:만원)	누적포인트	결제일	
N0915	최화인	금성은행	741206-2******	24,500	600	300	15일	
P3210	김학일	한일은행	851006-1******	1,060,000	300	2,900	10일	
P4815	이유진	한일은행	720506-2******	1,364,000	1,000	12,800	15일	
N2010	박세진	행복은행	860413-2******	64,000	400	4,090	10일	여성
P2025	김리아	행복은행	901106-2******	2,490,000	2,000	3,450	25일	여성
P5010	신유진	금성은행	920103-2******	1,538,000	1,200	5,640	10일	여성
N0225	김한	금성은행	770824-1******	723,600	400	9,360	25일	남성
N1125	강현	한일은행	820519-1******	945,000	900	8,200	25일	남성
결제은행이 행복은행인 고객 수			2명		금성은행의 결제금액(단위:원) 합계			2,286,100
최대 결제금액(단위:원)			2,490,000		고객명	최화인	누적포인트	300

② [홈]탭의 [스타일]그룹에서 (조건부 서식) → [규칙 관리]를 클릭합니다.

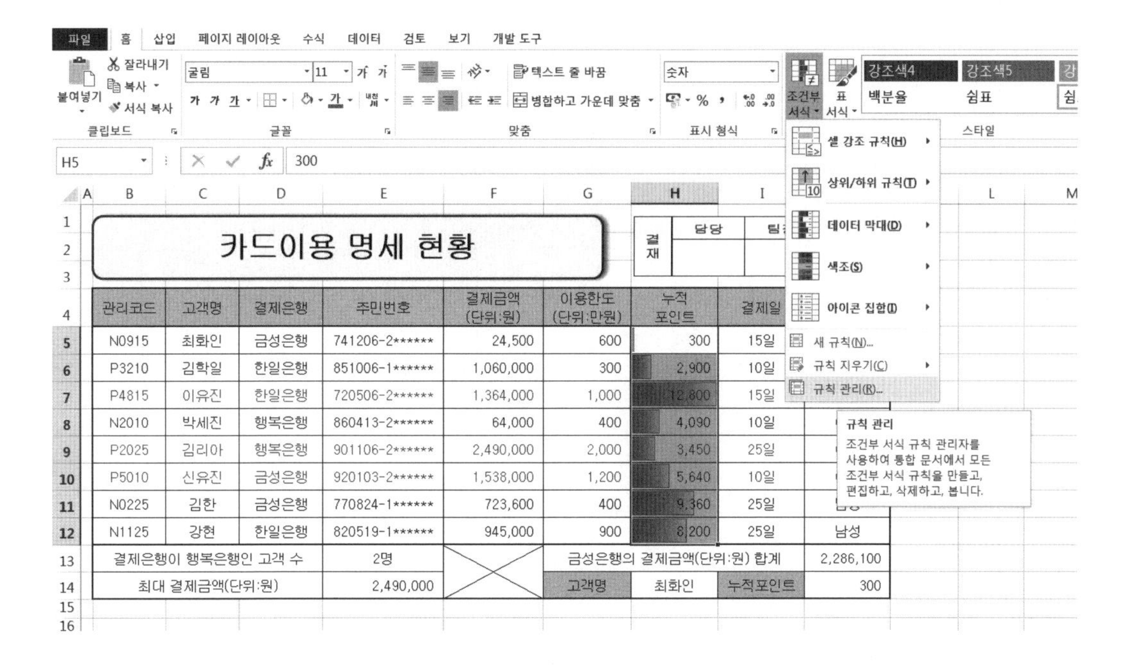

③ [조건부 서식 규칙 관리자] 대화상자에서 데이터 막대를 선택한 다음 [규칙 편집]을 클릭합니다.

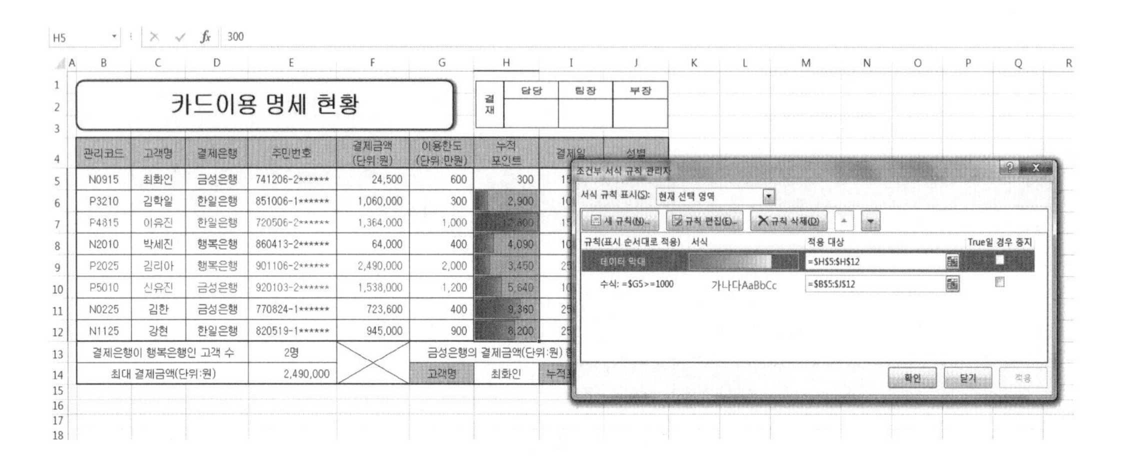

④ [서식 규칙 편집] 대화상자에서 테두리 목록 단추를 클릭하여 '테두리 없음'을 선택하고 [확인]을 클릭합니다.

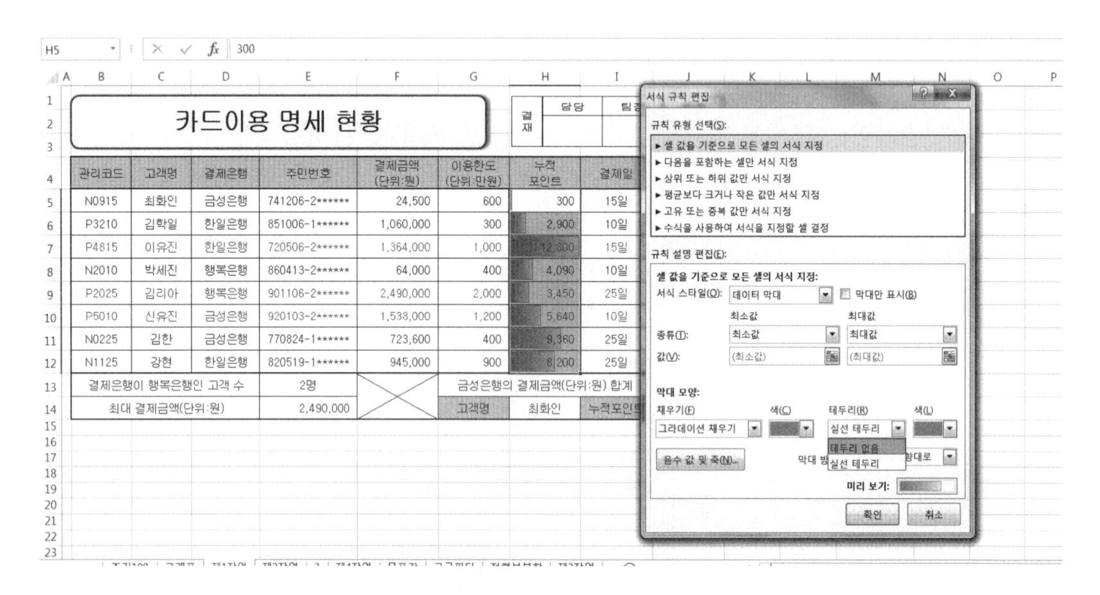

⑤ [조건부 서식 규칙 관리자] 대화상자에서 [확인]을 클릭합니다.

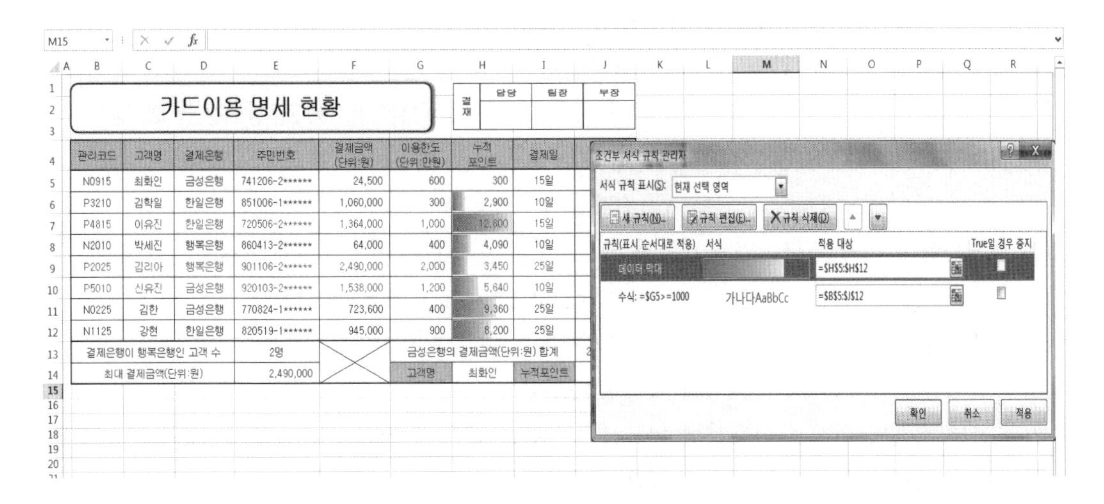

(3) 실습

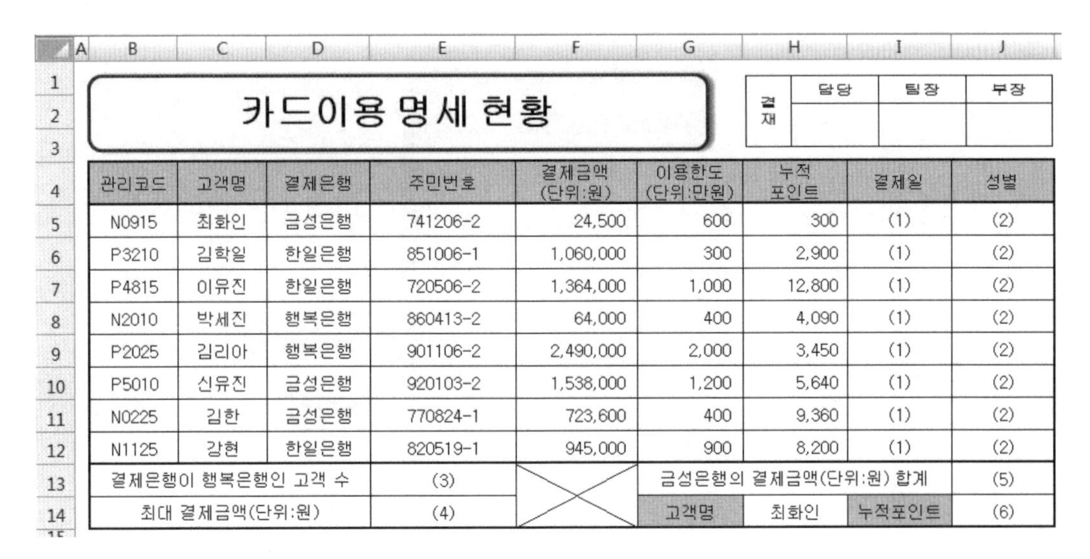

카드이용 명세 현황

결재	담당	팀장	부장

관리코드	고객명	결제은행	주민번호	결제금액(단위:원)	이용한도(단위:만원)	누적 포인트	결제일	성별
N0915	최화인	금성은행	741206-2	24,500	600	300	(1)	(2)
P3210	김학일	한일은행	851006-1	1,060,000	300	2,900	(1)	(2)
P4815	이유진	한일은행	720506-2	1,364,000	1,000	12,800	(1)	(2)
N2010	박세진	행복은행	860413-2	64,000	400	4,090	(1)	(2)
P2025	김리아	행복은행	901106-2	2,490,000	2,000	3,450	(1)	(2)
P5010	신유진	금성은행	920103-2	1,538,000	1,200	5,640	(1)	(2)
N0225	김한	금성은행	770824-1	723,600	400	9,360	(1)	(2)
N1125	강현	한일은행	820519-1	945,000	900	8,200	(1)	(2)
결제은행이 행복은행인 고객 수			(3)		금성은행의 결제금액(단위:원) 합계			(5)
최대 결제금액(단위:원)			(4)		고객명	최화인	누적포인트	(6)

☞ (1)~(6) 셀은 반드시 **주어진 함수를 이용**하여 값을 구하시오(결과값을 직접 입력하면 해당 셀은 0점 처리됨).

(1) 결제일 ⇒ 관리코드의 마지막 두 글자가 10이면 '10일', 15이면 '15일', 그 외에는 '25일'로 표시하시오(IF, RIGHT 함수).

=IF(RIGHT(B5,2)="10","10일",IF(RIGHT(B5,2)="15","15일","25일"))

(2) 성별 ⇒ 주민번호의 8번째 글자가 1이면 '남성', 2이면 '여성'으로 하시오
(CHOOSE, MID 함수). =CHOOSE(MID(E5,8,1),"남성","여성")

(3) 결제은행이 행복은행인 고객 수 ⇒ 결과값 뒤에 '명'을 붙이시오(COUNTIF 함수, & 연산자)
(예: 1명). =COUNTIF(D5:D12,"행복은행")&"명"

(4) 최대 결제금액(단위:원) ⇒ 정의된 이름(결제금액)을 이용하여 구하시오(MAX 함수).
=MAX(결제금액)

(5) 금성은행의 결제금액(단위:원) 합계 ⇒ 조건은 입력데이터를 이용하시오(DSUM 함수).
=DSUM(B4:H12,F4,D4:D5)

(6) 누적포인트 ⇒ 「H14」셀에서 선택한 고객명에 대한 누적포인트를 구하시오(VLOOKUP 함수).
=VLOOKUP(H14,C5:H12,6,0)

(7) 조건부 서식의 수식을 이용하여 이용한도(단위:만원)가 1,000 이상인 행 전체에 다음 서식을 적용하시오(글꼴 : 파랑). =$G5>=1000

(8) 조건부 서식을 이용하여 누적 포인트 셀에 데이터 막대 스타일(빨강)을 최소값과 최대값으로 적용하시오.

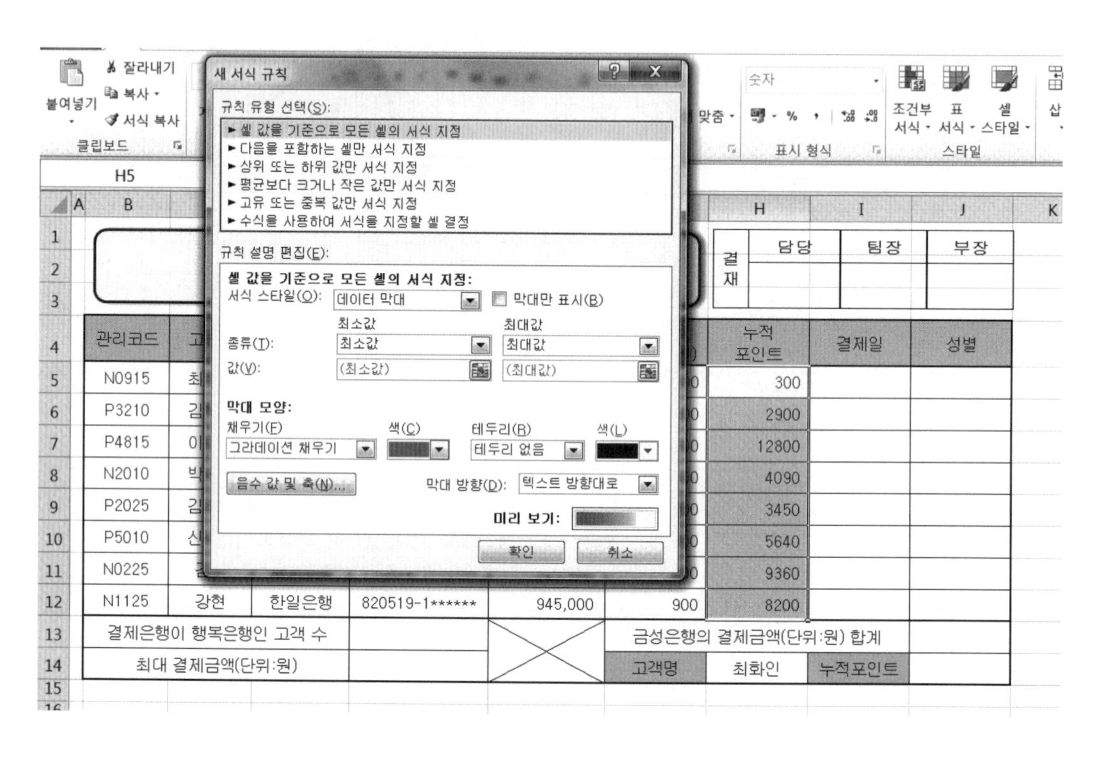

6. 퀴즈

(1) 등호로 시작하며 숫자 또는 셀주소와 연산자로 이루어진 계산식을 무엇이라 하는가?

(2) 비교연산자 6가지 기호와 기능을 쓰시오.

(3) 두 개의 데이터를 하나로 연결하여 표시하는 연산자는 무엇인가?

(4) 셀 참조의 3가지 종류와 예를 쓰시오.

(5) 상대참조를 절대참조로 절대참조를 혼합참조로 바꾸는 키는 무엇인가?

(6) 조건에 만족한 데이터에만 서식을 지정하는 기능을 무엇이라 하는가?

(7) 조건부 서식 설정 시 주의점을 쓰시오.

Chapter 03 목표값 찾기 및 고급필터

목표값 찾기는 수식의 결과값을 알고 있지만 수식에서 그 결과를 계산하기 위해 필요한 입력값을 모를 경우에 사용하는 기능입니다. 필터는 많은 데이터 중에서 특정한 조건에 맞는 데이터만을 추출하는 기능으로 항상 원래의 데이터 위치에만 데이터를 추출할 수 있는 자동필터와 다른 위치에도 추출한 결과를 표시할 수 있는 고급필터가 있습니다.

1. 목표값 찾기

1-1. 실습 문제

☞ '카드이용 명세 현황' **"제1작업"** 시트의 「**B4:H12**」영역을 복사하여 **"제2작업"** 시트의 「B2」셀부터 모두 붙여넣기를 한 후 다음의 조건과 같이 작업하시오.

≪조건≫

(1) 목표값 찾기

- 「B11:G11」셀을 병합하여 "금성은행 결제금액(단위:원) 평균"을 입력한 후 「H11」셀에 금성은행의 결제금액(단위:원) 평균을 구하시오. 단, 조건은 입력데이터를 이용하시오(DAVERAGE 함수, 테두리, 가운데 맞춤).
- "금성은행 결제금액(단위:원) 평균"이 '763,000'이 되려면 최화인의 결제금액(단위:원)이 얼마가 되어야 하는지 목표값을 구하시오.

1-2. 실습 문제 설명

① "제1작업" 시트의 「B4」셀부터 「H12」셀까지 블록을 설정한 다음 마우스 오른쪽 단추를 클릭하여 [복사] 또는 Ctrl+C를 누릅니다.

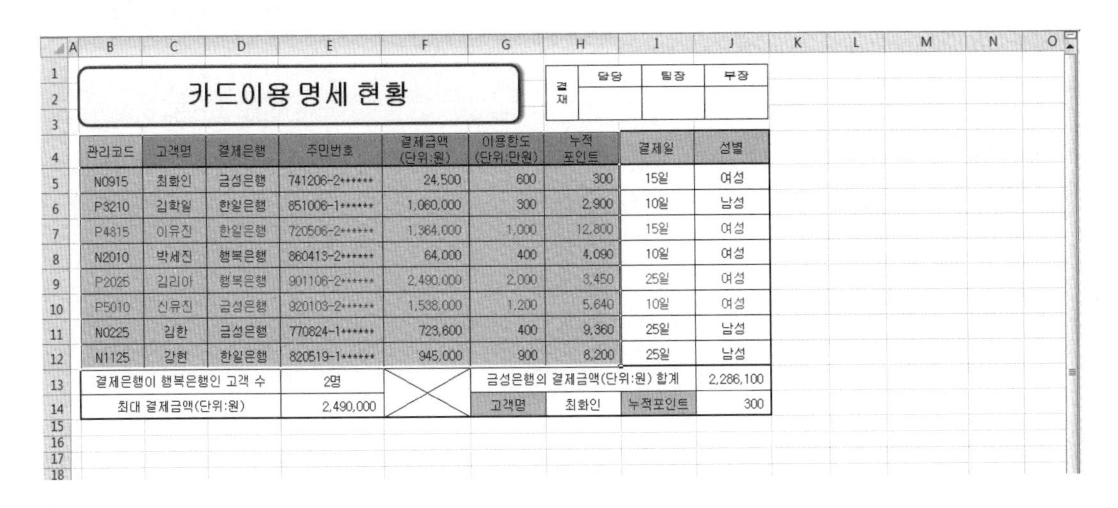

카드이용 명세 현황

결재	담당	팀장	부장

관리코드	고객명	결제은행	주민번호	결제금액(단위:원)	이용한도(단위:만원)	누적포인트	결제일	성별
N0915	최화인	금성은행	741206-2******	24,500	600	300	15일	여성
P3210	김학일	한일은행	851006-1******	1,060,000	300	2,900	10일	남성
P4815	이유진	한일은행	720506-2******	1,364,000	1,000	12,800	15일	여성
N2010	박세진	행복은행	860413-2******	64,000	400	4,090	10일	여성
P2025	김리아	행복은행	901106-2******	2,490,000	2,000	3,450	25일	여성
P5010	신유진	금성은행	920103-2******	1,538,000	1,200	5,640	10일	여성
N0225	김한	금성은행	770824-1******	723,600	400	9,360	25일	남성
N1125	강현	한일은행	820519-1******	945,000	900	8,200	25일	남성
결제은행이 행복은행인 고객 수			2명		금성은행의 결제금액(단위:원) 합계			2,286,100
최대 결제금액(단위:원)			2,490,000		고객명	최화인	누적포인트	300

② "제2작업" 탭의 「B2」셀에서 Ctrl+V를 눌러 복사한 내용을 붙여넣기를 한 다음 셀 너비를 적당히 조절합니다.

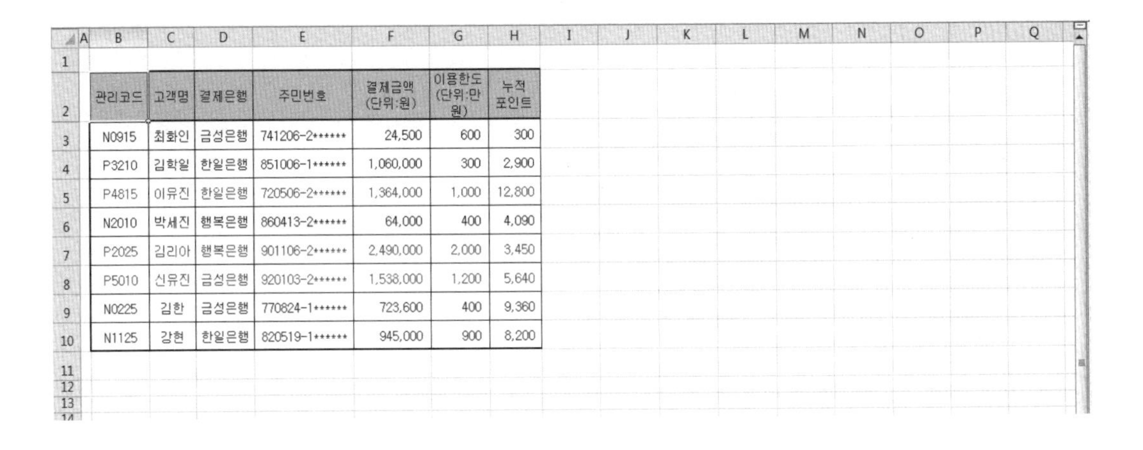

관리코드	고객명	결제은행	주민번호	결제금액(단위:원)	이용한도(단위:만원)	누적포인트
N0915	최화인	금성은행	741206-2******	24,500	600	300
P3210	김학일	한일은행	851006-1******	1,060,000	300	2,900
P4815	이유진	한일은행	720506-2******	1,364,000	1,000	12,800
N2010	박세진	행복은행	860413-2******	64,000	400	4,090
P2025	김리아	행복은행	901106-2******	2,490,000	2,000	3,450
P5010	신유진	금성은행	920103-2******	1,538,000	1,200	5,640
N0225	김한	금성은행	770824-1******	723,600	400	9,360
N1125	강현	한일은행	820519-1******	945,000	900	8,200

③ 「B11」셀부터 「G11」셀까지 블록을 설정하고 [홈]탭의 [맞춤]그룹에서 (병합하고 가운데 맞춤)을 클릭합니다.

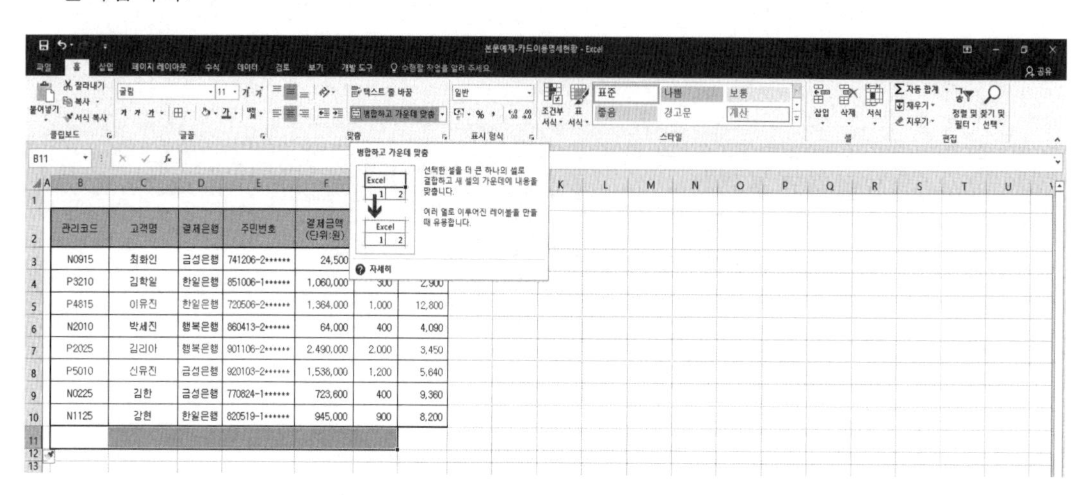

④ "금성은행 결제금액(단위: 원) 평균"을 입력한 후 「B2」셀부터 「H11」셀까지 블록을 설정한 다음 [홈]탭의 [글꼴]그룹에서 (테두리) → [모든 테두리]를 합니다.

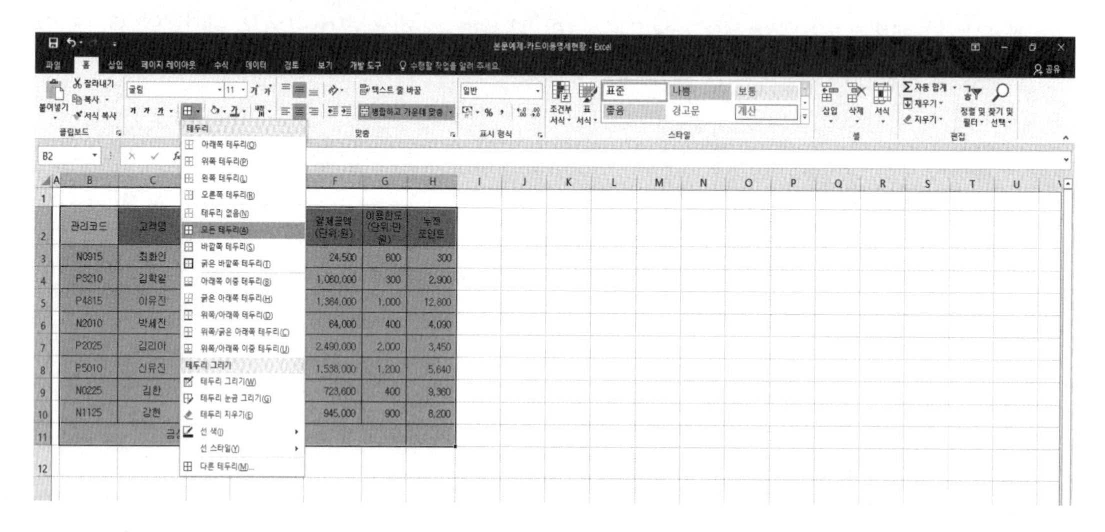

⑤ 「H11」셀에 '금성은행 결제금액(단위: 원) 평균'을 구하는 함수 =DAVERAGE(B2:H10,F2,D2:D3)를 입력합니다.

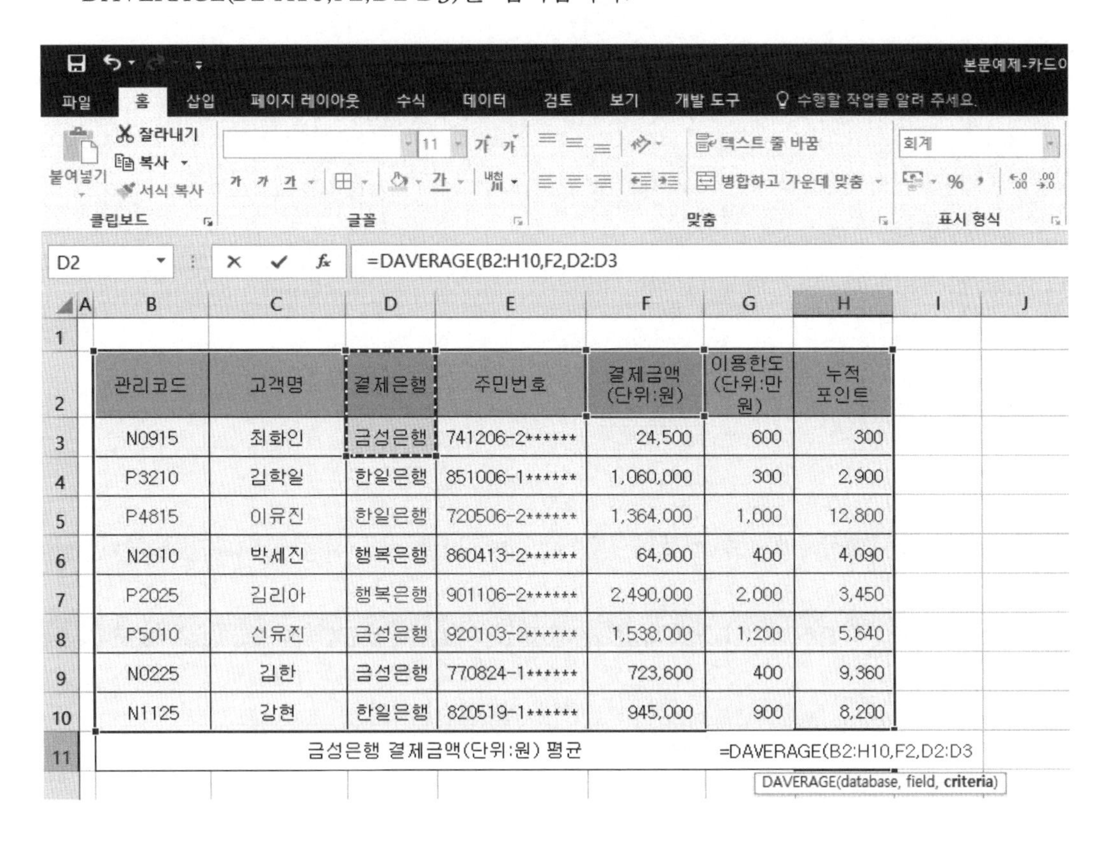

⑥ 결과가 나오면 쉼표 스타일과 가로, 세로 가운데 맞춤을 합니다.

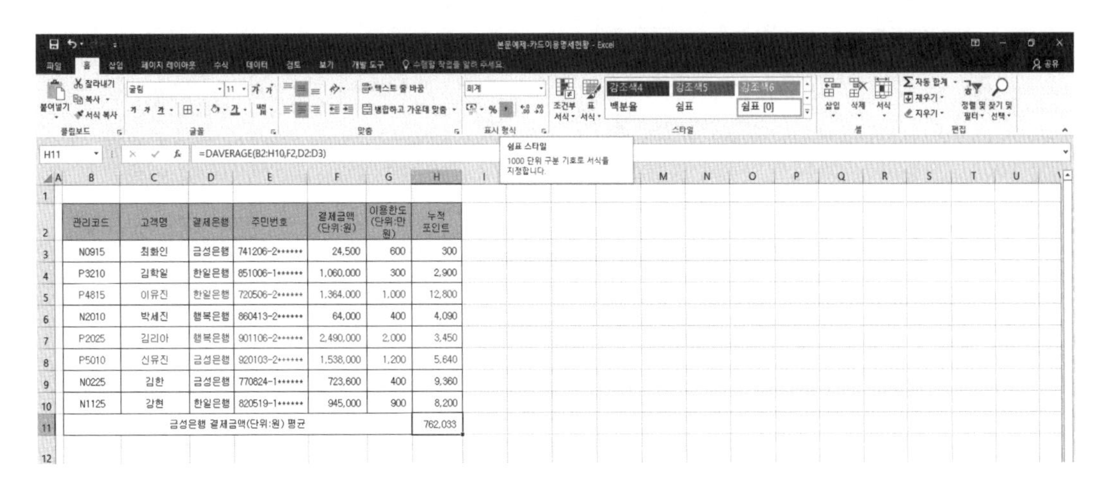

⑦ 「H11」셀을 선택한 다음 [데이터]탭의 [데이터 도구]그룹에서 [가상 분석] → [목표값 찾기]를 클릭합니다.

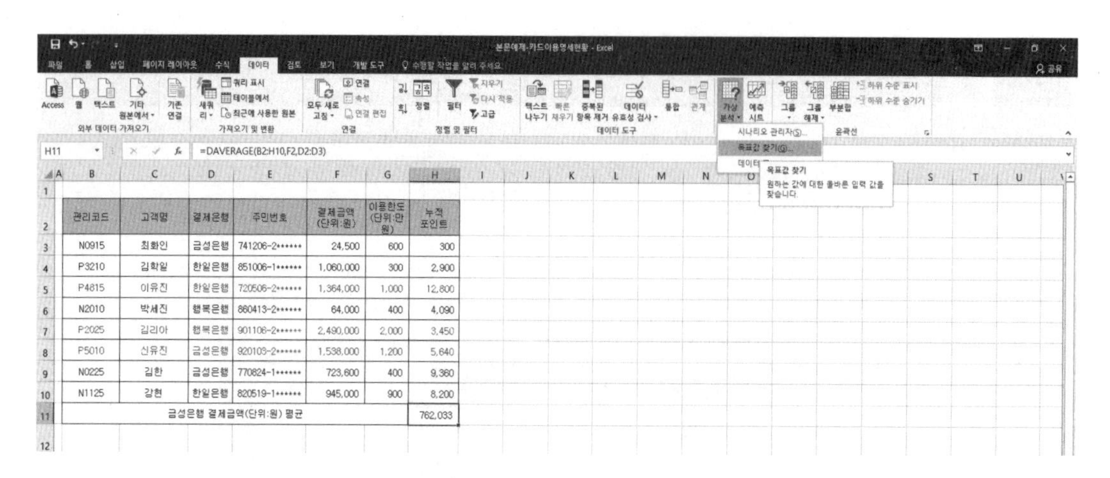

관리코드	고객명	결제은행	주민번호	결제금액(단위:원)	이용한도(단위:만원)	누적포인트
N0915	최화인	금성은행	741206-2******	24,500	600	300
P3210	김학일	한일은행	851006-1******	1,060,000	300	2,900
P4815	이유진	한일은행	720506-2******	1,364,000	1,000	12,800
N2010	박세진	행복은행	860413-2******	64,000	400	4,090
P2025	김리아	행복은행	901108-2******	2,490,000	2,000	3,450
P5010	신유진	금성은행	920103-2******	1,538,000	1,200	5,640
N0225	김한	금성은행	770824-1******	723,600	400	9,360
N1125	강현	한일은행	820519-1******	945,000	900	8,200
금성은행 결제금액(단위:원) 평균						762,033

⑧ [목표값 찾기] 대화상자에서 수식 셀과 찾는 값, 값이 바꿀 셀을 지정하고 [확인]을 클릭합니다.

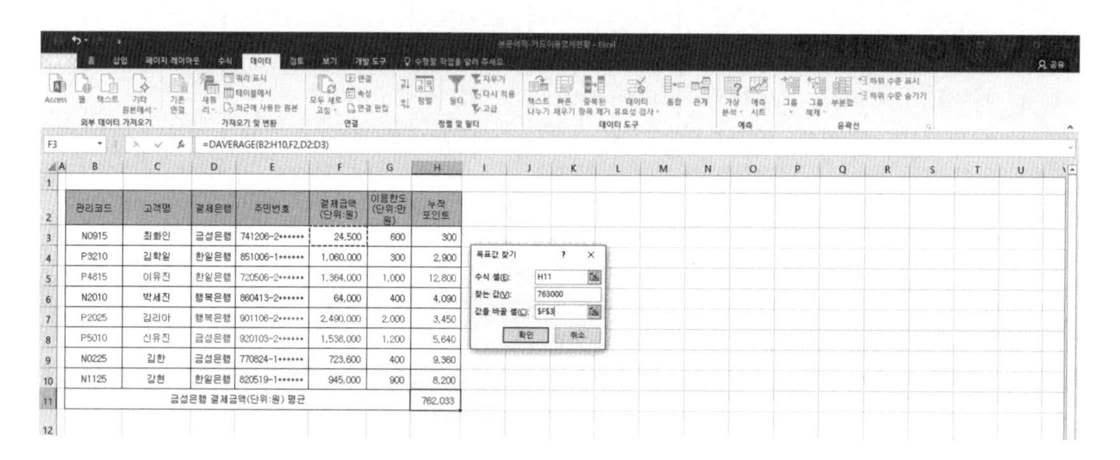

⑨ [목표값 찾기 상태] 대화상자에서 [확인]을 클릭합니다.

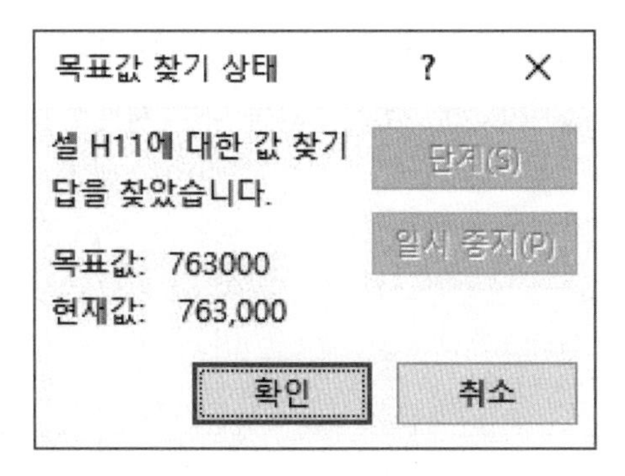

⑩ 목표값 찾기의 결과는 다음과 같습니다.

H11 | =DAVERAGE(B2:H10,F2,D2:D3)

	A	B	C	D	E	F	G	H
1								
2		관리코드	고객명	결제은행	주민번호	결제금액 (단위:원)	이용한도 (단위:만 원)	누적 포인트
3		N0915	최화인	금성은행	741206-2******	27,400	600	300
4		P3210	김학일	한일은행	851006-1******	1,060,000	300	2,900
5		P4815	이유진	한일은행	720506-2******	1,364,000	1,000	12,800
6		N2010	박세진	행복은행	860413-2******	64,000	400	4,090
7		P2025	김리아	행복은행	901106-2******	2,490,000	2,000	3,450
8		P5010	신유진	금성은행	920103-2******	1,538,000	1,200	5,640
9		N0225	김한	금성은행	770824-1******	723,600	400	9,360
10		N1125	강현	한일은행	820519-1******	945,000	900	8,200
11		금성은행 결제금액(단위:원) 평균						763,000

2. 고급필터

고급필터는 조건이 복잡하거나 여러 필드를 결합해서 필터링할 경우 편리합니다. 또한 현재의 데이터베이스 영역은 그대로 유지하면서, 검색 결과를 다른 시트로 복사할 수 있어 '데이터 추출'이라고도 합니다.

2-1. 조건 지정 방법

고급필터를 사용하기 위해서는 먼저 워크시트에 조건을 입력하여야 합니다. 조건을 입력할 때 만능 문자(*, ?)를 사용할 수도 있고 필요시 두 개 이상의 필드를 AND나 OR로 결합해서 사용할 수도 있습니다. 조건을 같은 행에 작성하면 AND 연산이 됩니다. 다음 표는 소속이 '관리과' 이면서 직위가 '대리'인 레코드를 추출하는 AND 조건식입니다.

소속	직위
관리과	대리

조건을 서로 다른 행에 작성하면 OR 연산이 됩니다. 다음 표는 소속이 '관리과'이거나 직위가 '대리'인 레코드를 추출하는 OR 조건식입니다.

소속	직위
관리과	
	대리

다음 표는 소속이 '관리과' 이거나, 소속이 '영업과' 이면서 직위가 '대리'인 레코드를 추출하는 AND와 OR 연산을 혼용한 조건식입니다.

소속	직위
관리과	
영업과	대리

다음 표는 만능문자를 사용한 경우입니다.
등록번호가 'C'로 시작하면서, 모집인원이 '30' 이상인 자료의 레코드를 추출하는 조건식입니다.

등록번호	모집인원
C*	>=30

등록번호가 'C'로 끝나면서, 모집인원이 '30' 이상인 자료의 레코드를 추출하는 조건식입니다.

등록번호	모집인원
*C	>=30

등록번호가 'C'를 포함하면서, 모집인원이 '30' 이상인 자료의 레코드를 추출하는 조건식입니다.

등록번호	모집인원
C	>=30

2-2. 실습 문제

☞ '카드이용 명세 현황' **"제1작업"** 시트의 「B4:H12」영역을 복사하여 **"제2작업"** 시트의 「B2」셀부터 모두 붙여넣기를 한 후 다음의 조건과 같이 작업하시오.

≪조건≫

(1) 결제은행이 '행복은행'이 아니면서, 이용한도(단위:만원)가 '1,000' 이상인 자료의 데이터만 추출하시오.

- 조건 위치 : 「B14」셀부터 입력하시오.
- 복사 위치 : 「B18」셀부터 나타나도록 하시오.

2-3. 실습 문제 설명

① 「D2」셀과 「G2」셀을 선택한 다음 마우스 오른쪽 단추를 클릭하여 [복사]를 클릭합니다.

관리코드	고객명	결제은행	주민번호	결제금액 (단위:원)	이용한도 (단위:만원)	누적 포인트
N0915	최화인	금성은행	741206-2******	27,400	600	300
P3210	김학일	한일은행	851006-1******	1,060,000	300	2,900
P4815	이유진	한일은행	720506-2******	1,364,000	1,000	12,800
N2010	박세진	행복은행	860413-2******	64,000	400	4,090
P2025	김리아	행복은행	901106-2******	2,490,000	2,000	3,450
P5010	신유진	금성은행	920103-2******	1,538,000	1,200	5,640
N0225	김한	금성은행	770824-1******	723,600	400	9,360
N1125	강현	한일은행	820519-1******	945,000	900	8,200
금성은행 결제금액(단위:원) 평균						763,000

결제은행	이용한도 (단위:만원)

② 「B14」셀을 선택한 다음 Ctrl+V를 누른 다음 「B15」셀에 고급필터 조건을 입력합니다.

관리코드	고객명	결제은행	주민번호	결제금액 (단위:원)	이용한도 (단위:만원)	누적 포인트
N0915	최화인	금성은행	741206-2******	27,400	600	300
P3210	김학일	한일은행	851006-1******	1,060,000	300	2,900
P4815	이유진	한일은행	720506-2******	1,364,000	1,000	12,800
N2010	박세진	행복은행	860413-2******	64,000	400	4,090
P2025	김리아	행복은행	901106-2******	2,490,000	2,000	3,450
P5010	신유진	금성은행	920103-2******	1,538,000	1,200	5,640
N0225	김한	금성은행	770824-1******	723,600	400	9,360
N1125	강현	한일은행	820519-1******	945,000	900	8,200
금성은행 결제금액(단위:원) 평균						763,000

결제은행	이용한도 (단위:만원)
<>행복은행	>=1000

③ 다음 「B2:H10」셀을 선택합니다. [데이터]탭의 [정렬 및 필터]그룹에서 (고급)을 클릭합니다.

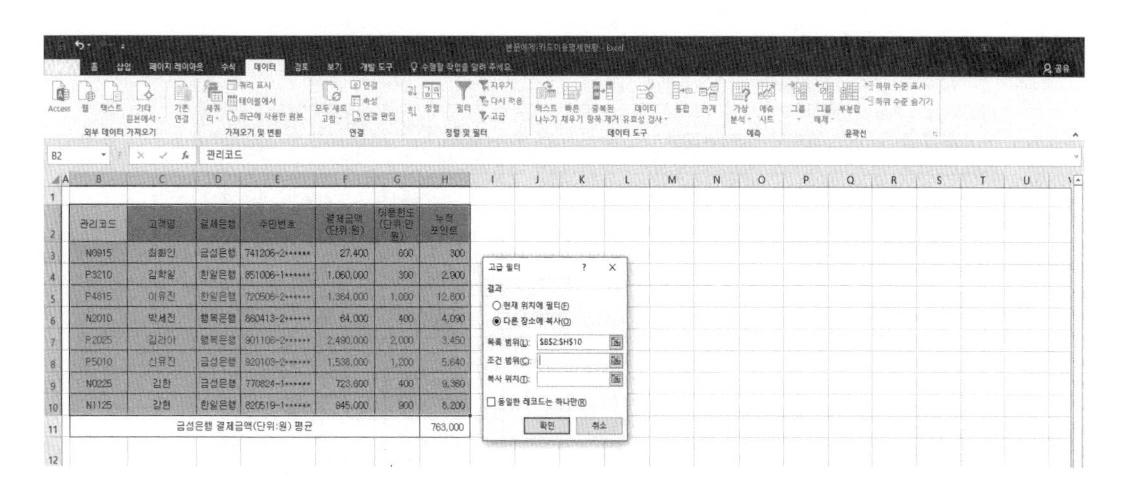

④ [고급필터] 대화상자에서 결과의 '다른 장소에 복사'를 선택한 다음 목록 범위와 조건 범위, 복사 위치를 지정하고 [확인]을 클릭합니다.

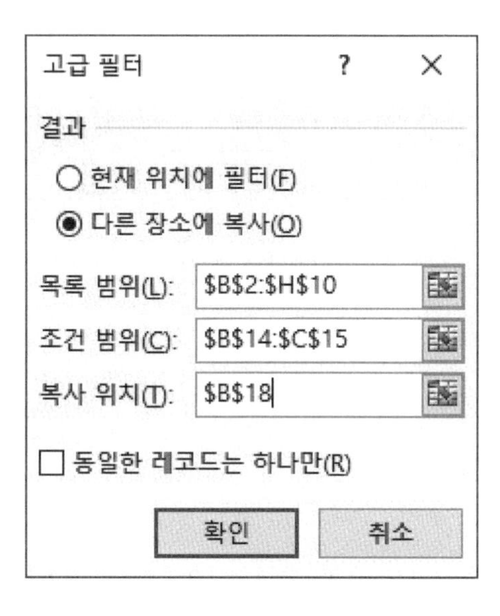

⑤ 고급필터의 결과값은 다음과 같습니다.

관리코드	고객명	결제은행	주민번호	결제금액(단위:원)	이용한도(단위:만원)	누적포인트
N0915	최화인	금성은행	741206-2******	27,400	600	300
P3210	김학일	한일은행	851006-1******	1,060,000	300	2,900
P4815	이유진	한일은행	720506-2******	1,364,000	1,000	12,800
N2010	박세진	행복은행	860413-2******	64,000	400	4,090
P2025	김리아	행복은행	901106-2******	2,490,000	2,000	3,450
P5010	신유진	금성은행	920103-2******	1,538,000	1,200	5,640
N0225	김한	금성은행	770824-1******	723,600	400	9,360
N1125	강현	한일은행	820519-1******	945,000	900	8,200
금성은행 결제금액(단위:원) 평균						763,000

결제은행	이용한도(단위:만원)
<>행복은행	>=1000

관리코드	고객명	결제은행	주민번호	결제금액(단위:원)	이용한도(단위:만원)	누적포인트
P4815	이유진	한일은행	720506-2******	1,364,000	1,000	12,800
P5010	신유진	금성은행	920103-2******	1,538,000	1,200	5,640

3. 표 서식

3-1. 실습 문제

☞ '카드이용 명세 현황'의 고급필터 결과에 대해 표 서식을 지정하는 실습을 합니다.

(1) 표 서식

- 고급필터의 결과 셀을 채우기 없음으로 설정한 후 '표 스타일 보통 6'의 서식을 적용하시오.
- 머리글 행, 줄무늬 행을 적용하시오.

3-2. 실습 문제 설명

① 「B18」셀부터 「H20」셀까지 블록을 설정한 다음 [홈]탭의 [글꼴]그룹에서 (채우기 색) → [채우기 없음]을 클릭합니다.

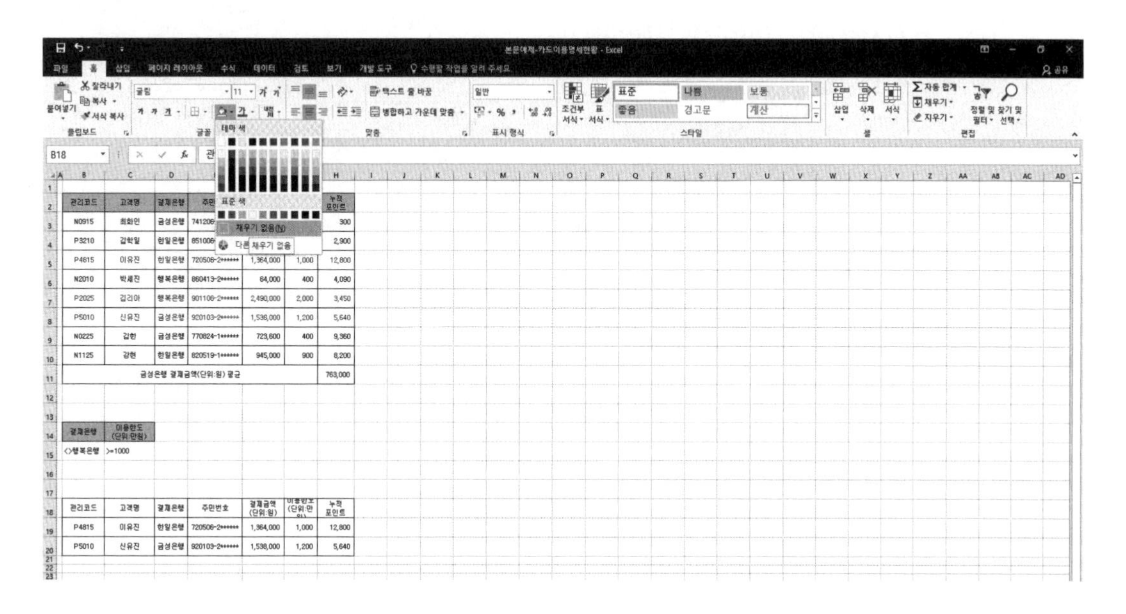

② [홈]탭의 [스타일]그룹에서 (표 서식) → [표 스타일 보통 6]을 클릭합니다.

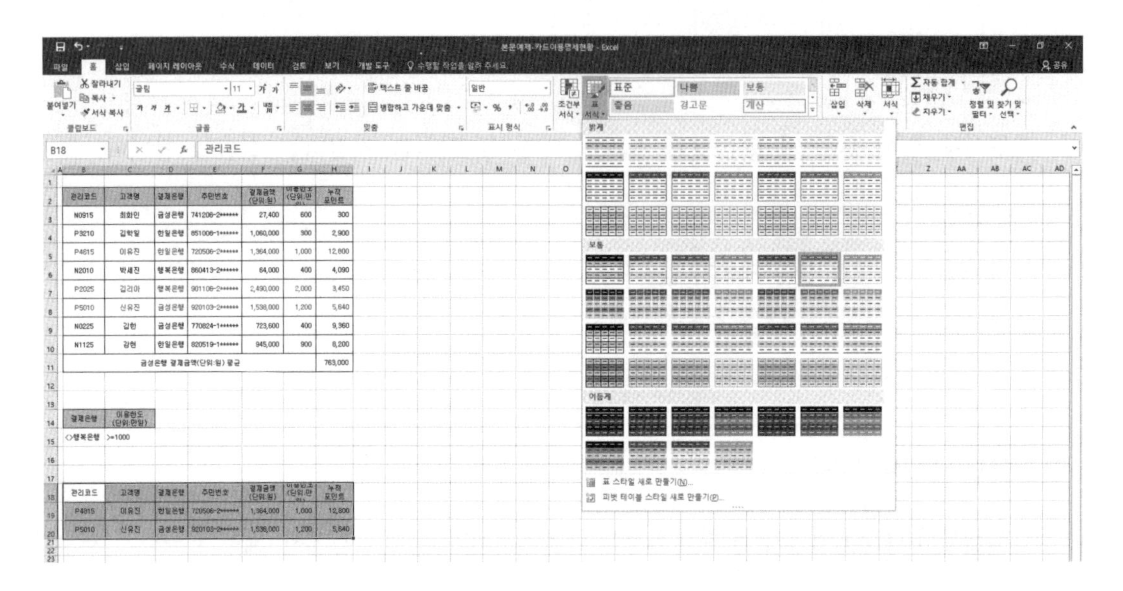

③ [표 서식] 대화상자에서 [확인]을 클릭합니다.

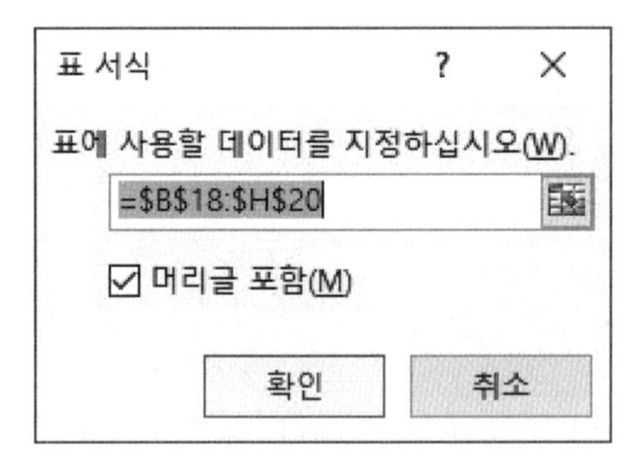

④ 표 서식의 결과에 머리글 행, 줄무늬 행을 적용하면 다음과 같습니다.

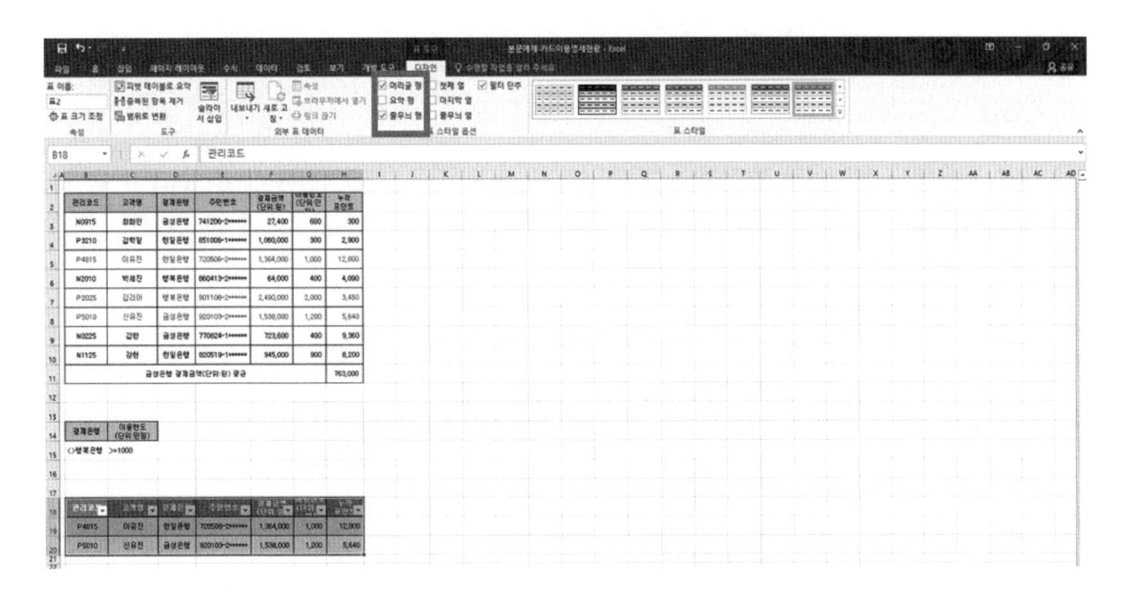

4. 퀴즈

(1) 수식으로 구하려는 결과는 알지만 해당 결과를 구하는데 필요한 입력값을 모르는 경우에 사용하는 기능은?

(2) 아래 시트에서 할인율을 변경하여 "판매가격"의 목표 값을 150000으로 변경하려고 할 때, [목표값 찾기] 대화상자의 수식 셀에 입력할 값으로 옳은 것은?

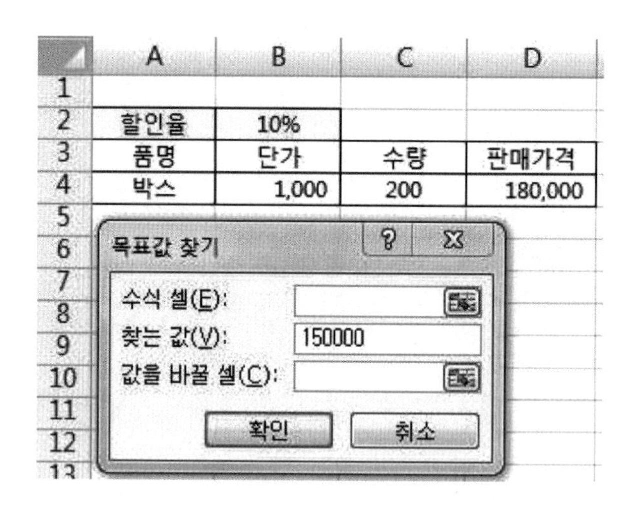

① D4 ② C4 ③ B2 ④ B4

(3) 다음 중 판매관리표에서 수식으로 작성된 판매액의 총합계가 원하는 값이 되기 위한 판매수량을 예측하는데 가장 적절한 데이터 분석 도구는?
(단, 판매액의 총합계를 구하는 수식은 판매수량을 참조하여 계산된다.)

① 시나리오 관리자 ② 데이터 표 ③ 피벗테이블 ④ 목표값 찾기

(4) 다음 중 아래 그림의 표에서 조건범위로 「A9:B11」영역을 선택하여 고급필터를 실행한 결과의 레코드 수는 얼마인가?

	A	B	C	D
1	성명	이론	실기	합계
2	김진아	47	45	92
3	이은경	38	47	85
4	장영주	46	48	94
5	김시내	40	42	65
6	홍길동	49	48	97
7	박승수	37	43	80
8				
9	합계	합계		
10	<95	>90		
11		<70		

① 0 ② 3 ③ 4 ④ 6

(5) 다음 중 성명이 '정'으로 시작하거나 출신지역이 '서울'인 데이터를 추출하기 위한 고급필터 조건은?

①

성명	출신지역
정*	서울

②

성명	출신지역
정*	
	서울

③

성명	정*
출신지역	서울

④

성명	정*	
출신지역		서울

(6) 다음 중 근무기간이 15년 이상이면서 나이가 50세 이상인 직원의 데이터를 조회하기 위한 고급필터의 조건으로 옳은 것은?

①

근무기간	나이
>=15	>=50

②

근무기간	나이
>=15	
	>=50

③

근무기간	>=15
나이	>=50

④

근무기간	>=15	
나이		>=50

Chapter 04 정렬 및 부분합 / 피벗테이블

정렬은 특정 기준에 맞는 순서대로 데이터를 나열할 때 사용하는 기능이고, 부분합은 입력된 데이터를 특정 필드를 기준으로 그룹화해서 각 그룹에 대한 통계를 계산하는 기능입니다. 피벗테이블은 작성된 데이터 목록의 필드를 재구성하여 전체 데이터에 대한 통계를 한눈에 파악할 수 있도록 정리된 표로 만드는 기능입니다.

1. 정렬 및 부분합

1-1. 실습 문제

≪조건≫

(1) 부분합 – '카드이용 명세 현황' 자료를 ≪출력형태≫처럼 정렬하고, 고객명의 개수와 결제금액(단위:원)의 평균을 구하시오.

(2) 개요 – 지우시오.

(3) 나머지 사항은 ≪출력형태≫에 맞게 작성하시오.

≪출력형태≫

관리코드	고객명	결제은행	주민번호	결제금액 (단위:원)	이용한도 (단위:만원)	누적 포인트
N2010	박세진	행복은행	860413-2******	64,000	400	4,090
P2025	김리아	행복은행	901106-2******	2,490,000	2,000	3,450
		행복은행 평균		1,277,000		
	2	행복은행 개수				
P3210	김학일	한일은행	851006-1******	1,060,000	300	2,900
P4815	이유진	한일은행	720506-2******	1,364,000	1,000	12,800
N1125	강현	한일은행	820519-1******	945,000	900	8,200
		한일은행 평균		1,123,000		
	3	한일은행 개수				
N0915	최화인	금성은행	741206-2******	24,500	600	300
P5010	신유진	금성은행	920103-2******	1,538,000	1,200	5,640
N0225	김한	금성은행	770824-1******	723,600	400	9,360
		금성은행 평균		762,033		
	3	금성은행 개수				
		전체 평균		1,026,138		
	8	전체 개수				

1-2. 정렬 실습 문제 설명

① “제3작업” 시트의 정렬을 하기 위해서, '카드이용 명세 현황' “제1작업” 시트의 「B4」셀부터 「H12」셀까지 블록을 설정한 다음 Ctrl+C를 클릭하거나 마우스오른쪽 단추를 클릭하여 [복사]를 선택합니다.

카드이용 명세 현황

결재	담당	팀장	부장

관리코드	고객명	결제은행	주민번호	결제금액 (단위:원)	이용한도 (단위:만원)	누적 포인트	결제일	성별
N0915	최화인	금성은행	741206-2******	24,500	600	300	15일	여성
P3210	김학일	한일은행	851006-1******	1,060,000	300	2,900	10일	남성
P4815	이유진	한일은행	720506-2******	1,364,000	1,000	12,800	15일	여성
N2010	박세진	행복은행	860413-2******	64,000	400	4,090	10일	여성
P2025	김리아	행복은행	901106-2******	2,490,000	2,000	3,450	25일	여성
P5010	신유진	금성은행	920103-2******	1,538,000	1,200	5,640	10일	여성
N0225	김한	금성은행	770824-1******	723,600	400	9,360	25일	남성
N1125	강현	한일은행	820519-1******	945,000	900	8,200	25일	남성
결제은행이 행복은행인 고객 수			2명		금성은행의 결제금액(단위:원) 합계			2,286,100
최대 결제금액(단위:원)			2,490,000		고객명	최화인	누적포인트	300

② “제3작업” 시트의 「B2」셀에서 Ctrl+V를 눌러 복사한 내용을 붙여넣기를 한 다음 셀 너비를 적당히 조절합니다.

관리코드	고객명	결제은행	주민번호	결제금액 (단위:원)	이용한도 (단위:만원)	누적 포인트
N0915	최화인	금성은행	741206-2******	24,500	600	300
P3210	김학일	한일은행	851006-1******	1,060,000	300	2,900
P4815	이유진	한일은행	720506-2******	1,364,000	1,000	12,800
N2010	박세진	행복은행	860413-2******	64,000	400	4,090
P2025	김리아	행복은행	901106-2******	2,490,000	2,000	3,450
P5010	신유진	금성은행	920103-2******	1,538,000	1,200	5,640
N0225	김한	금성은행	770824-1******	723,600	400	9,360
N1125	강현	한일은행	820519-1******	945,000	900	8,200

③ 「B2」셀을 선택한 다음 [데이터]탭의 [정렬 및 필터]그룹에서 [정렬]을 클릭하여 [정렬]대화 상자에서 정렬 기준은 '결제은행', 정렬은 내림차순을 클릭합니다.

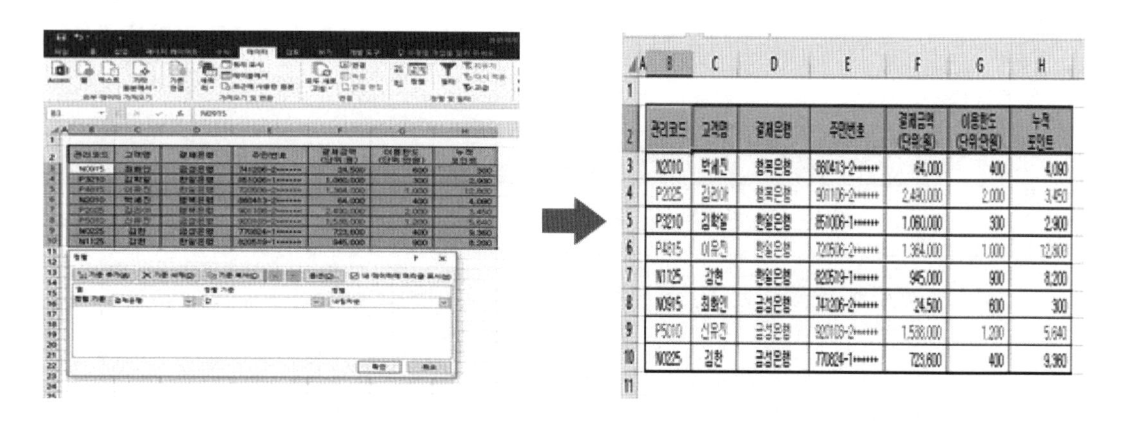

관리코드	고객명	결제은행	주민번호	결제금액 (단위:원)	이용한도 (단위:만원)	누적 포인트
N2010	박세진	행복은행	860413-2******	64,000	400	4,090
P2025	김리아	행복은행	901106-2******	2,490,000	2,000	3,450
P3210	김학일	한일은행	851006-1******	1,060,000	300	2,900
P4815	이유진	한일은행	720506-2******	1,364,000	1,000	12,800
N1125	강현	한일은행	820519-1******	945,000	900	8,200
N0915	최화인	금성은행	741206-2******	24,500	600	300
P5010	신유진	금성은행	920103-2******	1,538,000	1,200	5,640
N0225	김한	금성은행	770824-1******	723,600	400	9,360

더 간단한 방법은 정렬 기준이 한 개일 경우는 결제은행에 마우스 포인터를 두고 메뉴에서 내림차순을 클릭하면 됩니다.

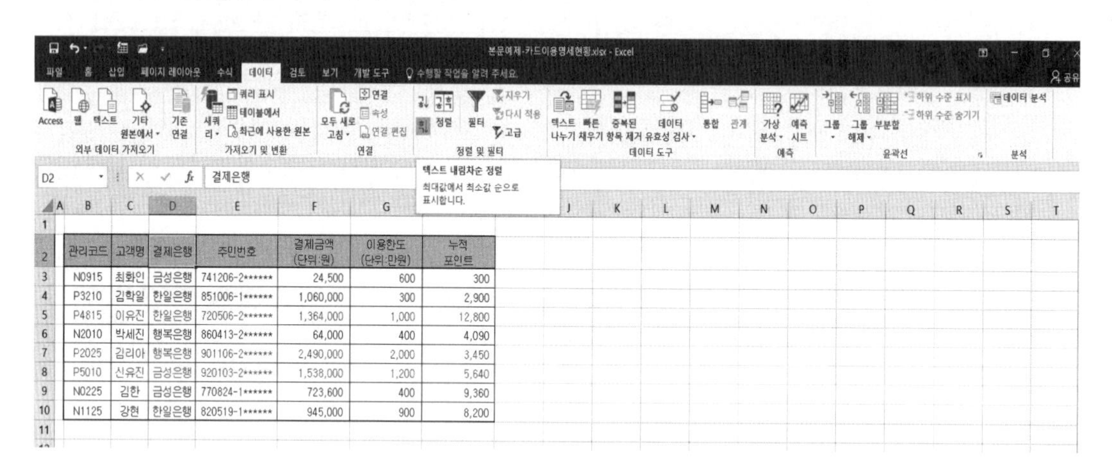

관리코드	고객명	결제은행	주민번호	결제금액 (단위:원)	이용한도 (단위:만원)	누적 포인트
N0915	최화인	금성은행	741206-2******	24,500	600	300
P3210	김학일	한일은행	851006-1******	1,060,000	300	2,900
P4815	이유진	한일은행	720506-2******	1,364,000	1,000	12,800
N2010	박세진	행복은행	860413-2******	64,000	400	4,090
P2025	김리아	행복은행	901106-2******	2,490,000	2,000	3,450
P5010	신유진	금성은행	920103-2******	1,538,000	1,200	5,640
N0225	김한	금성은행	770824-1******	723,600	400	9,360
N1125	강현	한일은행	820519-1******	945,000	900	8,200

1-3. 부분합 실습 문제 설명

① 부분합을 하기 전에 반드시 다음과 같이 정렬을 한 후, 「B2」셀을 선택한 다음 [데이터]탭의 [개요]그룹에서 부분합을 클릭한 다음 [부분합] 대화상자에서 그룹화할 항목을 '결제은행'으로 지정하고 사용할 함수는 '개수', 부분합 계산 항목은 '고객명'만 선택한 후 [확인]을 클릭합니다.

관리코드	고객명	결제은행	주민번호	결제금액 (단위:원)	이용한도 (단위:만원)	누적 포인트
N2010	박세진	행복은행	860413-2******	64,000	400	4,090
P2025	김리아	행복은행	901106-2******	2,490,000	2,000	3,450
P3210	김학일	한일은행	851006-1******	1,060,000	300	2,900
P4815	이유진	한일은행	720506-2******	1,364,000	1,000	12,800
N1125	강현	한일은행	820519-1******	945,000	900	8,200
N0915	최화인	금성은행	741206-2******	24,500	600	300
P5010	신유진	금성은행	920103-2******	1,538,000	1,200	5,640
N0225	김한	금성은행	770824-1******	723,600	400	9,360

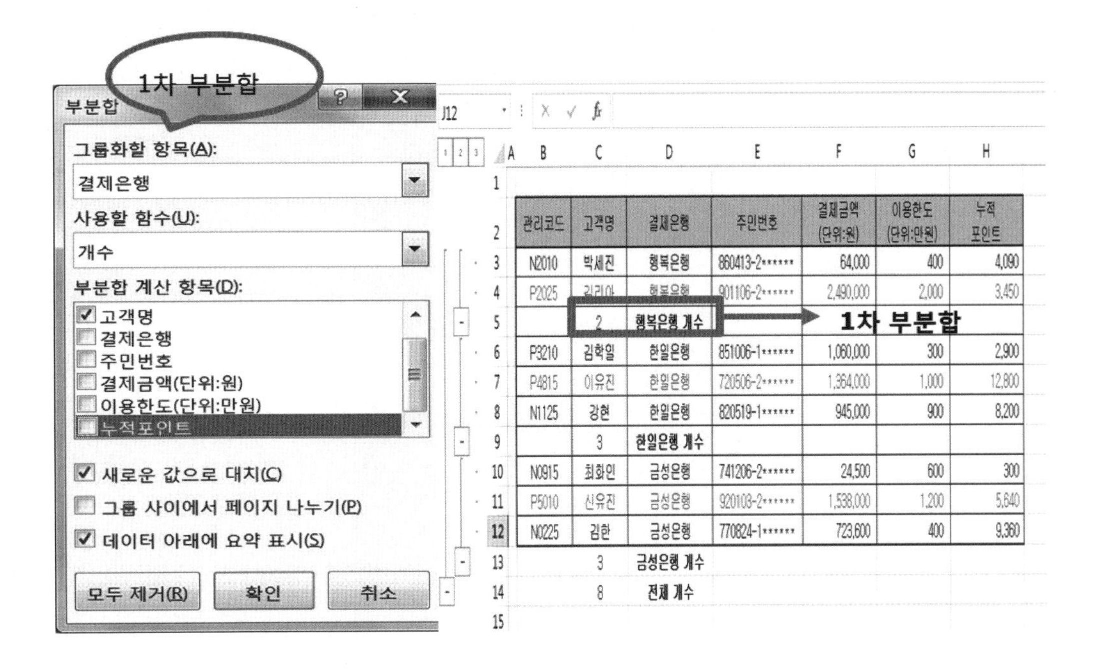

② 1차 부분합을 한 결과는 다음과 같습니다.

	B	C	D	E	F	G	H
1							
2	관리코드	고객명	결제은행	주민번호	결제금액(단위:원)	이용한도(단위:만원)	누적포인트
3	N2010	박세진	행복은행	860413-2******	64,000	400	4,090
4	P2025	김리아	행복은행	901106-2******	2,490,000	2,000	3,450
5		2	**행복은행 개수**				
6	P3210	김학일	한일은행	851006-1******	1,060,000	300	2,900
7	P4815	이유진	한일은행	720506-2******	1,364,000	1,000	12,800
8	N1125	강현	한일은행	820519-1******	945,000	900	8,200
9		3	**한일은행 개수**				
10	N0915	최화인	금성은행	741206-2******	24,500	600	300
11	P5010	신유진	금성은행	920103-2******	1,538,000	1,200	5,640
12	N0225	김한	금성은행	770824-1******	723,600	400	9,360
13		3	**금성은행 개수**				
14		8	**전체 개수**				

③ 다시 「B2」셀을 선택한 다음 [데이터]탭의 [개요]그룹에서 부분합을 클릭한 다음 [부분합] 대화상자에서 그룹화할 항목을 '결제은행'으로 지정하고 사용할 함수는 '평균', 부분합 계산 항목은 '결제금액(단위:원)'만 선택한 후 '새로운 값으로 대치'의 체크 표시를 해제한 후 [확인]을 클릭합니다.

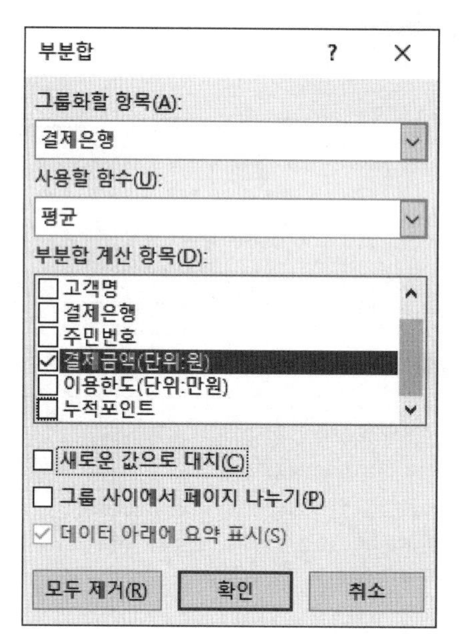

④ 2차 부분합을 한 결과는 다음과 같습니다.

	A	B	C	D	E	F	G	H	I
1									
2		관리코드	고객명	결제은행	주민번호	결제금액 (단위:원)	이용한도 (단위:만원)	누적 포인트	
3		N2010	박세진	행복은행	860413-2******	64,000	400	4,090	
4		P2025	김리아	행복은행	901106-2******	2,490,000	2,000	3,450	
5				**행복은행 평균**		1,277,000			
6			2	**행복은행 개수**					
7		P3210	김학일	한일은행	851006-1******	1,060,000	300	2,900	
8		P4815	이유진	한일은행	720506-2******	1,364,000	1,000	12,800	
9		N1125	강현	한일은행	820519-1******	945,000	900	8,200	
10				**한일은행 평균**		1,123,000			
11			3	**한일은행 개수**					
12		N0915	최화인	금성은행	741206-2******	24,500	600	300	
13		P5010	신유진	금성은행	920103-2******	1,538,000	1,200	5,640	
14		N0225	김한	금성은행	770824-1******	723,600	400	9,360	
15				**금성은행 평균**		762,033			
16			3	**금성은행 개수**					
17				**전체 평균**		1,026,138			
18			8	**전체 개수**					

⑤ [데이터]탭의 [개요]그룹에서 그룹해제를 클릭하여 개요지우기를 선택합니다.

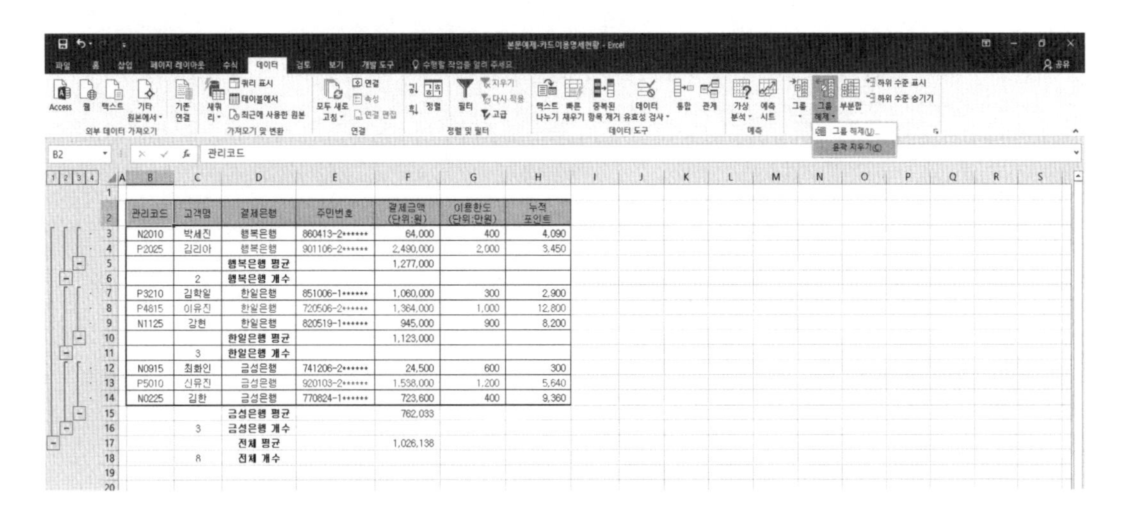

⑥ 개요지우기를 한 결과는 다음과 같습니다.

관리코드	고객명	결제은행	주민번호	결제금액(단위:원)	이용한도(단위:만원)	누적포인트
N2010	박세진	행복은행	860413-2******	64,000	400	4,090
P2025	김리아	행복은행	901106-2******	2,490,000	2,000	3,450
		행복은행 평균		1,277,000		
	2	**행복은행 개수**				
P3210	김학일	한일은행	851006-1******	1,060,000	300	2,900
P4815	이유진	한일은행	720506-2******	1,364,000	1,000	12,800
N1125	강현	한일은행	820519-1******	945,000	900	8,200
		한일은행 평균		1,123,000		
	3	**한일은행 개수**				
N0915	최화인	금성은행	741206-2******	24,500	600	300
P5010	신유진	금성은행	920103-2******	1,538,000	1,200	5,640
N0225	김한	금성은행	770824-1******	723,600	400	9,360
		금성은행 평균		762,033		
	3	**금성은행 개수**				
		전체 평균		1,026,138		
	8	**전체 개수**				

⑦ 출력형태와 동일하게 열의 너비를 늘려주거나. 선의 테두리를 제거합니다.

2. 피벗테이블

피벗테이블에서 피벗(Pivot)이란 '요점, 중심축, 주축을 중심으로 회전하다'라는 의미로 많은 양의 데이터를 한 눈에 쉽게 파악할 수 있도록 요약, 분석하여 보여 주는 도구입니다.

2-1. 실습 문제

☞ '카드이용 명세 현황' **"제1작업"** 시트를 이용하여 **"제3작업"** 시트에 조건에 따라 ≪출력형태≫와 같이 작업하시오.

≪조건≫

(1) 이용한도(단위:만원) 및 결제은행별 결제금액(단위:원)의 평균과 고객명의 개수를 구하시오.

(2) 이용한도(단위:만원)을 그룹화하고, 결제은행을 ≪출력형태≫와 같이 정렬하시오.

(3) 레이블이 있는 셀 병합 및 가운데 맞춤 적용 및 빈 셀은 '***'로 표시하시오.

(4) 행의 총합계를 지우고, 나머지 사항은 ≪출력형태≫에 맞게 작성하시오.

≪출력형태≫

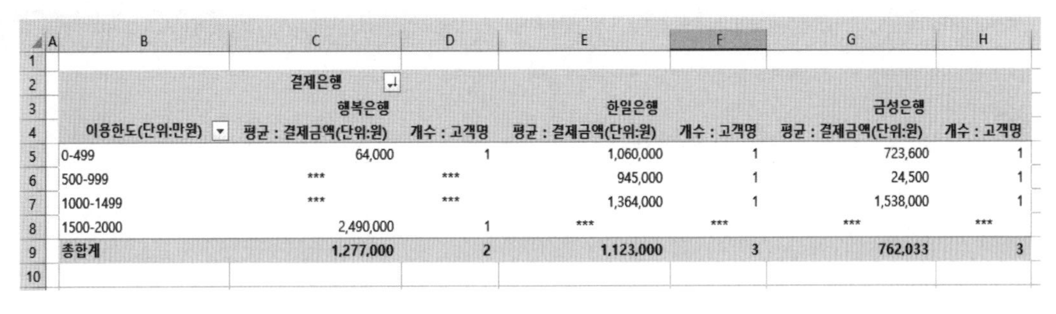

	결제은행					
	행복은행		한일은행		금성은행	
이용한도(단위:만원)	평균 : 결제금액(단위:원)	개수 : 고객명	평균 : 결제금액(단위:원)	개수 : 고객명	평균 : 결제금액(단위:원)	개수 : 고객명
0-499	64,000	1	1,060,000	1	723,600	1
500-999	***	***	945,000	1	24,500	1
1000-1499	***	***	1,364,000	1	1,538,000	1
1500-2000	2,490,000	1	***	***	***	***
총합계	1,277,000	2	1,123,000	3	762,033	3

2-2. 실습 문제 설명

① “제1작업” 시트의 「B4」셀부터 [H12」셀까지 블록을 설정한 다음 [삽입]탭의 [표]그룹에서 (피벗테이블)을 클릭합니다.

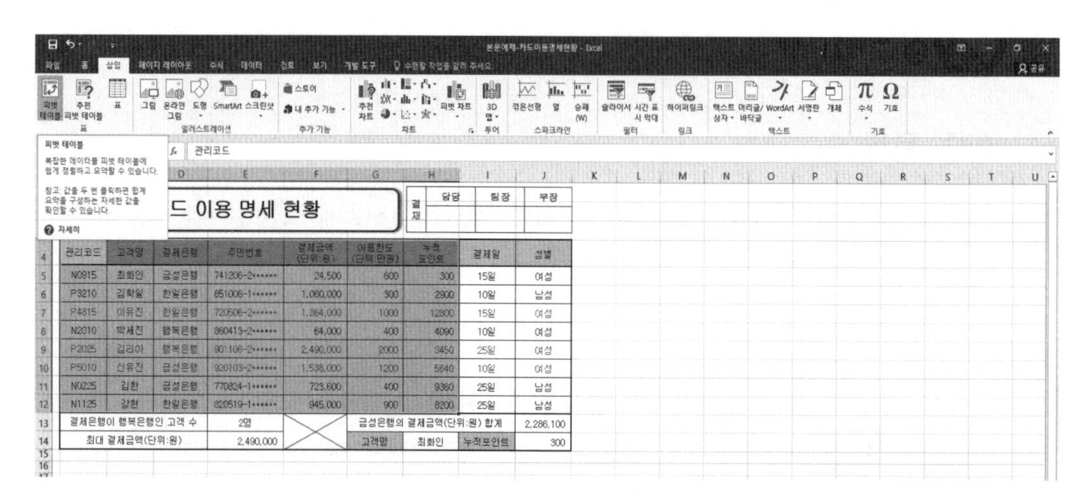

② [피벗테이블 만들기] 대화상자에서에 데이터 범위를 확인하고 ‘기존 워크시트’를 선택한 다음 위치란의 단추를 클릭한 다음 [피벗테이블 만들기] 대화상자가 나타난다.

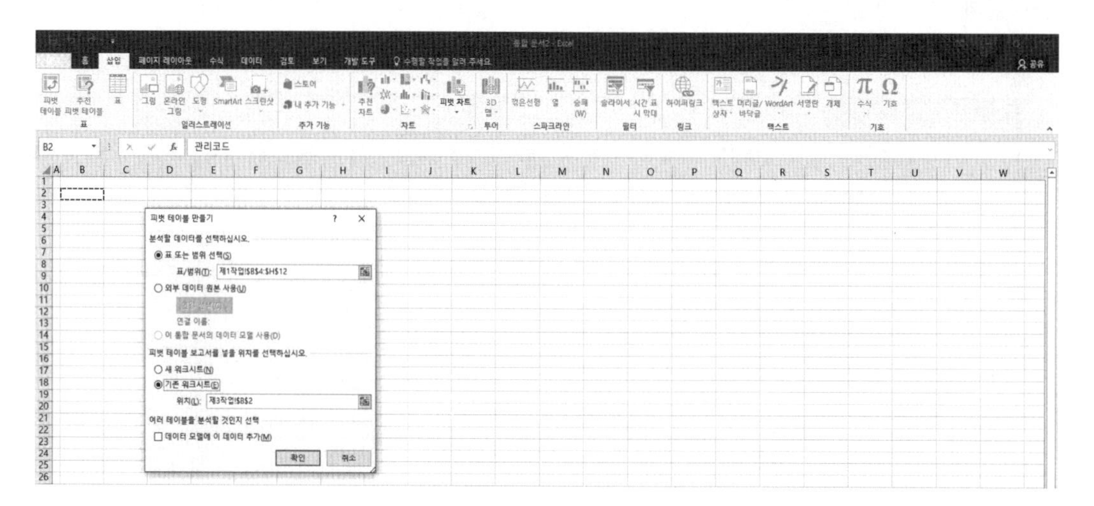

③ “제3작업” 시트를 클릭한 다음 「B2」셀을 선택한 후 다시 단추를 클릭하고 [피벗테이블 만들기] 대화상자에서 [확인]을 클릭합니다.

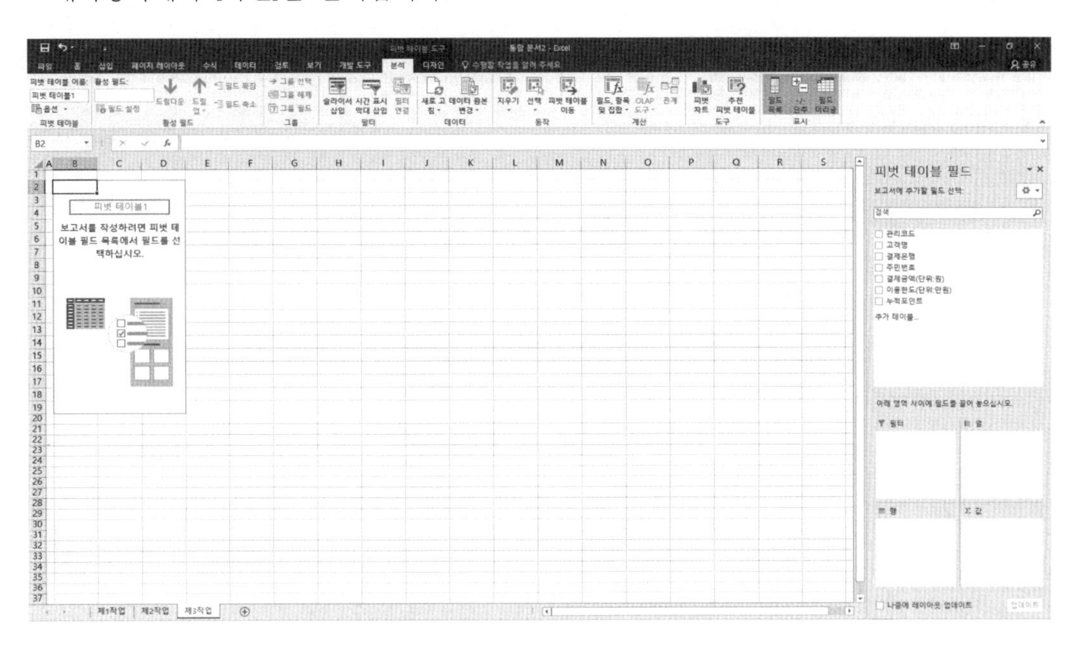

④ 피벗테이블 필드 목록에 행에는 ‘이용한도(단위:만원)’, 열에는 ‘결제은행’, 값에는 ‘결제금액(단위:원)’과 ‘고객명’ 필드 단추를 각각 드래그하여 위치시킵니다.

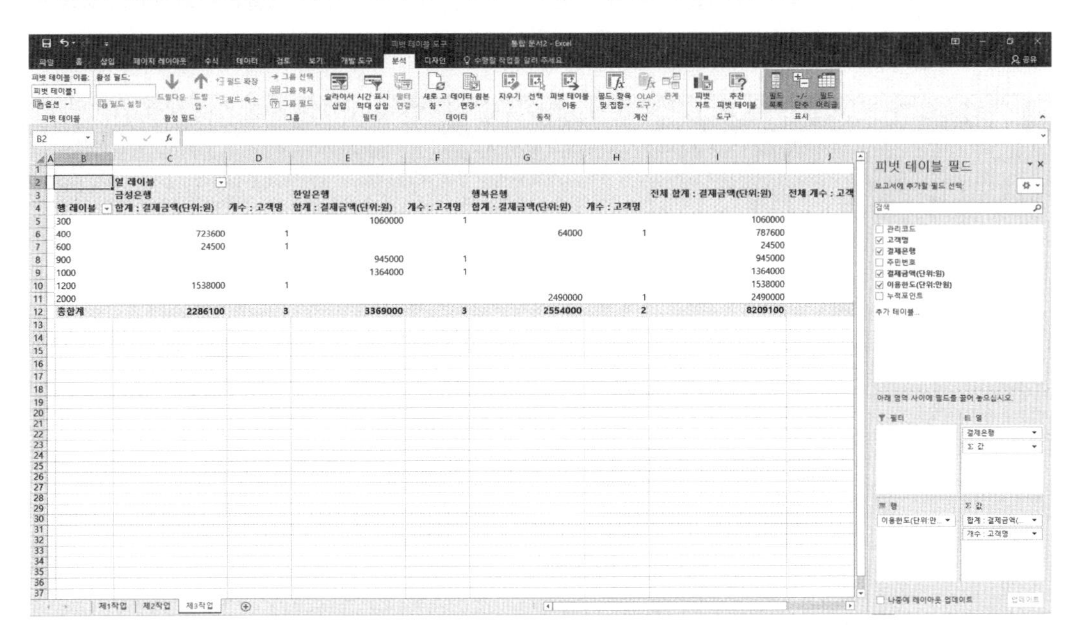

	열 레이블							
	금성은행		한일은행		행복은행		전체 합계 : 결제금액(단위:원)	전체 개수 : 고객
행 레이블	합계 : 결제금액(단위:원)	개수 : 고객명	합계 : 결제금액(단위:원)	개수 : 고객명	합계 : 결제금액(단위:원)	개수 : 고객명		
300			1060000	1			1060000	
400	723600	1			64000	1	787600	
600	24500	1					24500	
900			945000	1			945000	
1000			1364000	1			1364000	
1200	1538000	1					1538000	
2000					2490000	1	2490000	
총합계	2286100	3	3369000	3	2554000	2	8209100	

⑤ 피벗테이블 필드 목록 창에서 [합계 : 결제금액(단위:원)] 필드 단추를 클릭하여 [값 필드 설정]을 클릭합니다.

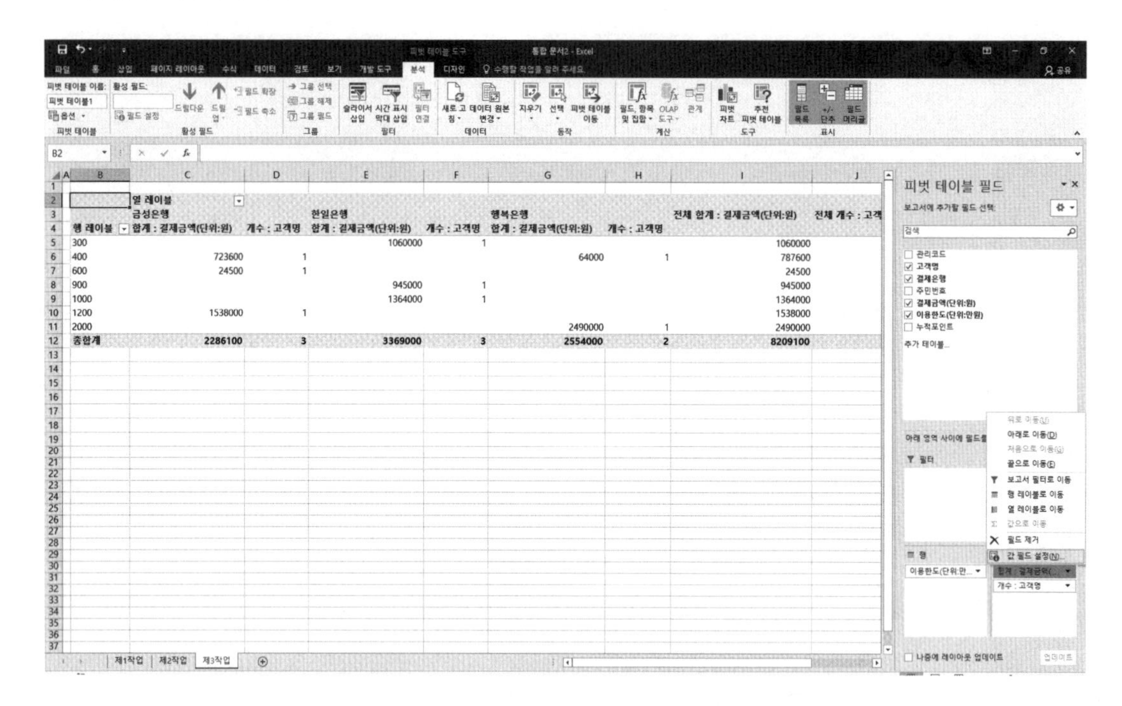

더 간단한 방법은 피벗 테이블에서 수정하고자 하는 필드의 숫자를 클릭하고 마우스 오른쪽 버튼을 누릅니다.

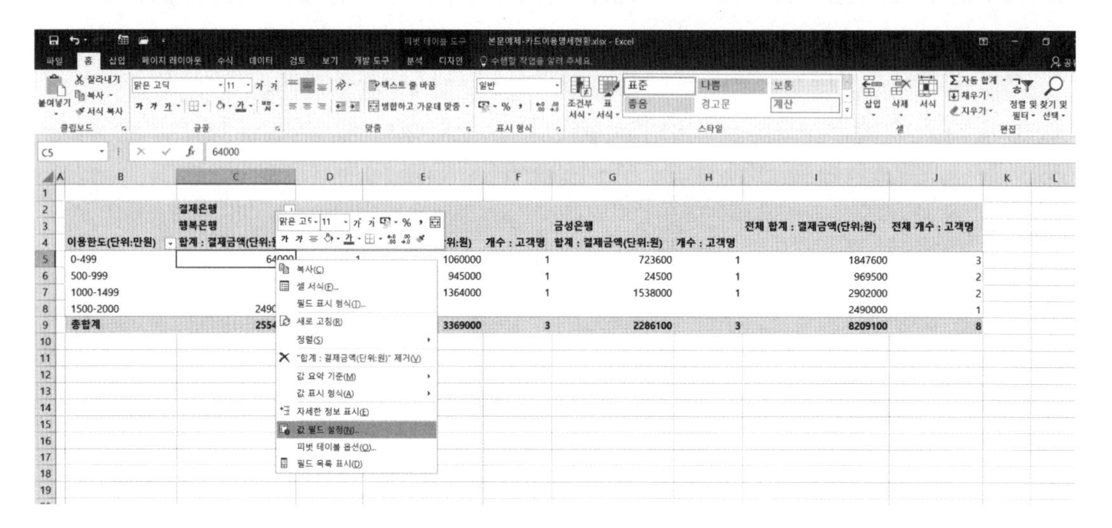

⑥ [값 필드 설정] 대화상자에서 함수를 '평균'으로 선택하고 사용자 지정 이름에 '(단위:원)'을 추가하고 [확인]을 클릭합니다.

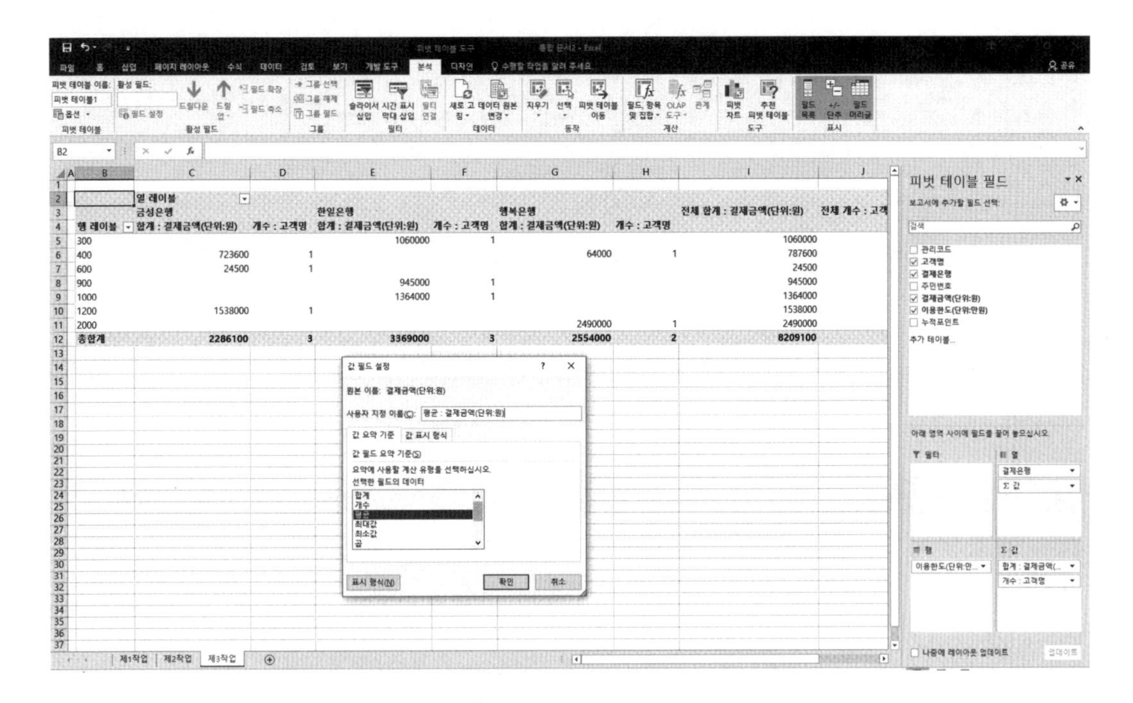

⑦ [합계 : 결제금액(단위:원)] 필드가 [평균 : 결제금액(단위:원)]으로 수정됩니다.

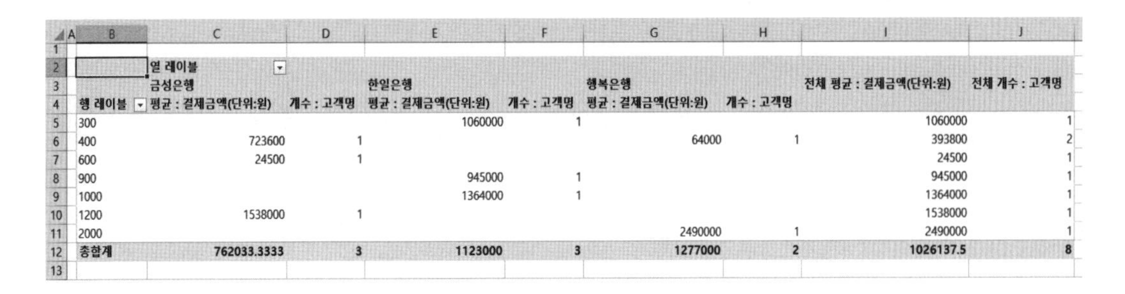

	열 레이블							
	금성은행		한일은행		행복은행		전체 평균 : 결제금액(단위:원)	전체 개수 : 고객명
행 레이블	평균 : 결제금액(단위:원)	개수 : 고객명	평균 : 결제금액(단위:원)	개수 : 고객명	평균 : 결제금액(단위:원)	개수 : 고객명		
300			1060000	1			1060000	1
400	723600	1			64000	1	393800	2
600	24500	1					24500	1
900			945000	1			945000	1
1000			1364000	1			1364000	1
1200	1538000	1					1538000	1
2000					2490000	1	2490000	1
총합계	762033.3333	3	1123000	3	1277000	2	1026137.5	8

⑧ 행 레이블을 클릭하여 '이용한도(단위:만원)'을 열 레이블을 클릭하여 '결제은행'을 입력하고 B열과 C열 사이의 열 구분선을 더블클릭하여 열 너비를 조정합니다.

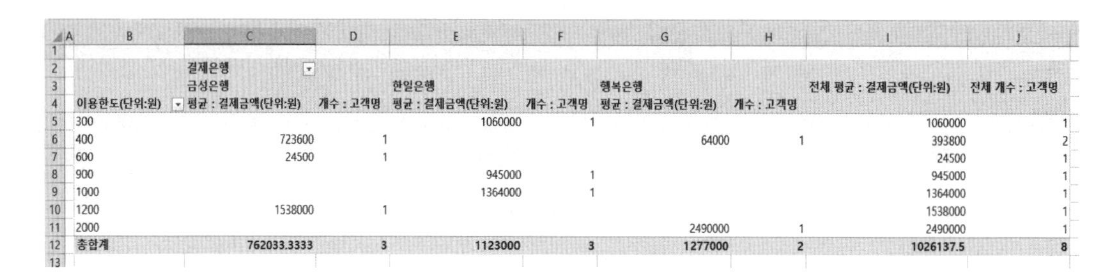

이용한도(단위:원)	결제은행 금성은행 평균 : 결제금액(단위:원)	개수 : 고객명	한일은행 평균 : 결제금액(단위:원)	개수 : 고객명	행복은행 평균 : 결제금액(단위:원)	개수 : 고객명	전체 평균 : 결제금액(단위:원)	전체 개수 : 고객명
300			1060000	1			1060000	1
400	723600	1			64000	1	393800	2
600	24500	1					24500	1
900			945000	1			945000	1
1000			1364000	1			1364000	1
1200	1538000	1					1538000	1
2000					2490000	1	2490000	1
총합계	762033.3333	3	1123000	3	1277000	2	1026137.5	8

⑨ 「B5」셀을 선택한 다음 [피벗테이블 도구] → [분석]탭의 [그룹]그룹에서 (그룹 선택)을 클릭합니다.

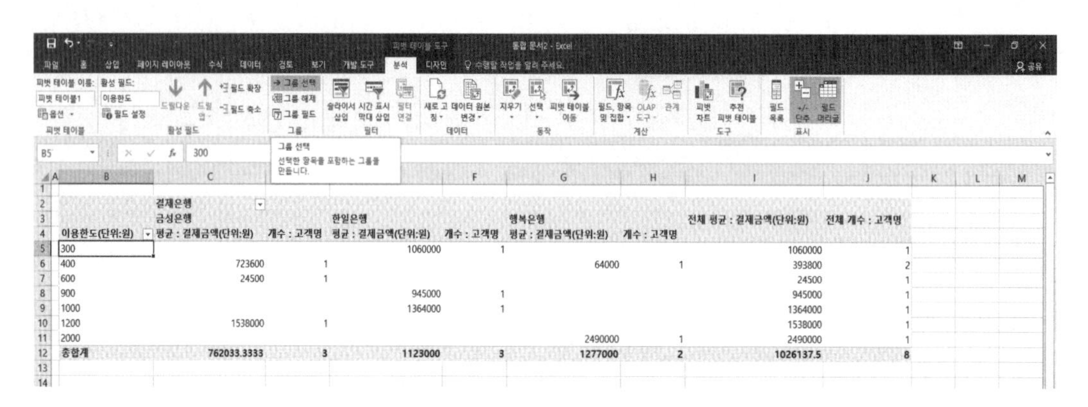

⑩ [그룹화] 대화상자에서 시작과 끝, 단위 값을 입력하고 [확인]을 클릭합니다.

⑪ 이용한도(단위:만원)에 대한 그룹화의 결과는 다음과 같습니다.

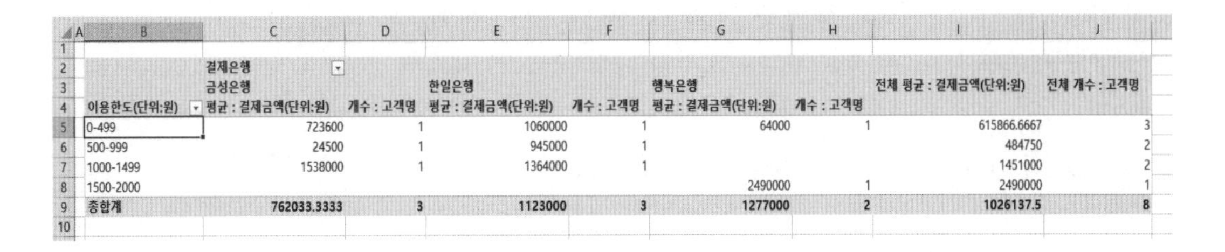

	결제은행							
	금성은행		한일은행		행복은행		전체 평균 : 결제금액(단위:원)	전체 개수 : 고객명
이용한도(단위:원)	평균 : 결제금액(단위:원)	개수 : 고객명	평균 : 결제금액(단위:원)	개수 : 고객명	평균 : 결제금액(단위:원)	개수 : 고객명		
0-499	723600	1	1060000	1	64000	1	615866.6667	3
500-999	24500	1	945000	1			484750	2
1000-1499	1538000	1	1364000	1			1451000	2
1500-2000					2490000	1	2490000	1
총합계	762033.3333	3	1123000	3	1277000	2	1026137.5	8

⑫ 「C2」셀의 목록단추를 클릭하여 '텍스트 내림차순 정렬'을 선택합니다.

⑬ [피벗테이블 도구] → [분석]탭의 [피벗테이블]그룹에서 (옵션)을 클릭합니다. 피벗테이블 옵션 대화상자에서 레이아웃 및 서식탭에서 '레이블이 있는 셀 병합 및 가운데 맞춤'을 선택하고 빈 셀 표시란에 '***'을 입력합니다.

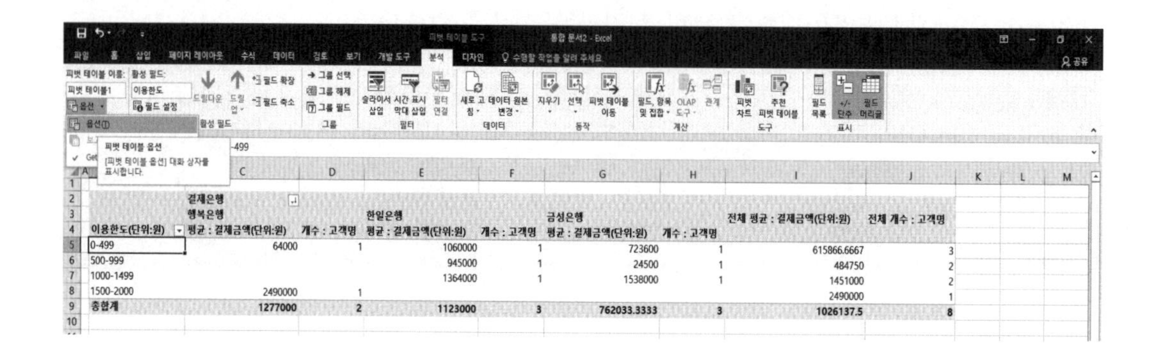

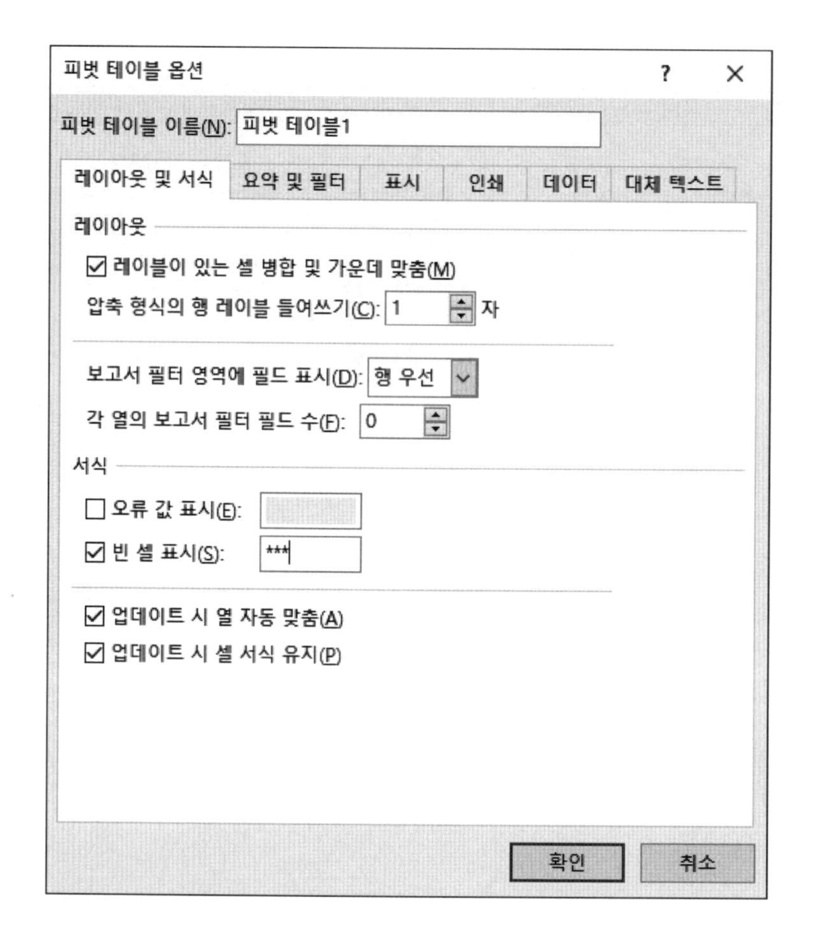
피벗 테이블 옵션
피벗 테이블 이름(N): 피벗 테이블1
레이아웃 및 서식
요약 및 필터
표시
인쇄
데이터
대체 텍스트
레이아웃
레이블이 있는 셀 병합 및 가운데 맞춤(M)
압축 형식의 행 레이블 들여쓰기(C): 1 자
보고서 필터 영역에 필드 표시(D): 행 우선
각 열의 보고서 필터 필드 수(F): 0
서식
오류 값 표시(E):
빈 셀 표시(S): ***
업데이트 시 열 자동 맞춤(A)
업데이트 시 셀 서식 유지(P)
확인
취소

⑭ 요약 및 필터 탭에서 행 총합계 표시를 해제하고 확인을 클릭합니다.

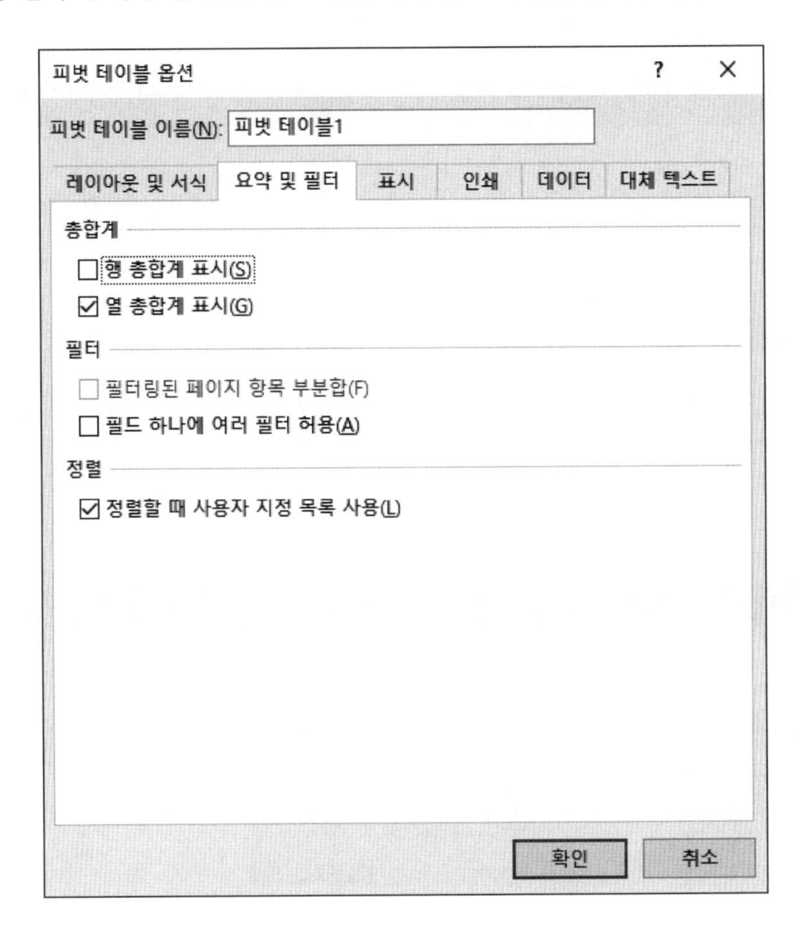

⑮ 피벗테이블 옵션을 실행한 결과는 다음과 같습니다.

	A	B	C	D	E	F	G	H
1								
2			결제은행					
3			행복은행		한일은행		금성은행	
4		이용한도(단위:원)	평균 : 결제금액(단위:원)	개수 : 고객명	평균 : 결제금액(단위:원)	개수 : 고객명	평균 : 결제금액(단위:원)	개수 : 고객명
5		0-499	64000	1	1060000	1	723600	1
6		500-999	***	***	945000	1	24500	1
7		1000-1499	***	***	1364000	1	1538000	1
8		1500-2000	2490000	1	***	***	***	***
9		총합계	1277000	2	1123000	3	762033.3333	3
10								

⑯ Ctrl을 누른 상태로 "***"가 입력된 셀만 선택한 다음 [피벗테이블 도구] → [홈]탭의 [맞춤]그룹에서 (가운데 맞춤)을 클릭합니다.

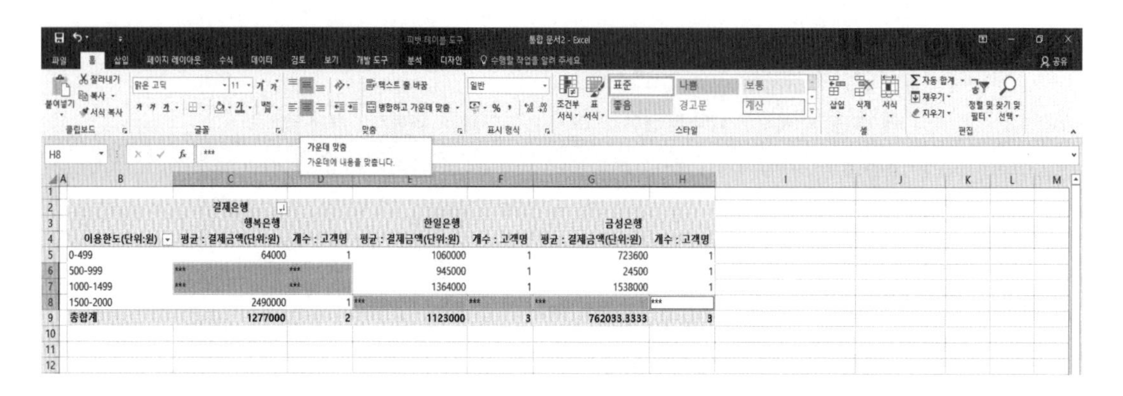

⑰ 「C5:H9」까지의 범위를 선택한 후 쉼표 스타일을 클릭합니다.

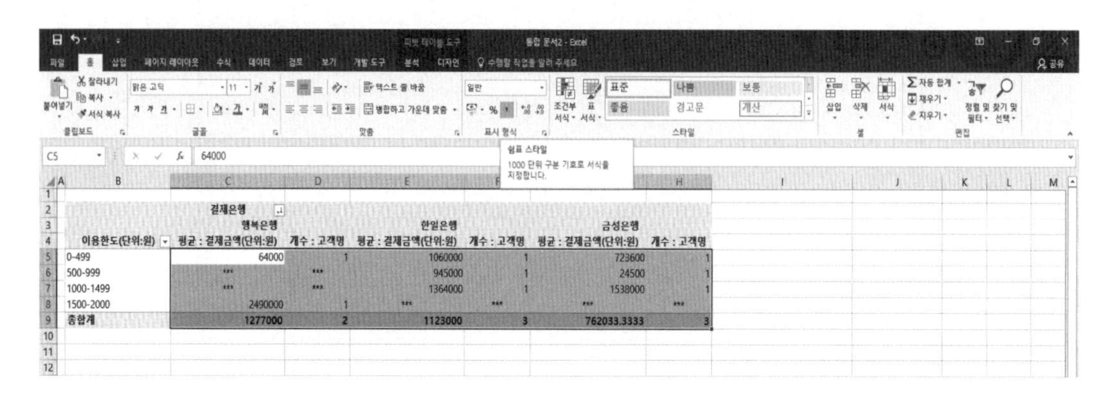

⑱ 피벗테이블을 수행한 결과는 다음과 같습니다.

	B	C	D	E	F	G	H
1							
2		결제은행					
3		행복은행		한일은행		금성은행	
4	이용한도(단위:원)	평균 : 결제금액(단위:원)	개수 : 고객명	평균 : 결제금액(단위:원)	개수 : 고객명	평균 : 결제금액(단위:원)	개수 : 고객명
5	0-499	64,000	1	1,060,000	1	723,600	1
6	500-999	***	***	945,000	1	24,500	1
7	1000-1499	***	***	1,364,000	1	1,538,000	1
8	1500-2000	2,490,000	1	***	***	***	***
9	**총합계**	**1,277,000**	**2**	**1,123,000**	**3**	**762,033**	**3**

3. 퀴즈

(1) 다음 중 정렬 기능에 대한 설명으로 옳지 않은 것은?

① 워크시트에 입력된 자료들을 특정한 순서에 따라 재배열하는 기능이다.

② 정렬 옵션 방향은 '위쪽에서 아래쪽' 또는 '왼쪽에서 오른쪽' 중 선택하여 정렬할 수 있다.

③ 오름차순 정렬과 내림차순 정렬에서 공백은 맨 처음에 위치하게 된다.

④ 선택한 데이터 범위의 첫 행을 머리글 행으로 지정할 수 있다.

(2) 다음 중 [부분합] 대화상자의 각 항목 설정에 대한 설명으로 옳지 않은 것은?

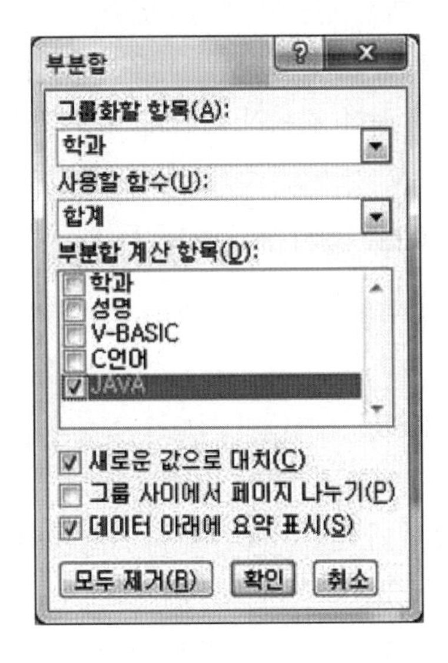

① '그룹화할 항목'에서 선택할 필드를 기준으로 미리 오름차순 또는 내림차순으로 정렬한 후 부분합을 실행해야 한다.

② 부분합 실행 전 상태로 되돌리려면 부분합 대화상자의 [모두 제거] 단추를 클릭한다.

③ 세부 정보가 있는 행 아래에 요약 행을 지정하려면 '데이터 아래에 요약 표시'를 선택하여 체크 표시한다.

④ 이미 작성된 부분합을 유지하면서 부분합 계산 항목을 추가할 경우에는 '새로운 값으로 대치'를 선택하여 체크한다.

(3) 다음 중 아래의 피벗테이블과 이를 활용한 데이터 추출에 대한 설명으로 옳지 않은 것은?

평균 : TOEIC	열 레이블 ▾	
행 레이블 ▾	경영학과	컴퓨터학과
김경호	880	
김영민	790	
박찬진	940	
최미진		990
최우석		860
총합계	**870**	**925**

① 피벗테이블 옵션에서 열 총합계 표시가 해제되었다.
② 총 합계는 TOEIC 점수에 대한 평균이 계산되었다.
③ 행 레이블 영역, 열 레이블 영역, 그리고 값 영역에 각각 하나의 필드가 표시되었다.
④ 행 레이블 필터를 이용하면 성이 김씨인 사람에 대한 자료만 추출할 수도 있다.

(4) 다음 중 부분합에 관한 설명으로 옳지 않은 것은?

① 부분합을 작성할 때 기준이 되는 필드가 반드시 정렬되어 있지 않아도 제대로 된 부분합을 실행할 수 있다.
② 부분합에 특정한 데이터만 표시된 상태에서 차트를 작성하면 표시된 데이터에 대해서만 차트가 작성된다.
③ [부분합] 대화상자에서 '새로운 값으로 대치'는 이미 작성한 부분합을 지우고, 새로운 부분합으로 실행할 경우에 설정한다.
④ 부분합 계산에 사용할 요약 함수를 두 개 이상 사용하기 위해서는 함수의 종류 수만큼 부분합을 반복 실행해야 한다.

(5) 다음 중 오름차순 정렬에 관한 설명으로 옳지 않은 것은?

① 숫자는 가장 작은 음수에서 가장 큰 양수의 순서로 정렬된다.
② 영숫자 텍스트는 왼쪽에서 오른쪽으로 정렬된다. 예를 들어, 텍스트 "A100"이 들어 있는 셀은 "A1"이 있는 셀보다 뒤에, "A11"이 있는 셀보다 앞에 정렬된다.
③ 논리값은 TRUE보다 FALSE가 앞에 정렬되며 오류값의 순서는 모두 같다.
④ 공백(빈 셀)은 항상 가장 앞에 정렬된다.

(6) 다음 중 아래의 윤곽 설정에 대한 설명으로 옳은 것은?

	A	B	C	D
1				
2	사원명	부서명	직위	실적
3	홍길동	개발1부	부장	3,500,000
4	김국수	개발1부	부장	3,700,000
5	이겨레	개발1부	과장	3,000,000
6	박미나	개발2부	대리	2,800,000
7	**개발부 실적**			**13,000,000**
8	한민국	영업1부	대리	2,500,000
9	최신호	영업2부	부장	3,300,000
10	이대한	영업2부	과장	2,800,000
11	**영업부 실적**			**8,600,000**

① 「A3:D6」의 영역을 선택한 후 [데이터] - [윤곽선] - [그룹]을 '행' 기준으로 실행한 상태이다.
② 「A3:D6」의 영역을 선택한 후 [데이터] - [윤곽선] - [그룹] - [자동 윤곽]을 실행한 상태이다.
③ 「A3:D6」의 영역을 선택한 후 [데이터] - [윤곽선]- [그룹 해제]를 '행' 기준으로 실행한 상태이다.
④ 「A3:D6」의 영역을 선택한 후 [데이터] - [윤곽선] - [그룹]을 '열' 기준으로 실행한 상태이다.

(7) 다음 중 피벗테이블에 대한 설명으로 옳지 않은 것은?

① 피벗테이블 결과가 표시되는 장소는 동일한 시트 내에만 지정된다.
② 피벗테이블로 작성된 목록에서 행 필드를 열 필드로 편집할 수 있다.
③ 피벗테이블 작성 후에도 사용자가 새로운 수식을 추가하여 표시할 수 있다.
④ 피벗테이블은 많은 양의 데이터를 손쉽게 요약하기 위해 사용되는 기능이다.

(8) 다음 중 정렬 방법에 대한 설명으로 옳지 않은 것은?

① 정렬은 데이터 목록을 특정 기준에 따라 재배열하는 기능이다.
② 정렬 방식에는 오름차순, 내림차순, 사용자 지정목록 등이 있다.
③ 영어는 대소문자를 구별해서 정렬할 수 있다.
④ 정렬 옵션의 방향은 '위쪽에서 아래쪽'과 '아래쪽에서 위쪽'이 있다.

Chapter 05 그래프

1. 차트의 구성 요소

차트는 데이터를 한눈에 파악하고 비교 분석할 수 있도록 도표를 시각화하는 도구입니다. 차트를 제대로 만들려면 구성 요소를 제대로 알고 있어야 합니다. 차트는 하나의 개체이며, 여러 개의 하위 개체 즉, 구성 요소들이 모여 하나의 차트가 만들어집니다. 각 구성 요소들은 차트 안에서 각각 분리되어, 일반적인 도형 개체를 다루듯이 차트 안에서 위치를 이동하거나 크기 조절, 또는 삭제가 가능합니다. 기본적인 차트의 구성 요소에 대해 알아봅니다.

① 차트 영역 : 차트의 전체 영역을 의미하며, 차트의 위치와 크기 조절을 할 수 있습니다.

② 그림 영역 : 차트가 그려지는 영역으로, 기본 가로축과 기본 세로축을 이루는 사각형 안에 데이터 계열이 표시됩니다.

③ 차트 제목 : 차트의 제목을 표시합니다.

④ 범례 : 각 데이터 계열을 식별하기 위한 정보를 나타내는 표식입니다.

⑤ 가로축 : 데이터 계열의 이름을 표시합니다.

⑥ 기본축 : 데이터 계열의 값을 표시하며, 축 왼편에 나타냅니다.

⑦ 데이터 계열 / 요소 : 수치 데이터 값을 표현한 선이나 막대 등의 모양을 말합니다. 범례에 표시되는 한 가지 종류를 데이터 계열이라 하며, 하나의 데이터 계열을 구성하는 더 작은 단위를 데이터 요소라 합니다.

⑧ 기본축 제목 : 기본축에 표시되는 내용의 제목입니다.

⑨ 가로축 제목 : 가로축에 표시되는 항목의 제목입니다.

⑩ 데이터 레이블 : 데이터 계열 또는 데이터 요소의 값과 이름을 표시합니다.

⑪ 데이터 테이블 : 차트를 그리는데 사용한 원본 데이터를 표로 나타냅니다.

⑫ 보조축 : 데이터 계열의 값을 표시하며, 축 오른편에 나타냅니다.

2. 차트 작성 및 편집

2-1. 실습 문제

☞ '카드이용 명세 현황'의 **"제1작업"** 시트를 이용하여 조건에 따라 ≪출력형태≫와 같이 작업하시오.

≪조건≫

(1) 차트 종류 ⇒ 〈묶은 세로 막대형〉으로 작업하시오.
(2) 데이터 범위 ⇒ "제1작업" 시트의 내용을 이용하여 작업하시오.
(3) 위치 ⇒ "새 시트"로 이동하고, "제4작업"으로 시트 이름을 바꾸시오.
(4) 차트 디자인 도구 ⇒ 레이아웃 3, 스타일 1을 선택하여 ≪출력형태≫에 맞게 작업하시오.
(5) 영역 서식 ⇒ 차트 : 글꼴(굴림, 11pt), 채우기 효과(질감-분홍 박엽지),
그림 : 채우기(흰색, 배경1)
(6) 제목 서식 ⇒ 차트 제목 : 글꼴(굴림, 굵게, 20pt), 채우기(흰색, 배경1), 테두리
(7) 서식 ⇒ 누적포인트 계열의 차트 종류를 〈표식이 있는 꺾은선형〉으로 변경한 후 보조축으로 지정하시오.
계열 : ≪출력형태≫를 참조하여 표식(네모, 크기 10)과 레이블 값을 표시하시오.
눈금선 : 선 스타일-파선
축 : ≪출력형태≫를 참조하시오.
(8) 범례 ⇒ 범례명을 변경하고 ≪출력형태≫를 참조하시오.
(9) 도형 ⇒ '모서리가 둥근 사각형 설명선'을 삽입한 후 ≪출력형태≫와 같이 내용을 입력하시오.
(10) 나머지 사항은 ≪출력형태≫에 맞게 작성하시오.

≪출력형태≫

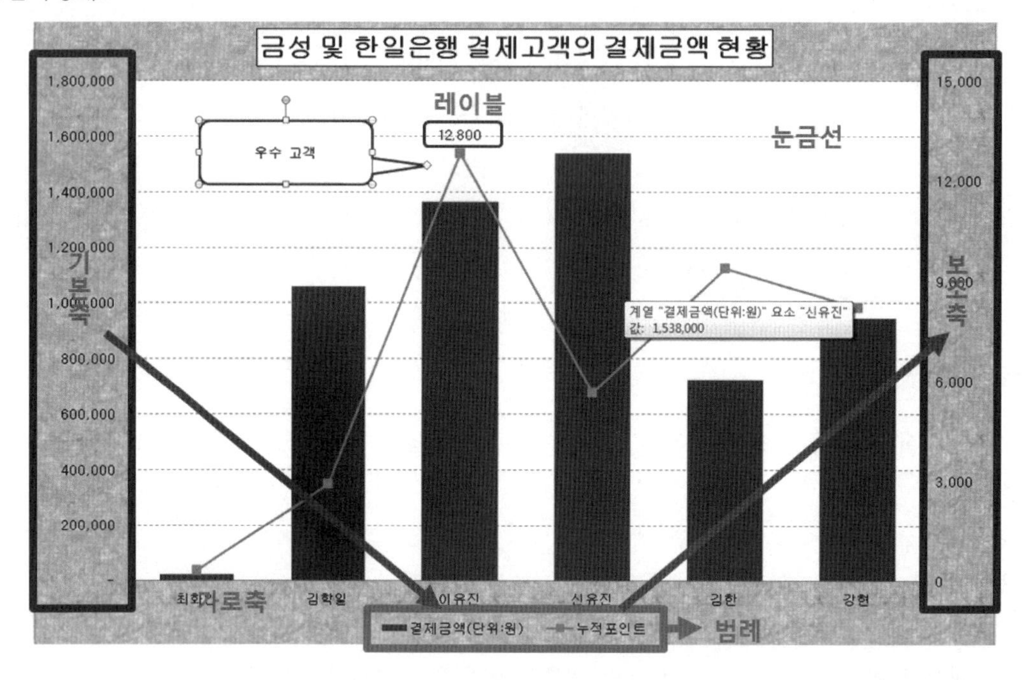

2-2. 실습 문제 설명

① ≪출력형태≫를 보고 "제1작업" 시트에서, 「C4:C12」범위를 선택한 후 Ctrl을 누른 상태로 「F4:F12」, 「H4:H12」범위를 순서대로 블록 설정합니다.

카드이용 명세 현황

결재	담당	팀장	부장

관리코드	고객명	결제은행	주민번호	결제금액(단위:원)	이용한도(단위:만원)	누적포인트	결제일	성별
N0915	최화인	금성은행	741206-2******	24,500	600	300	15일	여성
P3210	김학일	한일은행	851006-1******	1,060,000	300	2,900	10일	남성
P4815	이유진	한일은행	720506-2******	1,364,000	1,000	12,800	15일	여성
N2010	박세진	행복은행	860413-2******	64,000	400	4,090	10일	여성
P2025	김리아	행복은행	901106-2******	2,490,000	2,000	3,450	25일	여성
P5010	신유진	금성은행	920103-2******	1,538,000	1,200	5,640	10일	여성
N0225	김한	금성은행	770824-1******	723,600	400	9,360	25일	남성
N1125	강현	한일은행	820519-1******	945,000	900	8,200	25일	남성
결제은행이 행복은행인 고객 수			2명		금성은행의 결제금액(단위:원) 합계			2,286,100
최대 결제금액(단위:원)			2,490,000		고객명	최화인	누적포인트	300

② Alt+F1을 누르면 워크시트에 [묶은 세로 막대형]이 나타납니다.

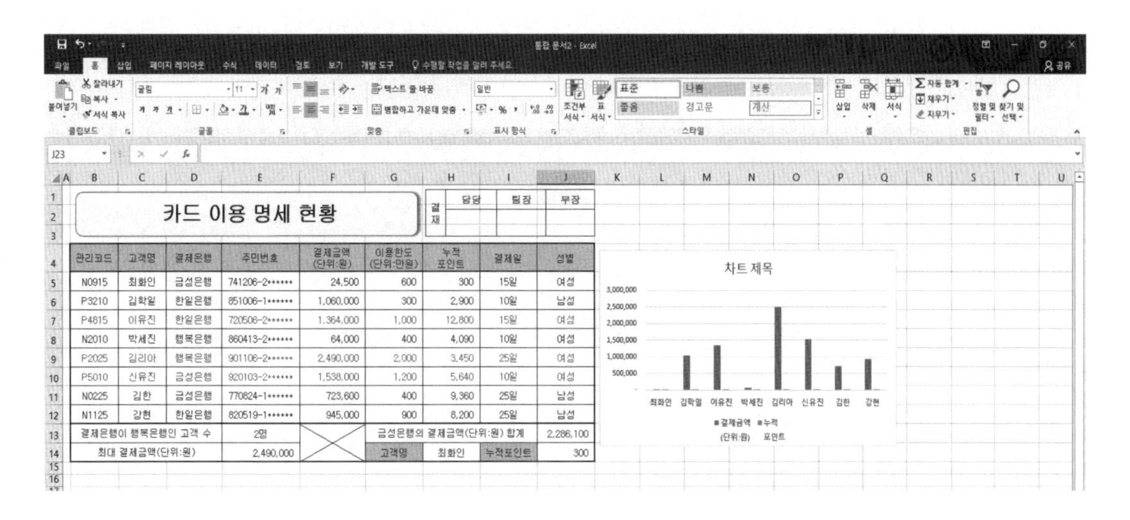

카드 이용 명세 현황

관리코드	고객명	결제은행	주민번호	결제금액(단위:원)	이용한도(단위:만원)	누적 포인트	결제일	성별
N0915	최화인	금성은행	741206-2******	24,500	600	300	15일	여성
P3210	김학일	한일은행	851006-1******	1,060,000	300	2,900	10일	남성
P4815	이유진	한일은행	720506-2******	1,364,000	1,000	12,800	15일	여성
N2010	박세진	행복은행	860413-2******	64,000	400	4,090	10일	여성
P2025	김리아	행복은행	901106-2******	2,490,000	2,000	3,450	25일	여성
P5010	신유진	금성은행	920103-2******	1,538,000	1,200	5,640	10일	여성
N0225	김한	금성은행	770824-1******	723,600	400	9,360	25일	남성
N1125	강현	한일은행	820519-1******	945,000	900	8,200	25일	남성
결제은행이 행복은행인 고객 수			2명		금성은행의 결제금액(단위:원) 합계			2,286,100
최대 결제금액(단위:원)			2,490,000		고객명	최화인	누적포인트	300

또는 F11을 누르면 Chart1 시트에 [묶은 세로 막대형]이 나타납니다.

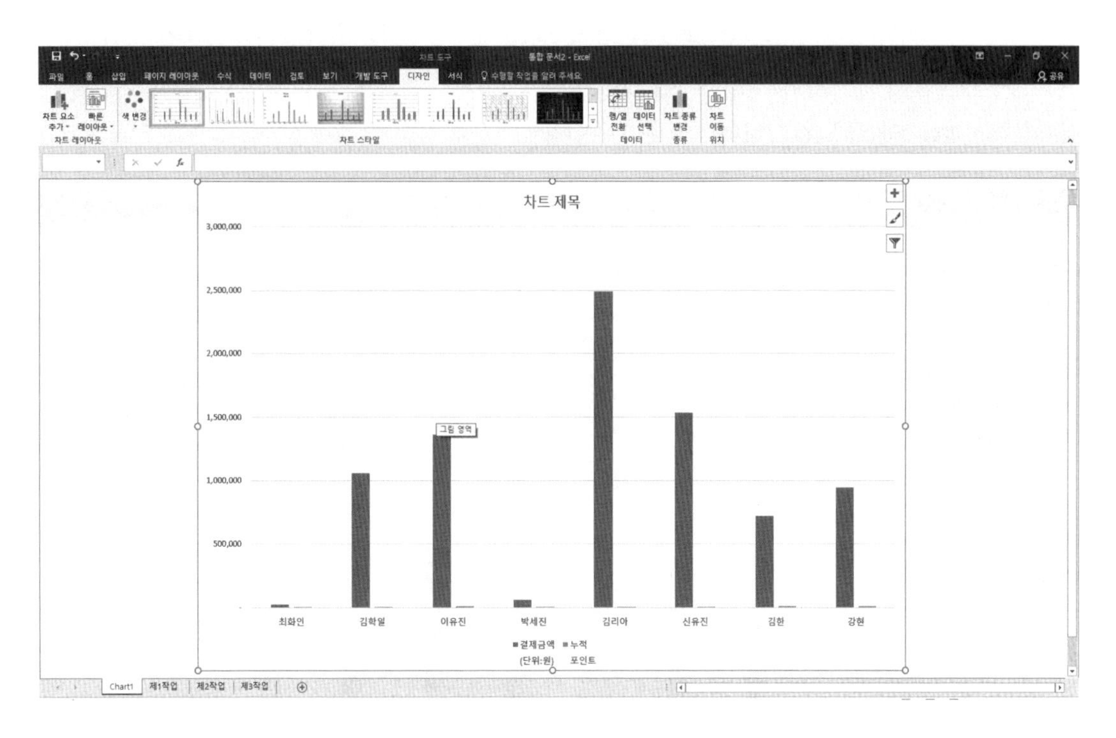

③ Alt+F1을 클릭하여 워크시트에 차트가 생성되면 차트의 위치를 이동하기 위해 [디자인]탭의 [위치]그룹에서 (차트 이동)을 클릭한 후 [차트 이동] 대화상자에서 '새 시트'를 선택하고 시트 이름을 "제4작업"으로 입력합니다.

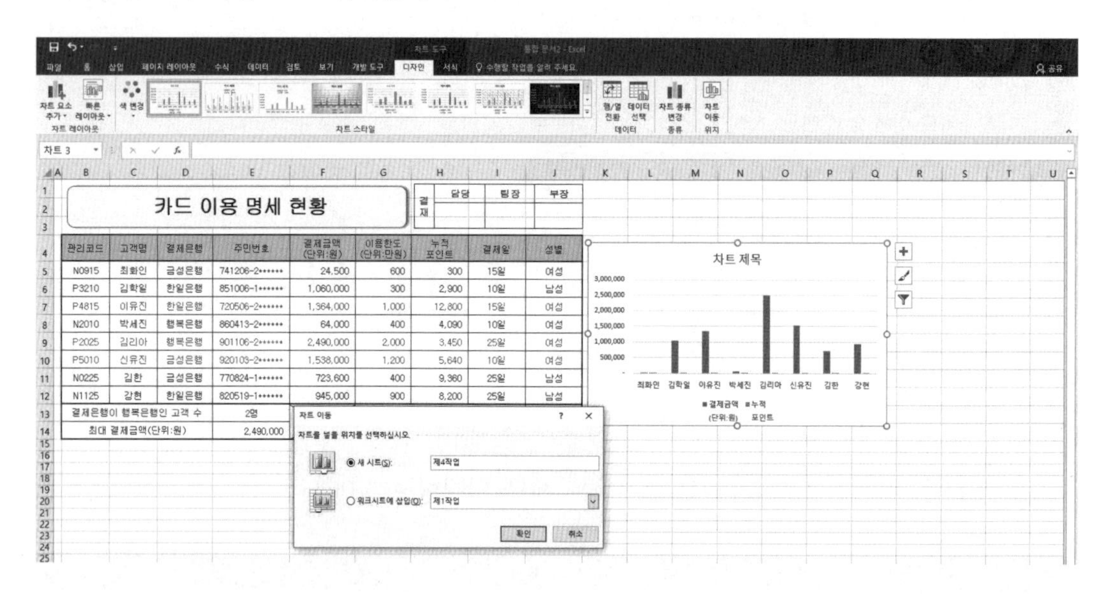

④ 수행결과는 다음과 같습니다.

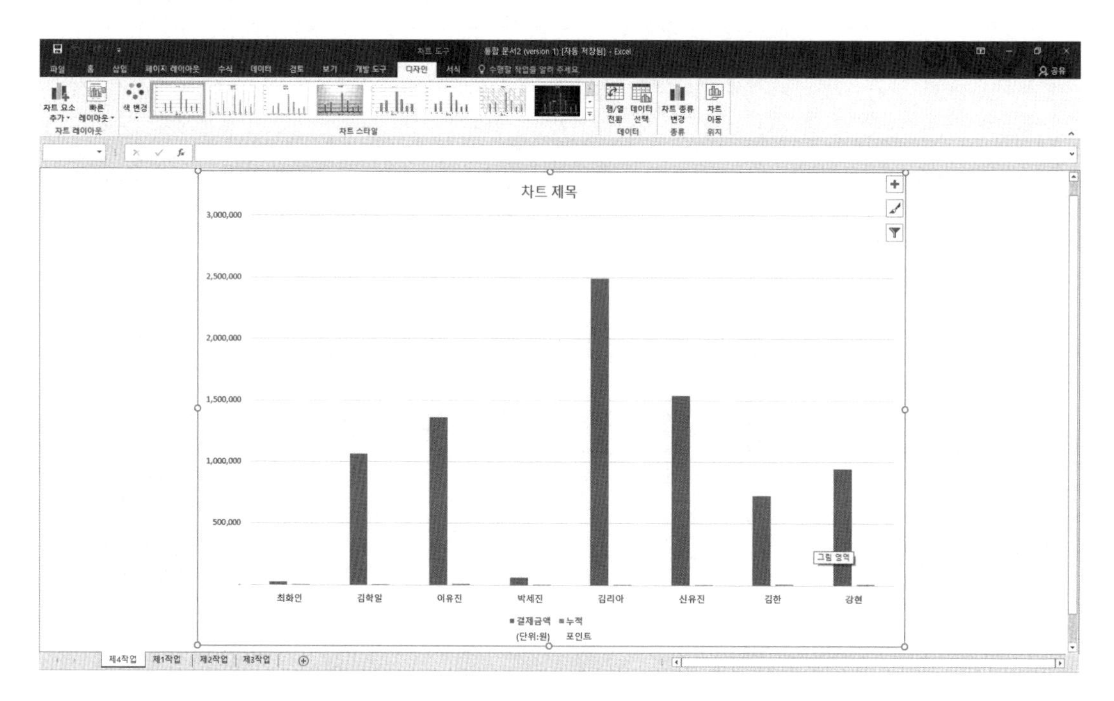

3. 차트 수정

※ 차트 수정은 그래프 문제에서 주어진 조건 (1)번, (2)번과 (3)번을 완성하고 시작합니다.

① 조건 (4) 차트 디자인 도구 ⇒ 레이아웃 3, 스타일 1을 선택하여 ≪출력형태≫에 맞게 작업하시오.

- 차트를 클릭한 다음 차트 도구에서 디자인탭의 빠른 레이아웃 목록단추에서 레이아웃 3을 선택합니다.

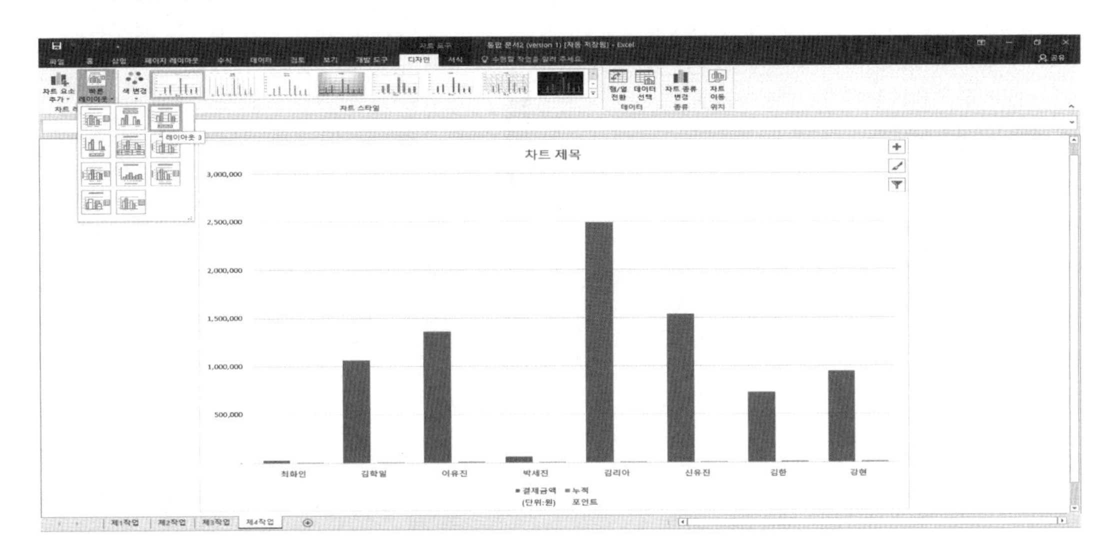

- 차트 스타일에서 스타일 1을 클릭합니다.

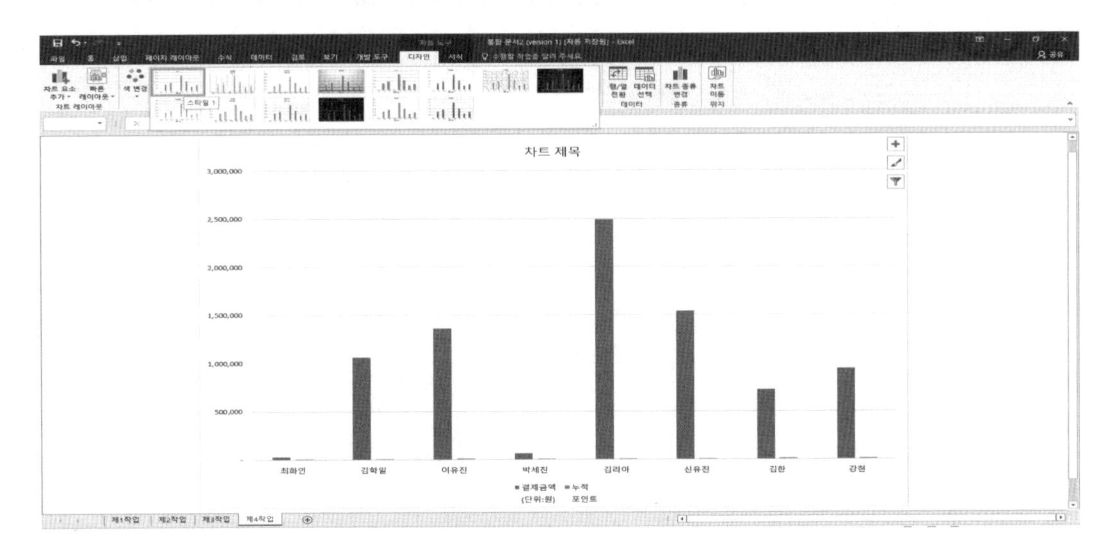

② 조건 (5) 영역 서식 ⇒ 차트 : 글꼴(굴림, 11pt), 채우기 효과(질감-분홍 박엽지),
그림 : 채우기(흰색, 배경1)

- 차트를 클릭한 다음 홈탭의 글꼴을 굴림으로 크기를 11pt로 입력하고 엔터를 칩니다.

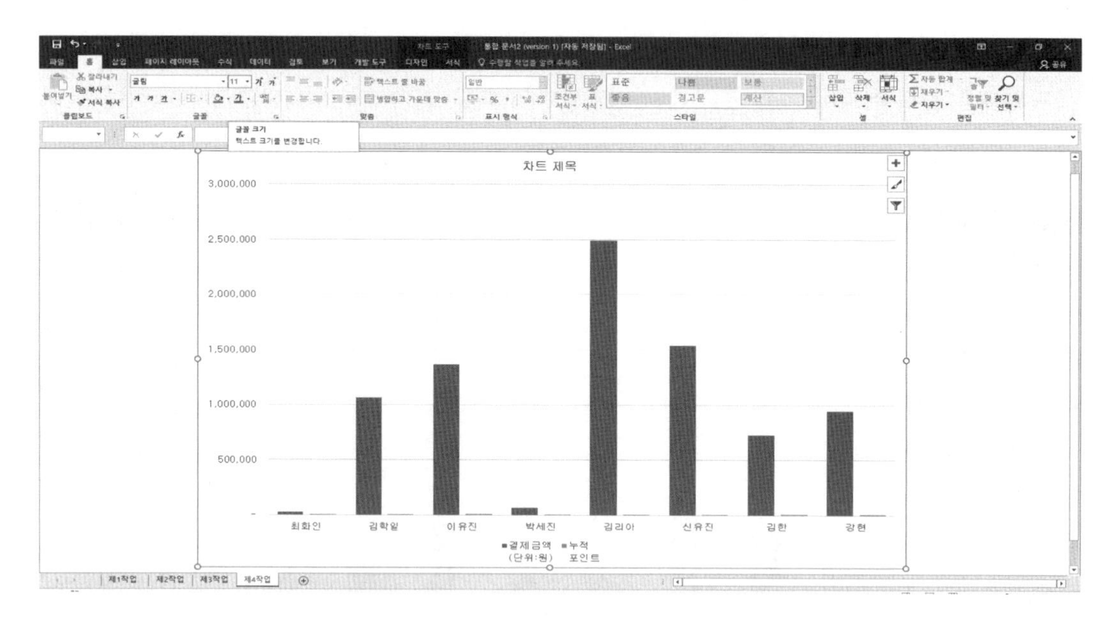

- 차트 도구의 서식탭에서 도형 채우기 목록단추를 클릭하여 질감 중에서 분홍박엽지를 선택합니다.

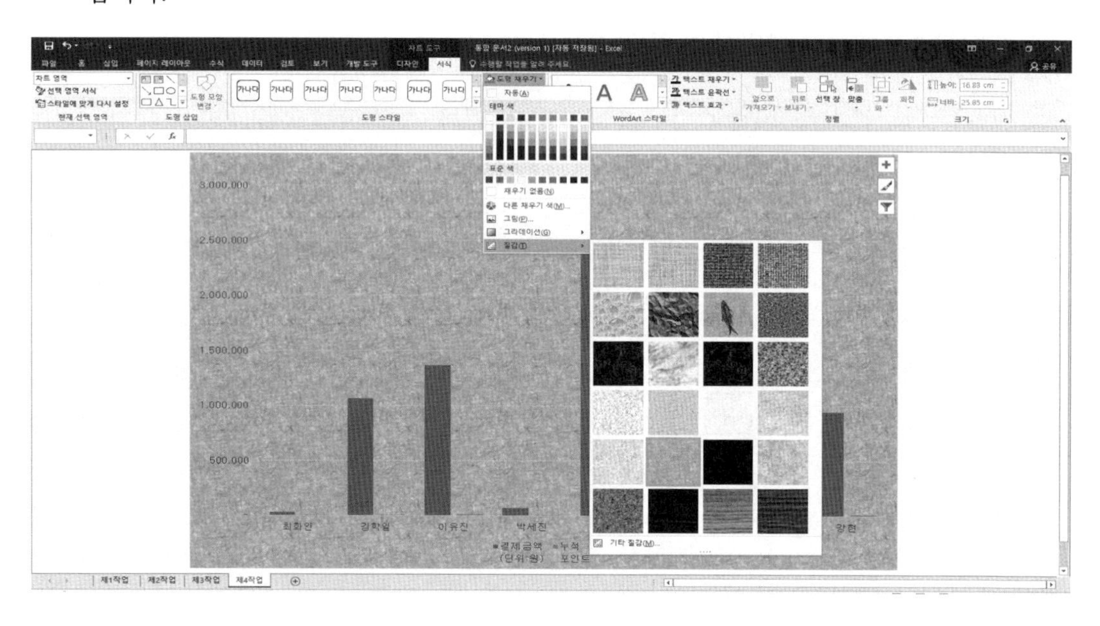

- 그림 영역을 선택하여 차트 도구의 서식에서 도형 채우기 목록 단추를 클릭하여 흰색, 배경 1을 선택합니다.

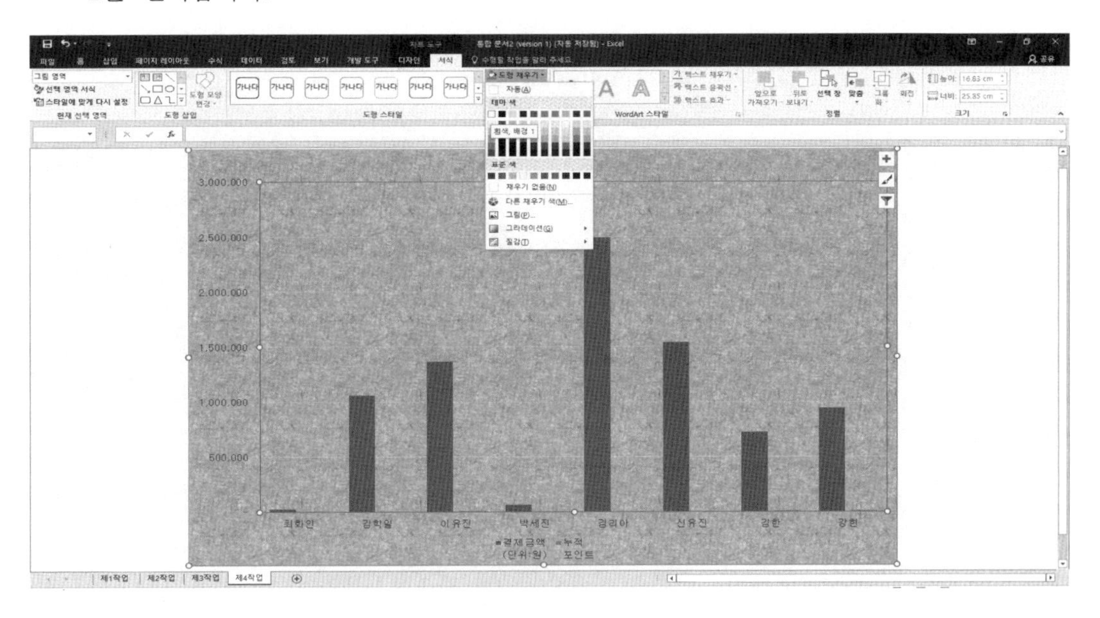

③ 조건 (6) 제목 서식 ⇒ 차트 제목 : 글꼴(굴림, 굵게, 20pt), 채우기(흰색, 배경1), 테두리

- 차트 제목을 클릭하여 ≪출력형태≫의 제목을 입력하고 홈탭의 글꼴 속성을 굵게, 크기 13.2pt를 20pt로 변경하고 엔터를 칩니다.

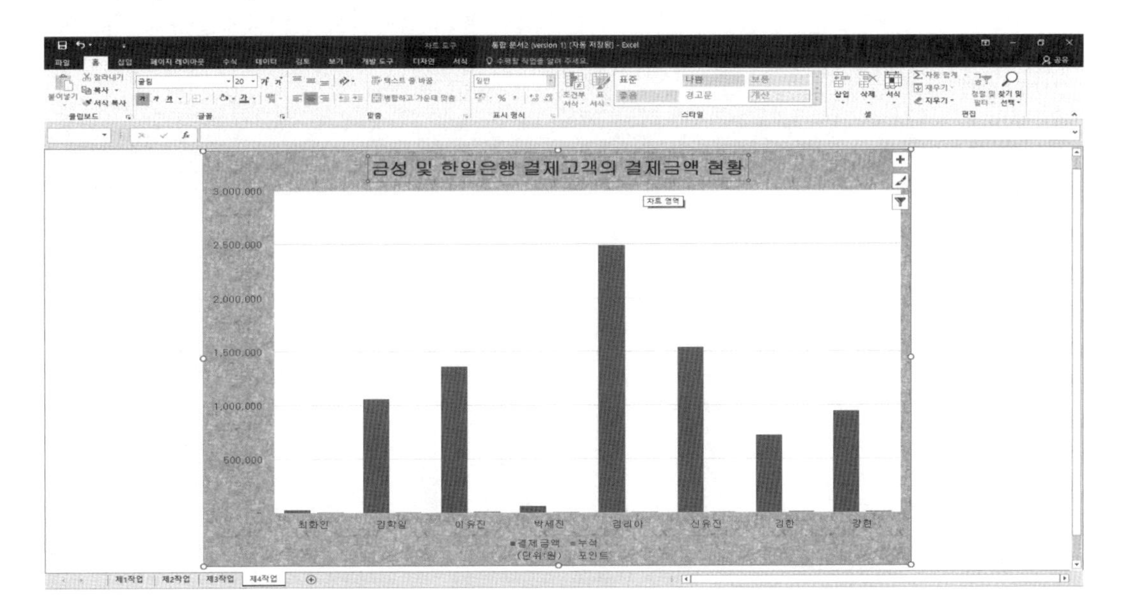

- 차트 제목을 선택한 다음 차트 도구의 서식탭에서 도형 채우기 목록 단추를 클릭하여 흰색, 배경1을 선택하고 도형 윤곽선에서 자동을 클릭합니다.

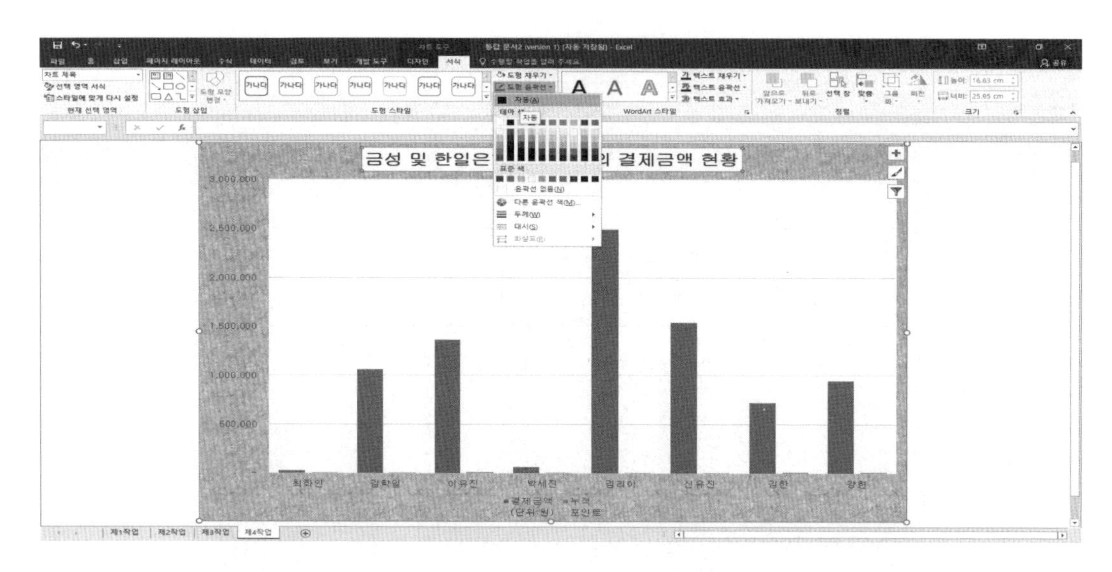

④ 조건 (7) 서식 ⇒ 누적포인트 계열의 차트 종류를 〈표식이 있는 꺾은선형〉으로 변경한 후 보조축으로 지정하시오.

계열 : ≪출력형태≫를 참조하여 표식(네모, 크기 10)과 레이블 값을 표시하시오.

눈금선 : 선 스타일-파선, 축 : ≪출력형태≫를 참조하시오.

- 차트를 클릭하여 오른쪽 상단에 있는 차트 필터를 눌러 범주에서 출력형태를 보고 가로축의 자료를 해제하고 적용 버튼을 클릭합니다.

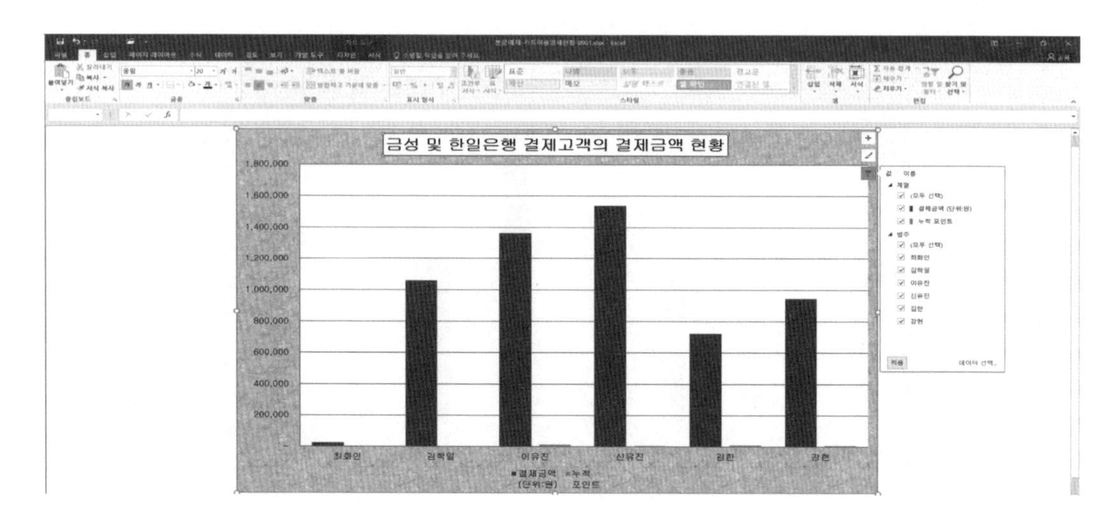

- 보조축을 작성하기 위하여 먼저 임의의 데이터 계열을 클릭한 후 차트 도구의 디자인에서 차트 종류 변경을 실행합니다.

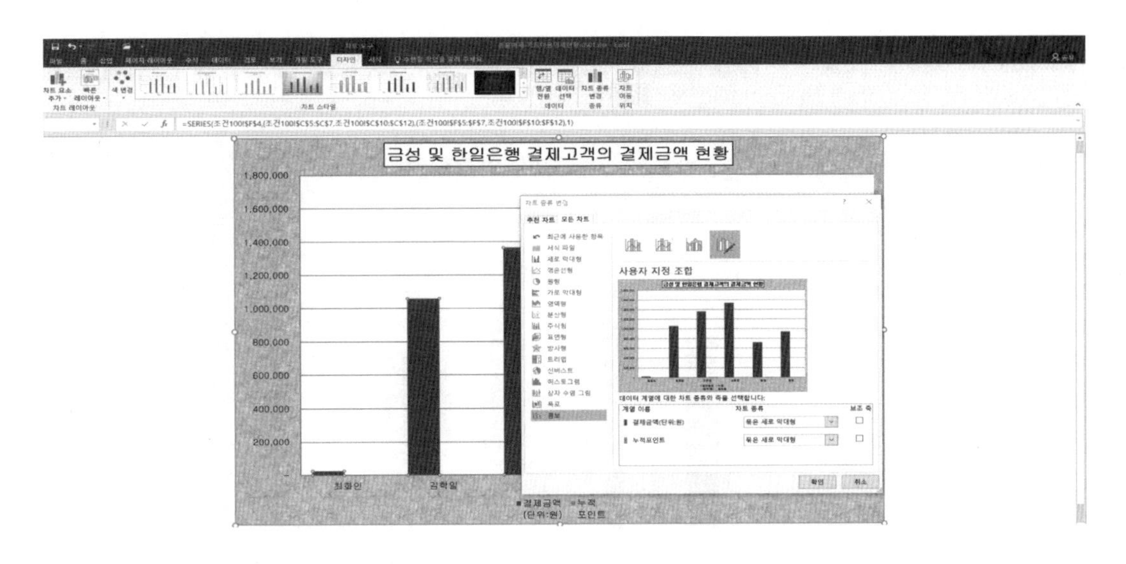

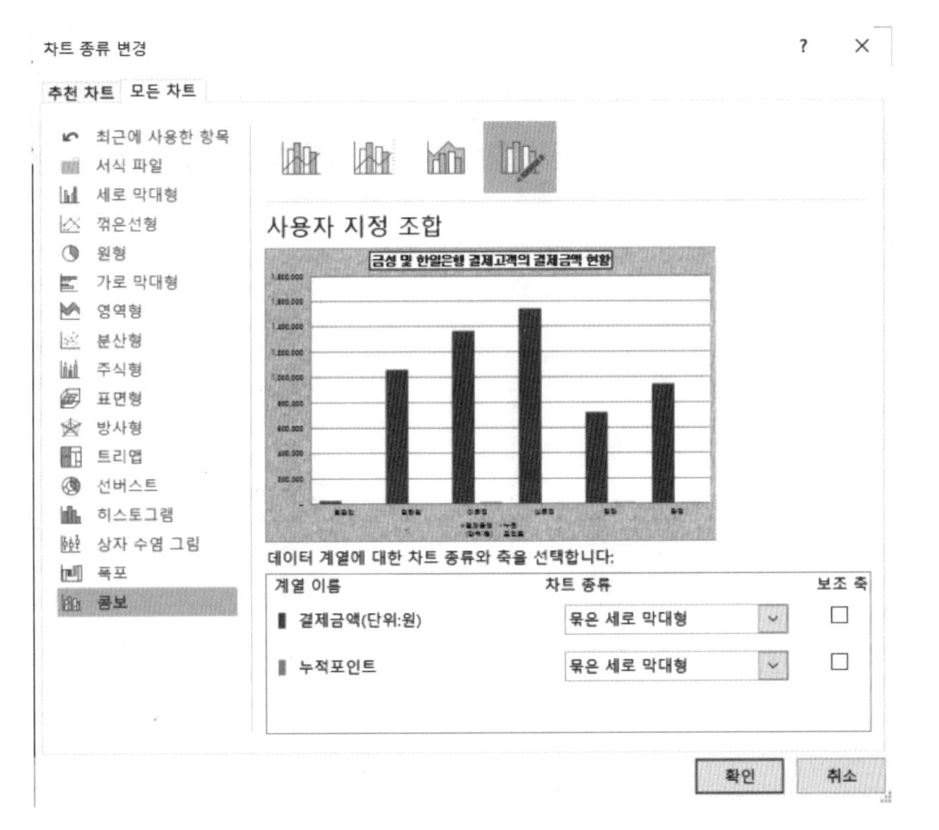

- 차트 종류 변경 대화상자에서 계열 이름 중 누적포인트의 차트 종류를 표식이 있는 꺾은선형으로 지정한 후 보조축을 체크하고 확인 버튼을 누릅니다.

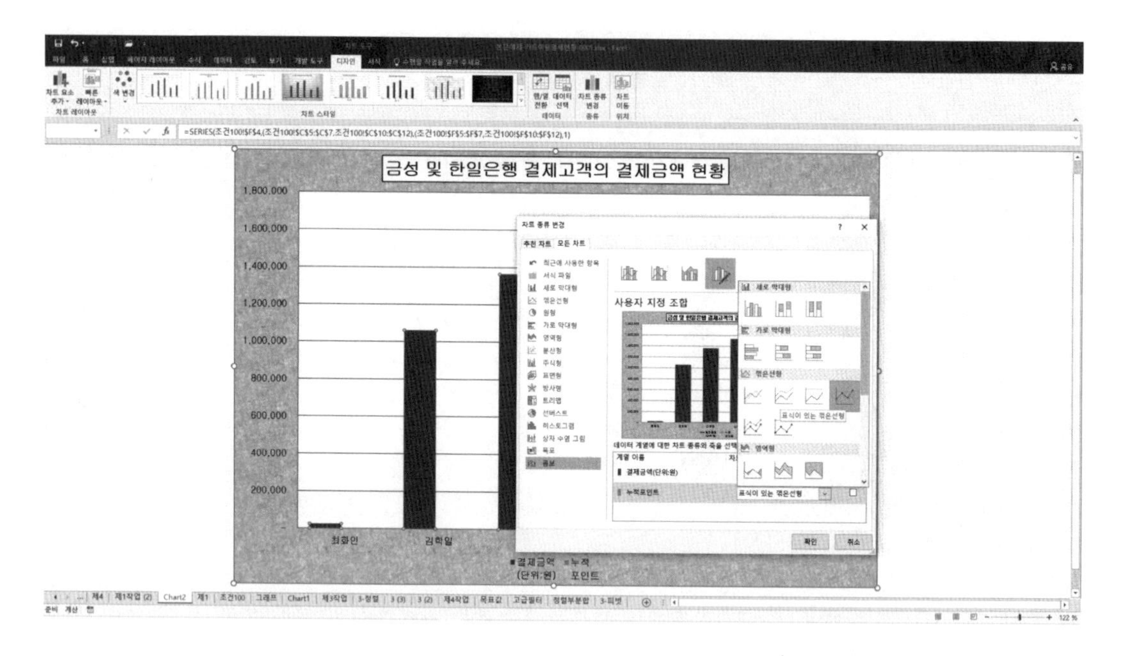

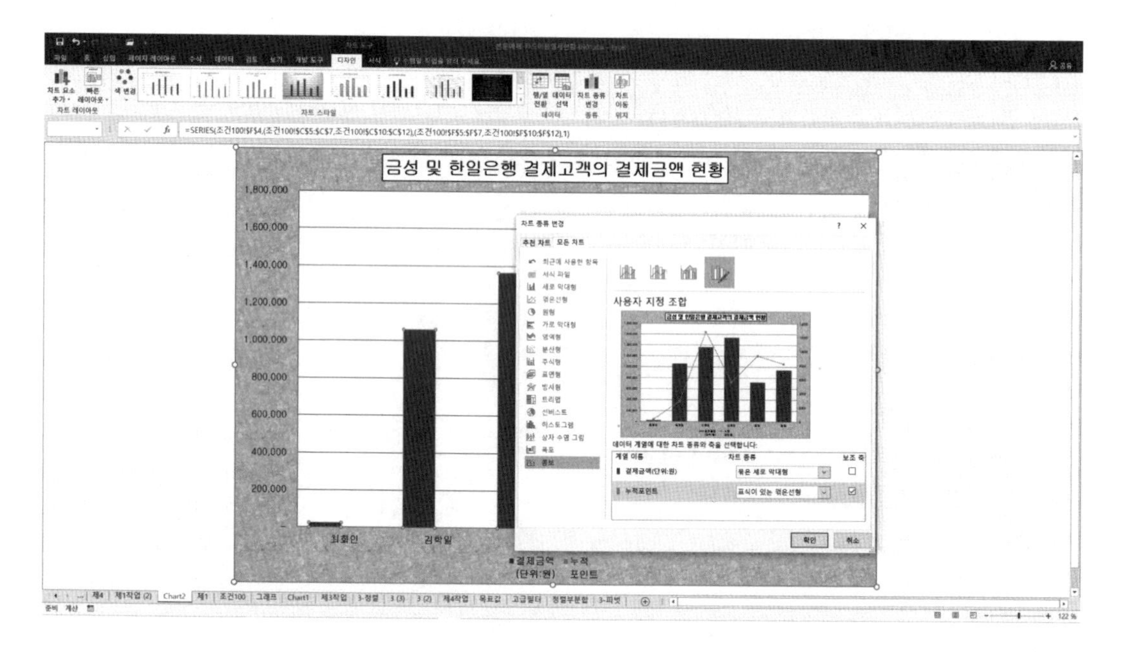

- 계열 ≪출력형태≫를 참조하여 표식(네모, 크기 10)과 레이블 값을 표시하시오.
  ≪출력형태≫에 제시되어 있는 이유진의 누적포인트 값만 표시하기 위하여 누적포인트 계열을 클릭합니다.

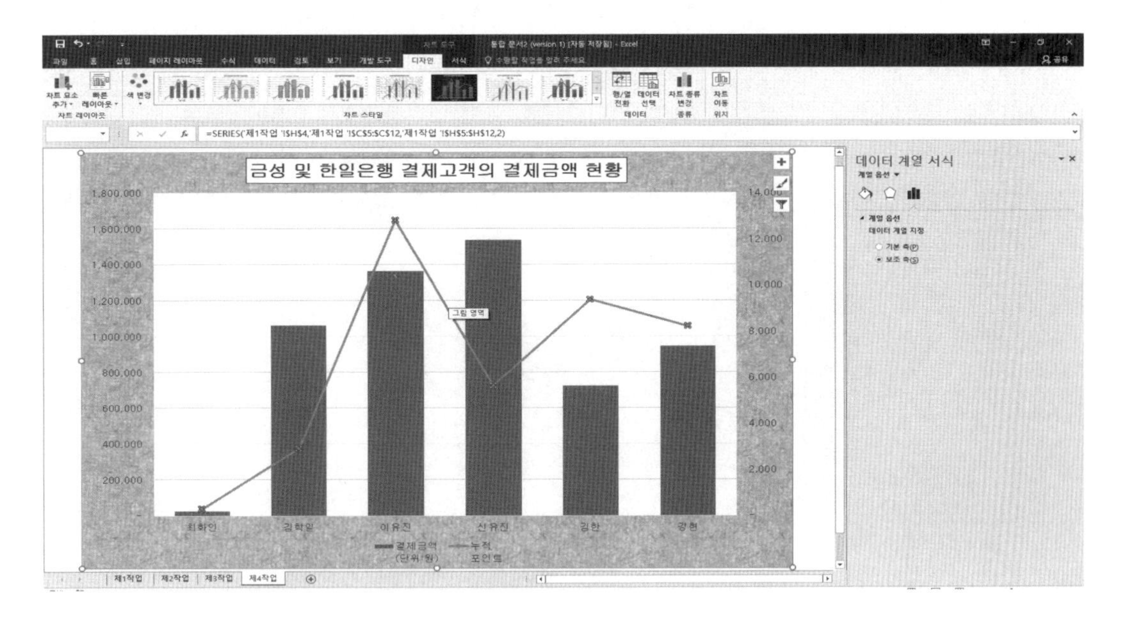

- 이유진의 누적포인트계열만 한 번 더 클릭하여 선택이 되면 우클릭하여 데이터 레이블 서식에서 데이터 레이블 추가를 선택합니다.

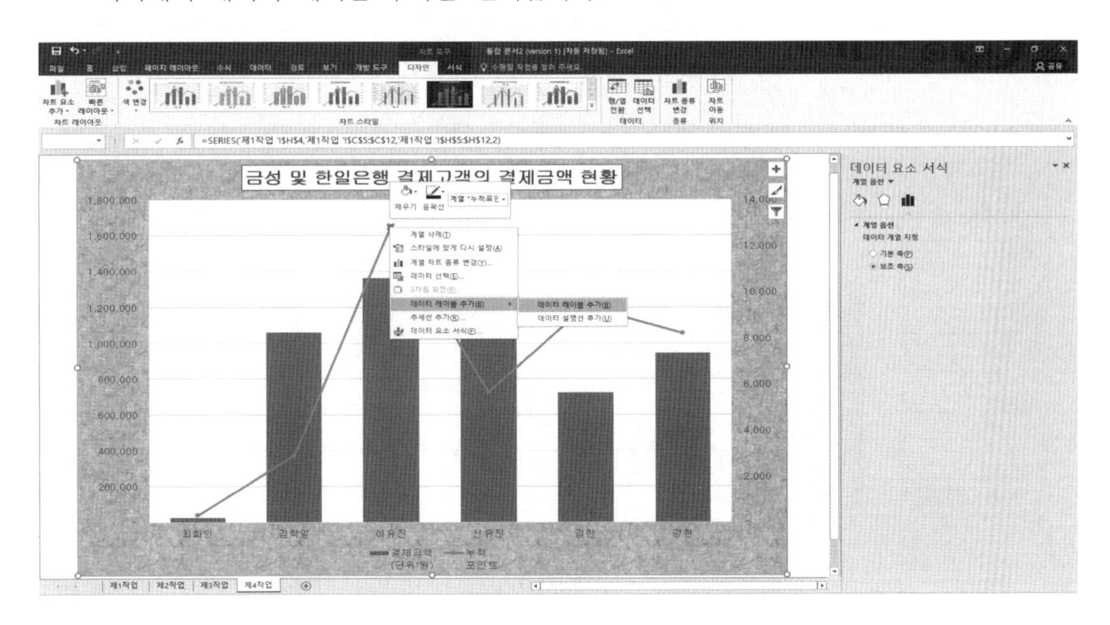

- 레이블의 위치를 변경하기 위하여 우클릭하여 데이터 레이블 서식을 클릭합니다.

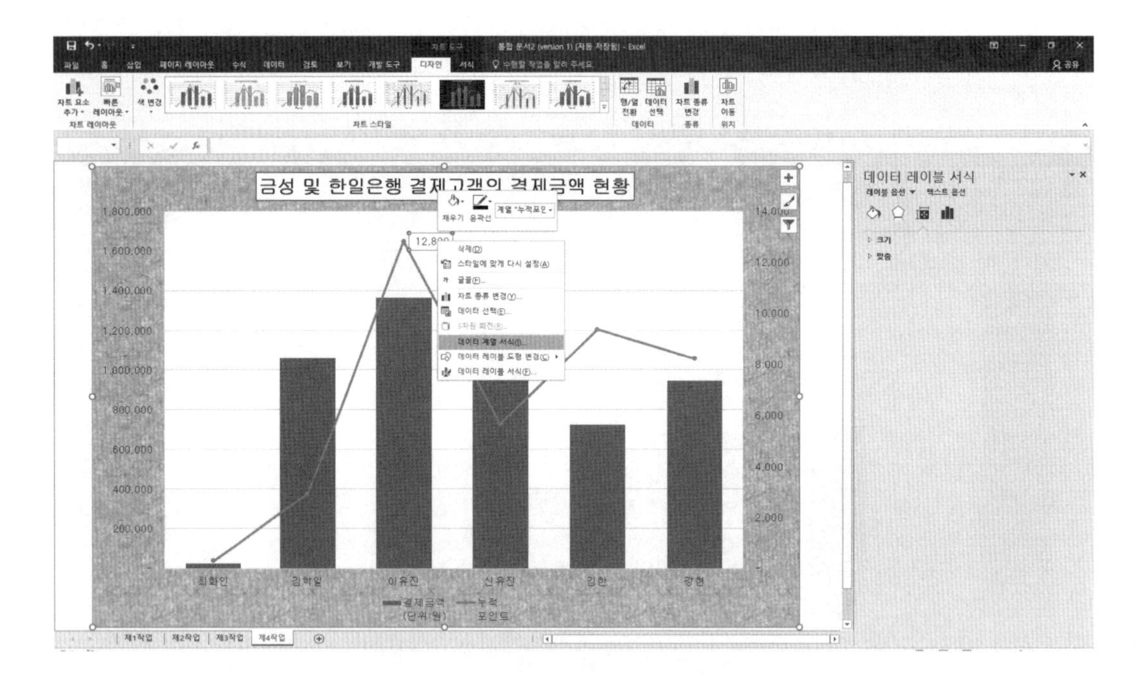

- 오른쪽에 있는 데이터 레이블 서식에서 레이블 위치를 위쪽으로 선택합니다.

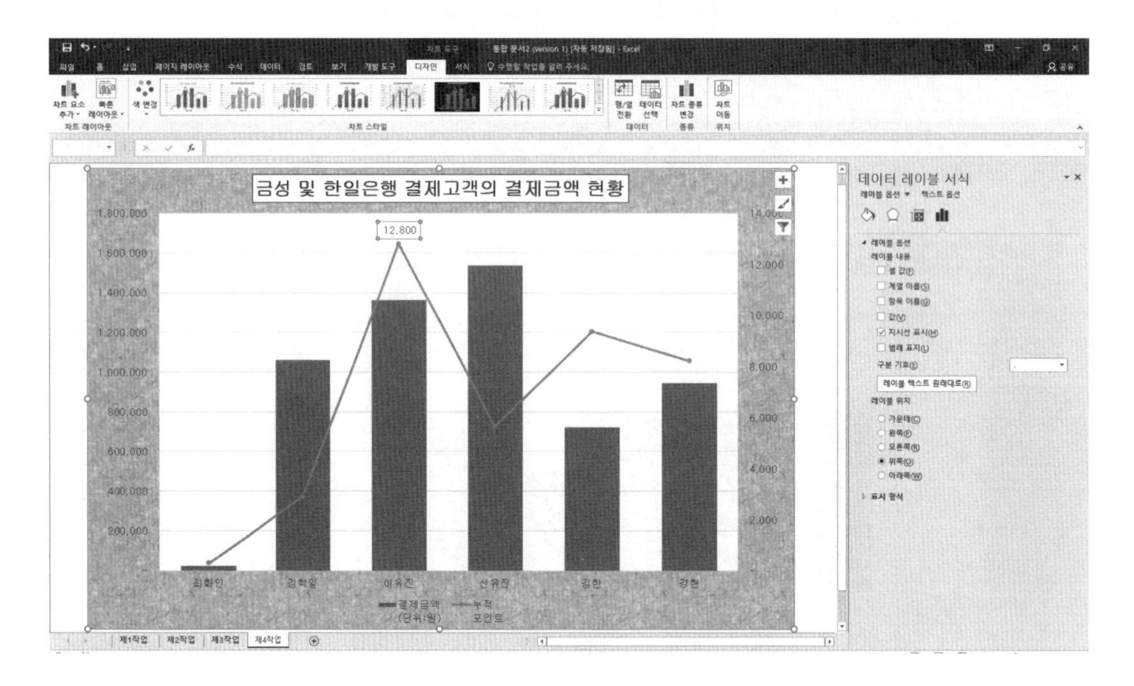

- 누적포인트 계열을 선택한 후 오른쪽 창의 채우기 및 선을 클릭하여 표식에서 표식 옵션 중에서 기본 옵션의 형식 목록 단추를 클릭하여 네모를 선택하고 크기는 10으로 변경합니다.

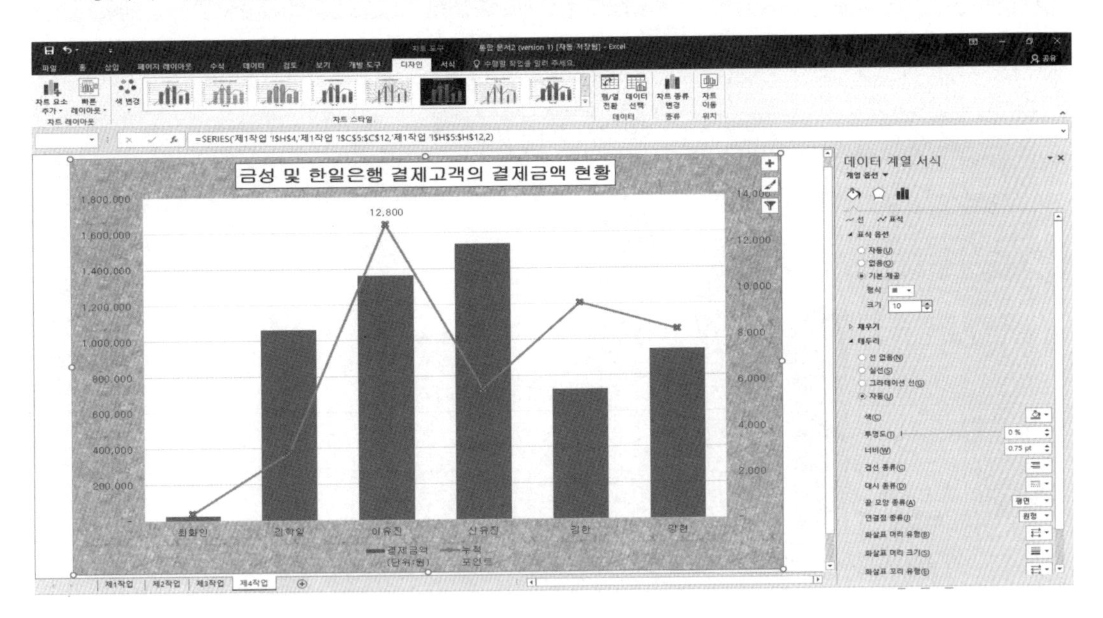

- 눈금선 : 선 스타일-파선, 축 : ≪출력형태≫를 참조하시오.
  눈금선을 선택한 다음 오른쪽에 있는 주 눈금선 서식 창에서 대시 종류는 파선을 색은 검정, 텍스트1을 선택합니다.

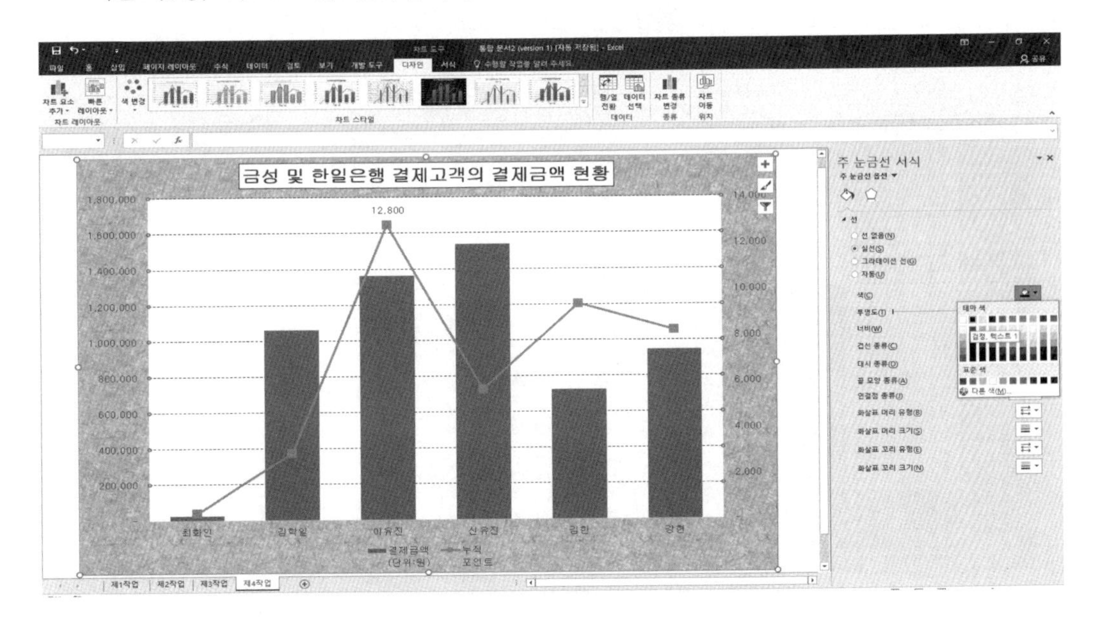

- 가로축, 기본축, 보조축을 선택하여 색을 검정, 텍스트1로 지정합니다.

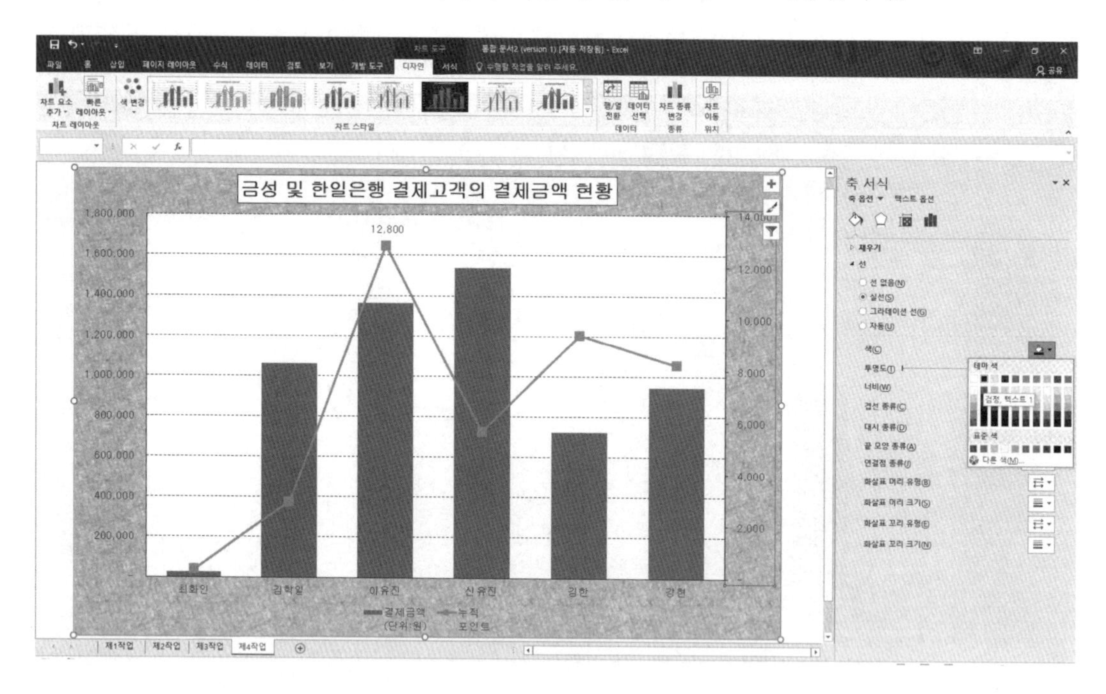

- 보조축의 축 값을 수정하기 위하여 보조축을 클릭한 다음 우클릭하여 축서식을 선택합니다.

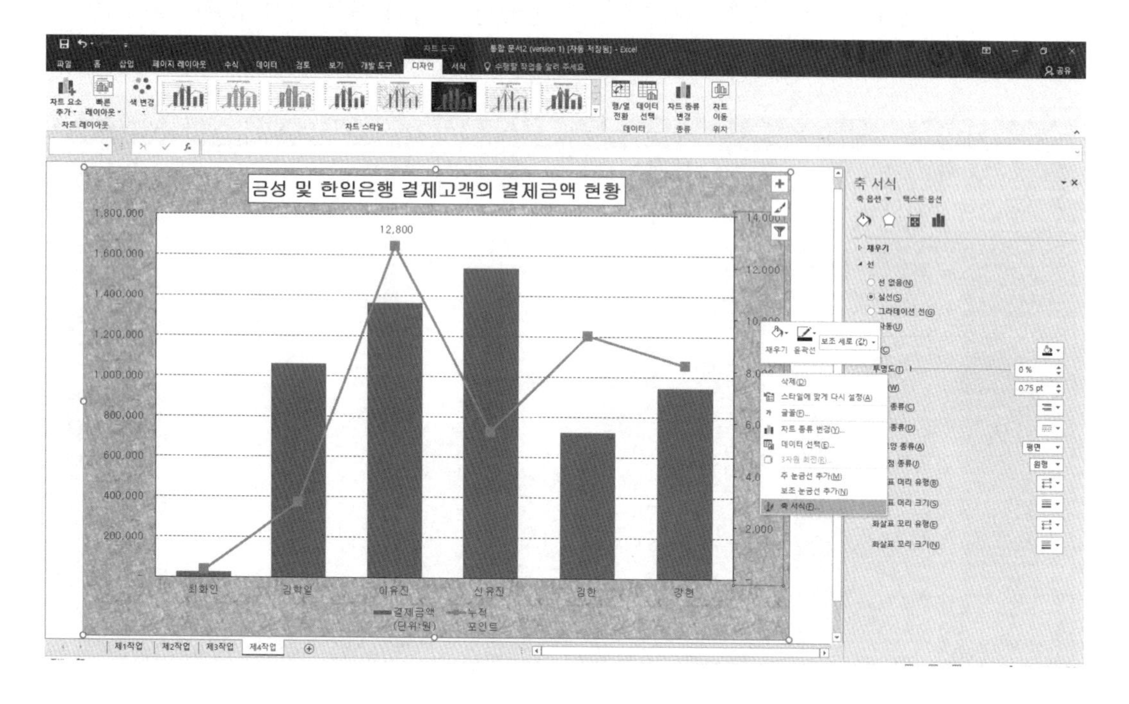

- 오른쪽의 보조축 창에서 최대 경계와 주 단위를 수정하고 표시 형식에서 범주를 숫자로 선택합니다.

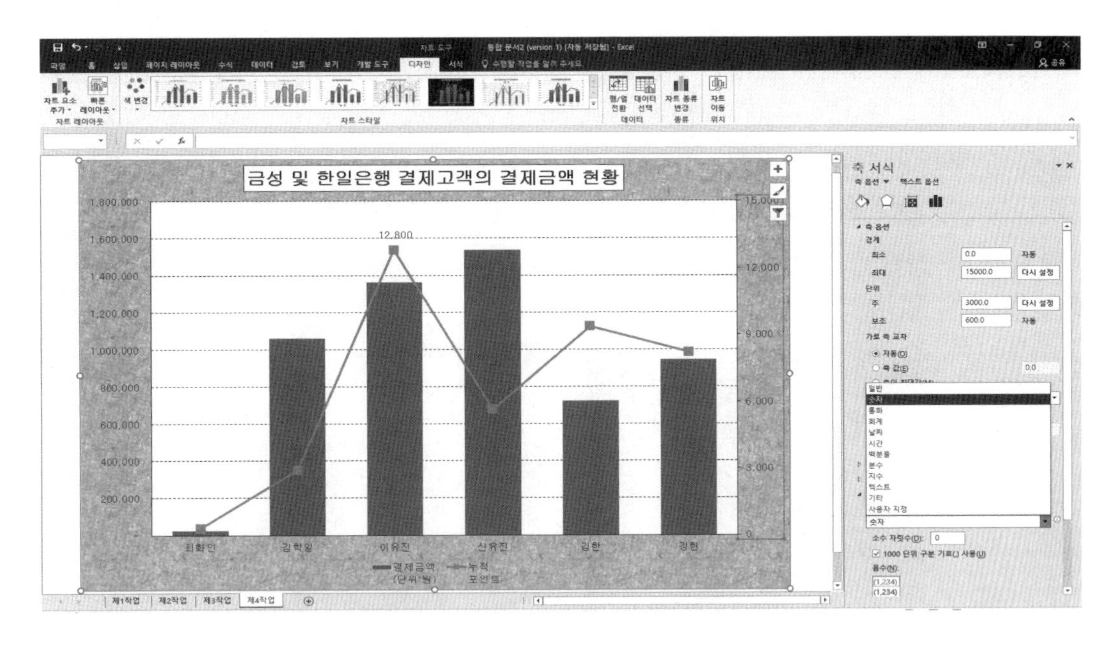

⑤ 조건 (8) 범례 ⇒ 범례명을 변경하고 ≪출력형태≫를 참조하시오.
- 범례를 선택한 다음 차트 도구의 디자인탭에서 데이터 선택을 클릭합니다.

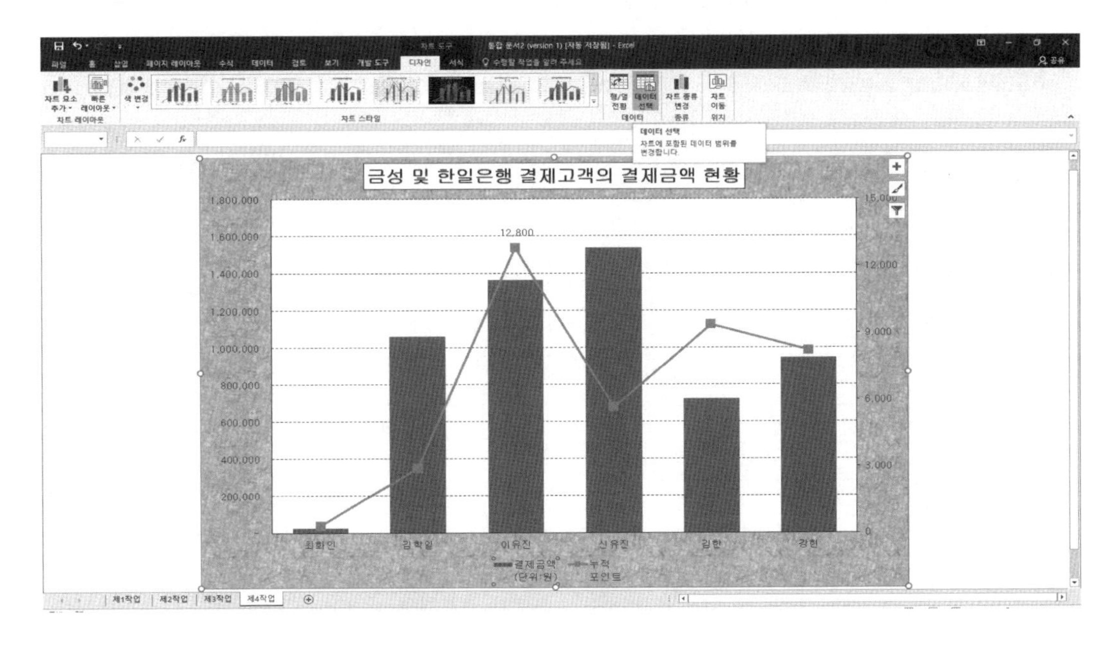

- 데이터 원본 선택 대화상자에서 범례 항목 계열에서 결제금액(단위:원)을 선택하고 편집을 클릭합니다.

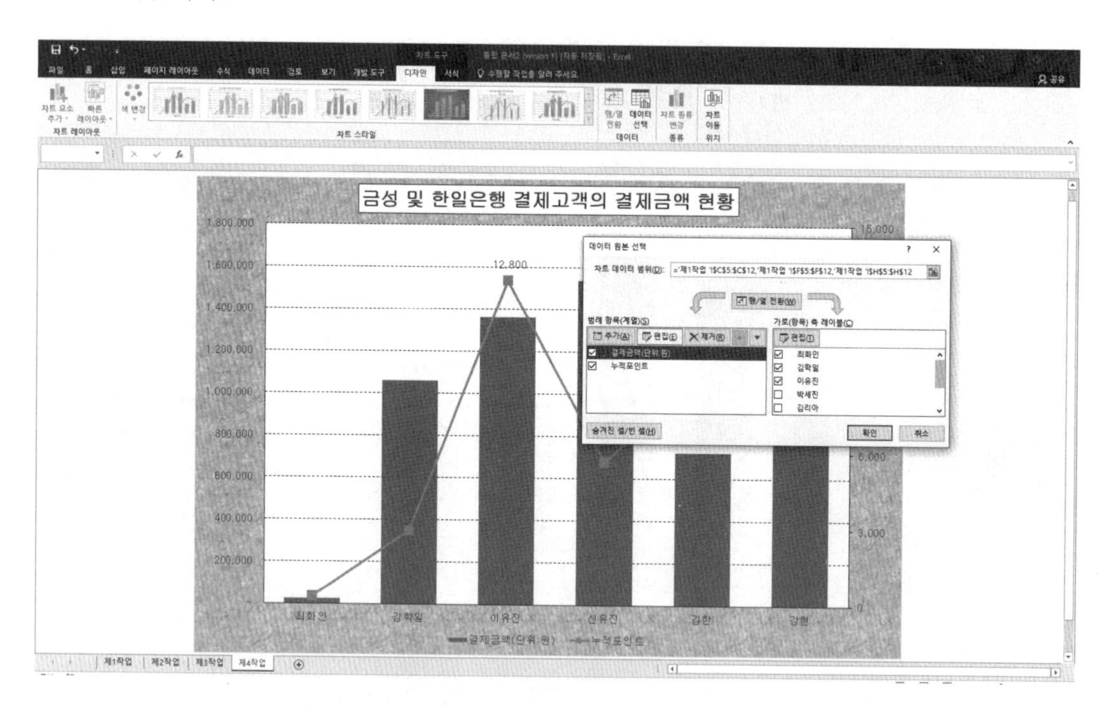

- 계열 편집 대화상자가 나오면 계열 이름을 한 줄로 입력하고 확인을 클릭합니다.

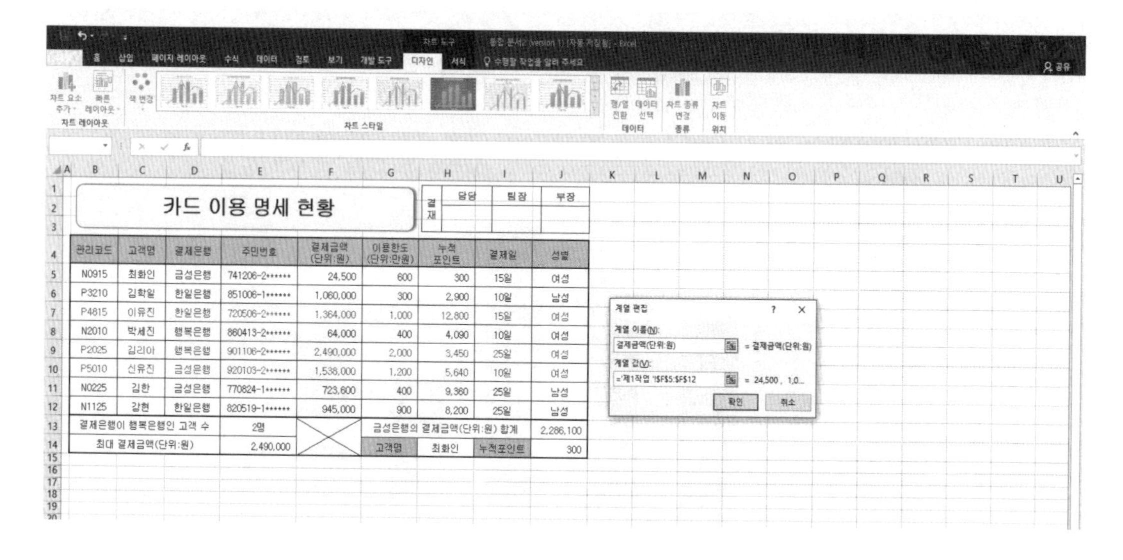

관리코드	고객명	결제은행	주민번호	결제금액(단위:원)	이용한도(단위:만원)	누적포인트	결제일	성별
N0915	최화인	금성은행	741206-2******	24,500	600	300	15일	여성
P3210	김학일	한일은행	851006-1******	1,060,000	300	2,900	10일	남성
P4815	이유진	한일은행	720506-2******	1,364,000	1,000	12,800	15일	여성
N2010	박세진	행복은행	860413-2******	64,000	400	4,090	10일	여성
P2025	김리아	행복은행	901106-2******	2,490,000	2,000	3,450	25일	여성
P5010	신유진	금성은행	920103-2******	1,538,000	1,200	5,640	10일	여성
N0225	김한	금성은행	770824-1******	723,600	400	9,360	25일	남성
N1125	강현	한일은행	820519-1******	945,000	900	8,200	25일	남성
결제은행이 행복은행인 고객 수			2명		금성은행의 결제금액(단위:원) 합계			2,286,100
최대 결제금액(단위:원)			2,490,000		고객명	최화인	누적포인트	300

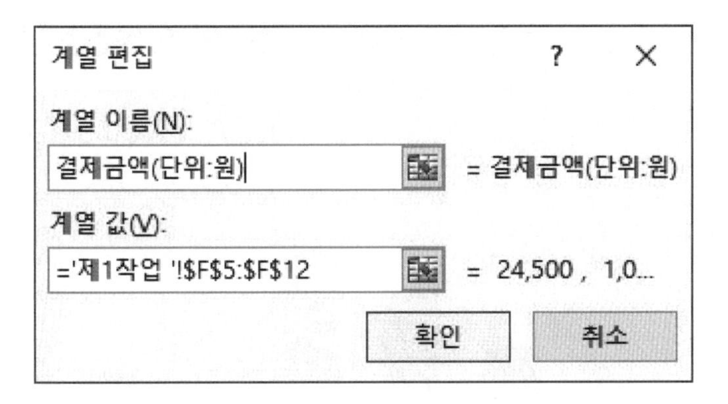

- 누적포인트도 동일한 방법으로 편집합니다.

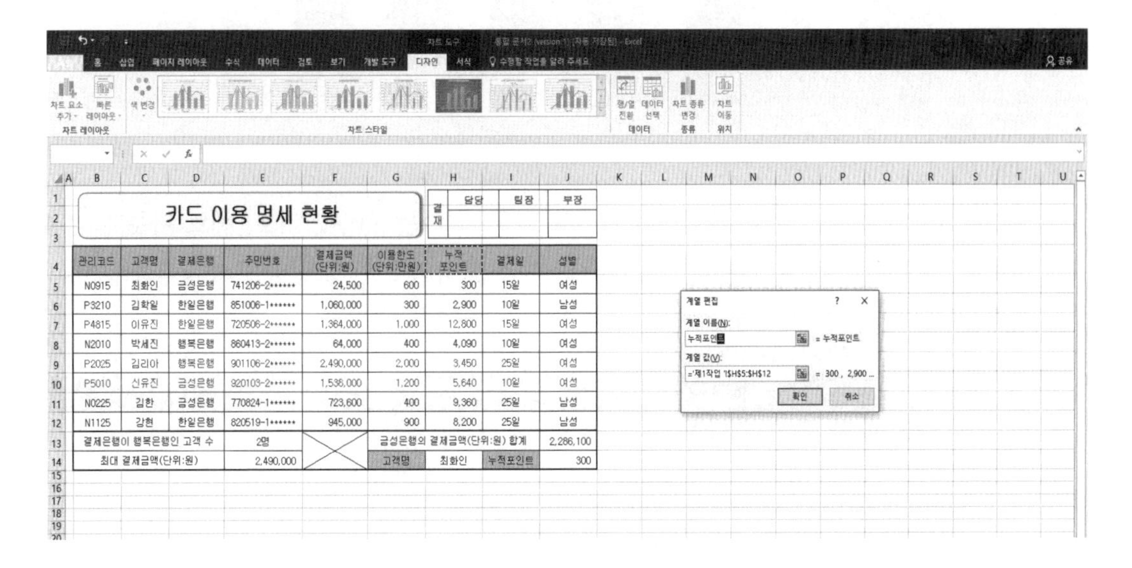

⑥ 조건 (9) 도형 ⇒ '모서리가 둥근 사각형 설명선'을 삽입한 후 ≪출력형태≫와 같이 내용을 입력하시오.

- 삽입탭에서 도형 목록 단추를 클릭하여 설명선 종류 중에서 모서리가 둥근 사각형 설명선을 선택하여 임의의 위치에 도형을 그립니다.

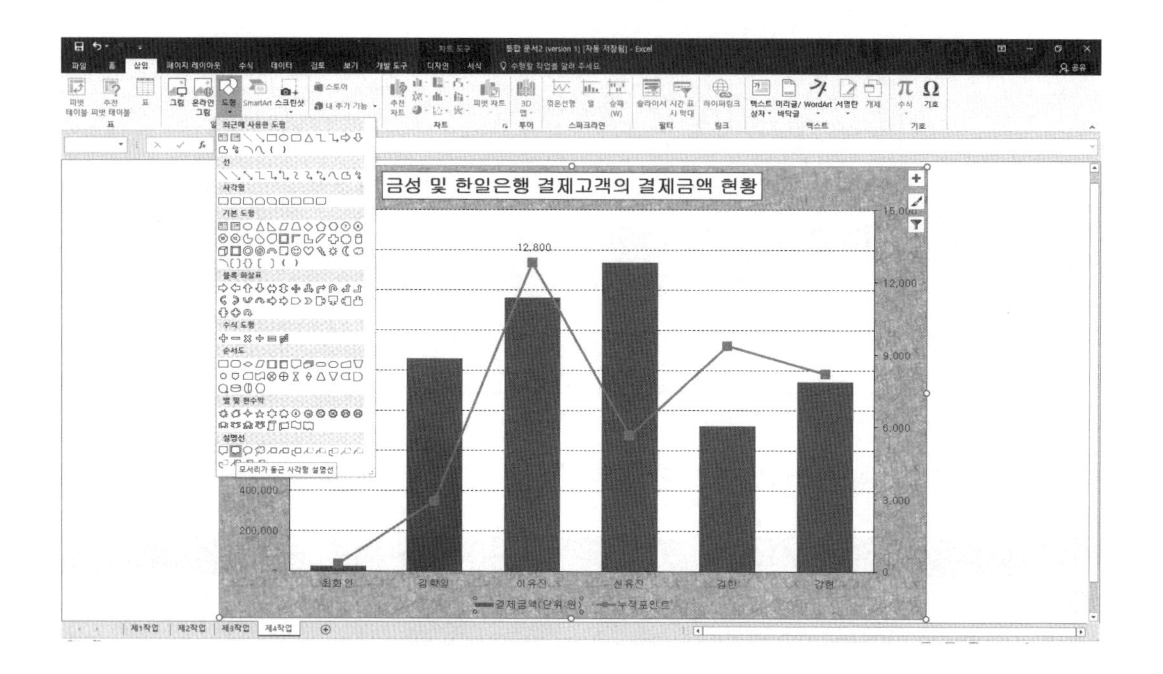

- 도형에 텍스트를 입력하고 홈탭에서 글꼴은 굴림, 크기는 11pt,, 가로, 세로 가운데 맞춤, 채우기 색은 자동, 글꼴 색은 자동으로 지정하고 도형의 노란 조절점을 ≪출력형태≫처럼 변경합니다.

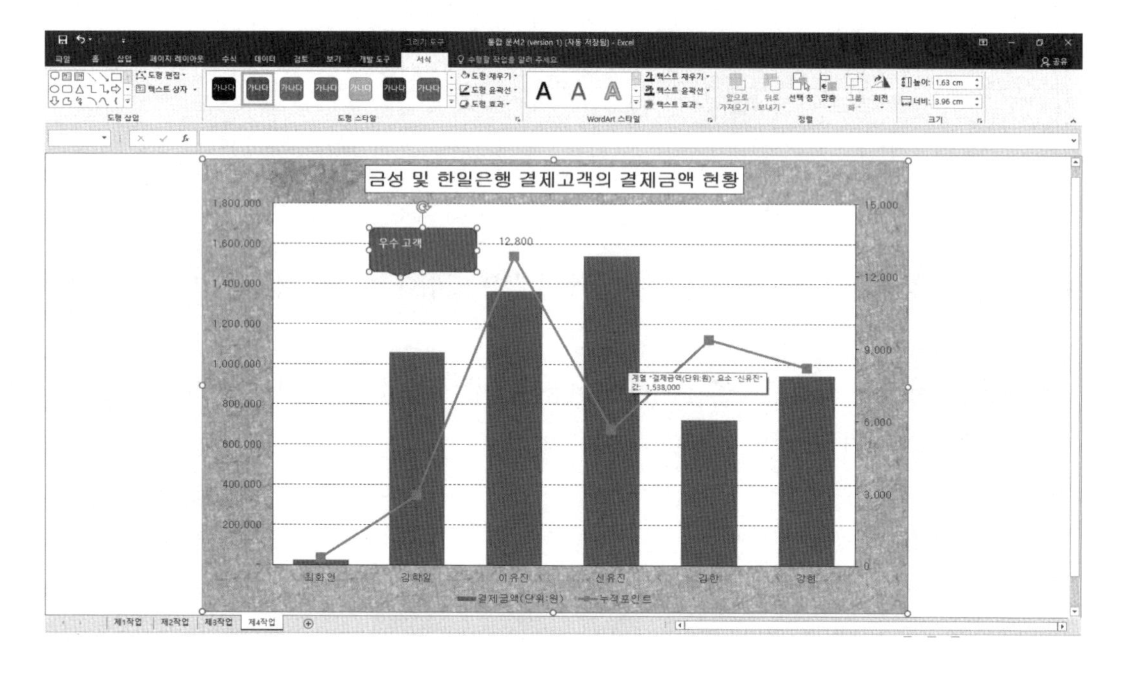

⑦ 조건 ⑽ 나머지 사항은 ≪출력형태≫에 맞게 작성하시오.

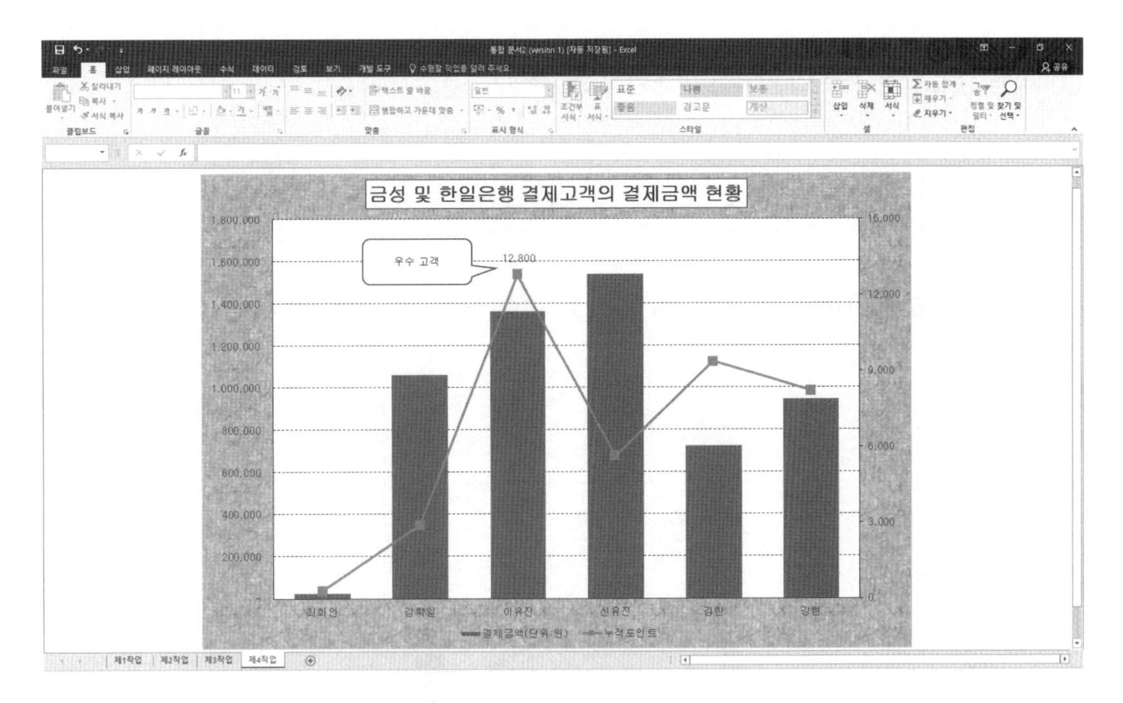

- ≪출력형태≫를 보고 조건 ⑴ 에서 조건 ⑼까지 작성된 내용을 확인합니다.

4. 퀴즈

(1) 다음 중 3차원 차트로 변경이 가능한 차트 유형은?

① 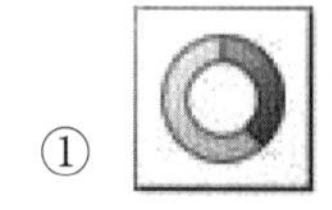 ② 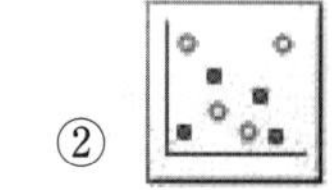 ③ 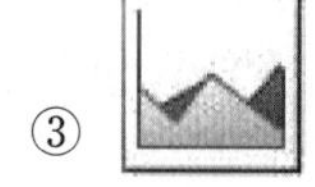 ④ 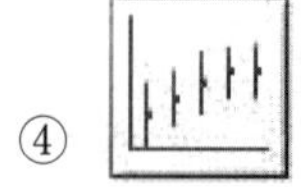

(2) 다음 중 아래의 차트에 대한 설명으로 옳지 않은 것은?

	A	B	C	D
1	구분	남	여	합계
2	1반	23	21	44
3	2반	22	25	47
4	3반	20	17	37
5	4반	21	19	40
6	합계	86	82	168

① 차트의 종류는 묶은 세로 막대형으로 계열 옵션의 '계열 겹치기'가 적용되었다.
② 각 [축 서식]에는 주 눈금은 '바깥쪽', 보조 눈금은 '안쪽'으로 표시되도록 설정되었다.
③ 데이터 계열로 "남"과 "여"가 사용되고 있다.
④ 데이터 원본으로 표 전체 영역이 사용되고 있다.

(3) 다음 중 차트에 대한 설명으로 옳지 않은 것은?

① 기본적으로 워크시트의 행과 열에서 숨겨진 데이터는 차트에 표시되지 않는다.
② 차트 제목, 가로/세로 축 제목, 범례, 그림 영역 등은 마우스로 드래그하여 이동할 수 있다.
③ 〈Ctrl〉키를 누른 상태에서 차트 크기를 조절하면 차트의 크기가 셀에 맞춰 조절된다.
④ 사용자가 자주 사용하는 차트 종류를 차트 서식 파일로 저장할 수 있다.

(4) 다음 중 아래의 차트에 표시되지 않은 차트의 구성 요소는?

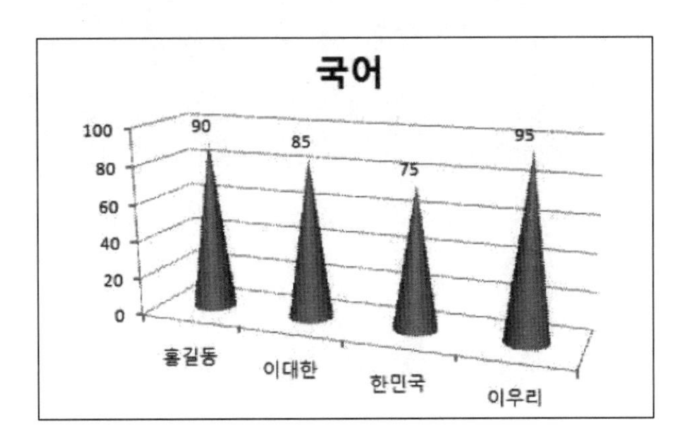

① 데이터 레이블 ② 데이터 계열 ③ 데이터 표 ④ 눈금선

(5) 다음 중 아래의 차트와 같이 데이터를 선으로 표시하여 데이터 계열의 총 값을 비교하고, 상호 관계를 살펴보고자 할 때 사용하는 차트 종류는?

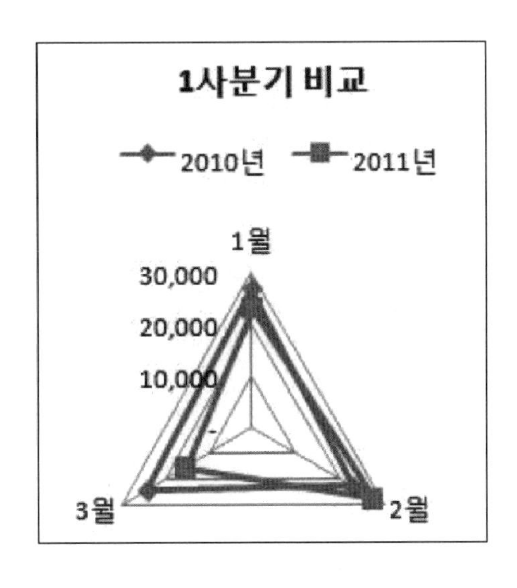

① 도넛형 차트 ② 방사형 차트 ③ 분산형 차트 ④ 주식형 차트

Chapter 06 기출문제

기출문제 1. 분야별 인기 검색어 현황

[제1작업] 표 서식 작성 및 값 계산 (240점)

☞ 다음은 '분야별 인기 검색어 현황'에 대한 자료이다. 자료를 입력하고 조건에 맞도록 작업하시오.

≪출력형태≫

분야별 인기 검색어 현황

확인	담당	팀장	이사

검색코드	검색어	분야	연령대	PC 클릭 수	모바일 클릭 비율	환산점수	순위	검색엔진
BO-112	인문 일반	도서	40대	2,950	28.5%	2.9	(1)	(2)
LH-361	차량 실내용품	생활/건강	30대	4,067	34.0%	4.1	(1)	(2)
BO-223	어린이 문학	도서	40대	2,432	52.6%	2.4	(1)	(2)
LH-131	먼지 차단 마스크	생활/건강	50대	4,875	78.5%	4.9	(1)	(2)
LC-381	국내 숙박	여가/생활편의	30대	1,210	48.9%	1.2	(1)	(2)
LH-155	안마기	생활/건강	60대	3,732	69.3%	3.7	(1)	(2)
BO-235	장르소설	도서	20대	4,632	37.8%	4.6	(1)	(2)
LC-122	꽃/케이크배달	여가/생활편의	30대	3,867	62.8%	3.9	(1)	(2)
어린이 문학 검색어의 환산점수			(3)		최대 모바일 클릭 비율			(5)
도서 분야의 PC 클릭 수 평균			(4)		검색어	인문 일반	PC 클릭 수	(6)

≪조건≫

○ 모든 데이터의 서식에는 글꼴(굴림, 11pt), 정렬은 숫자 및 회계 서식은 오른쪽 정렬, 나머지 서식은 가운데 정렬로 작성하며 예외적인 것은 ≪출력형태≫를 참조하시오.

○ 제 목 ⇒ 도형(배지)과 그림자(오프셋 오른쪽)를 이용하여 작성하고 "분야별 인기 검색어 현황"을 입력한 후 다음 서식을 적용하시오(글꼴-굴림, 24pt, 검정, 굵게, 채우기-노랑).
○ 임의의 셀에 결재란을 작성하여 그림으로 복사 기능을 이용하여 붙이기 하시오(단, 원본 삭제).
○ 「B4:J4, G14, I14」 영역은 '주황'으로 채우기 하시오.
○ 유효성 검사를 이용하여 「14」셀에 검색어(「5:C12」영역)가 선택 표시되도록 하시오.
○ 셀 서식 ⇒ 「F5:F12」영역에 셀 서식을 이용하여 숫자 뒤에 '회'를 표시하시오(예 : 2,950회).
○ 「G5:G12」영역에 대해 '클릭비율'로 이름정의를 하시오.

☞ (1)~(6) 셀은 반드시 **주어진 함수를 이용**하여 값을 구하시오(결과값을 직접 입력하면 해당 셀은 0점 처리됨).

(1) 순위 ⇒ 환산점수의 내림차순 순위를 구하시오(RANK.EQ 함수).
(2) 검색엔진 ⇒ 검색코드의 네 번째 글자가 1이면 '네이버', 2이면 '구글', 그 외에는 '다음'으로 구하시오(IF, MID 함수).
(3) 어린이 문학 검색어의 환산점수 ⇒ 결과값에 '점'을 붙이시오(INDEX, MATCH 함수, & 연산자) (예 : 4.5점)
(4) 도서 분야의 PC 클릭 수 평균 ⇒ 단, 조건은 입력데이터를 이용하시오(DAVERAGE 함수).
(5) 최대 모바일 클릭 비율 ⇒ 정의된 이름(클릭비율)을 이용하여 구하시오(LARGE 함수).
(6) PC 클릭 수 ⇒ 「H14」셀에서 선택한 검색어에 대한 PC 클릭 수를 구하시오(VLOOKUP 함수).
(7) 조건부 서식의 수식을 이용하여 PC 클릭 수가 '4,000' 이상인 행 전체에 다음의 서식을 적용하시오(글꼴 : 파랑, 굵게).

[제2작업] 목표값 찾기 및 필터 (80점)

☞ **"제1작업"** 시트의 「**B4:H12**」 영역을 복사하여 **"제2작업"** 시트의 「B2」셀부터 모두 붙여넣기를 한 후 다음의 조건과 같이 작업하시오.

≪조건≫

(1) 목표값 찾기 - 「B11:G11」 셀을 병합하여 "환산점수의 전체 평균"을 입력한 후 「11」셀에 환산점수의 전체 평균을 구하시오(AVERAGE 함수, 테두리, 가운데 맞춤).
- '환산점수의 전체 평균'이 '3.6'이 되려면 인문 일반의 환산점수가 얼마가 되어야 하는지 목표값을 구하시오.

(2) 고급필터 - 검색코드가 'L'로 시작하면서 모바일 클릭 비율이 '50%' 이상인 자료의 검색어, 분야, PC 클릭 수, 환산점수 데이터만 추출하시오.
- 조건 범위 : 「14」셀부터 입력하시오.
- 복사 위치 : 「18」셀부터 나타나도록 하시오.

[제3작업] 정렬 및 부분합 (80점)

☞ **"제1작업"** 시트의 「B4:H12」 영역을 복사하여 **"제3작업"** 시트의 「B2」셀부터 모두 붙여넣기를 한 후 다음의 조건과 같이 작업하시오.

≪조건≫

(1) 부분합 - ≪출력형태≫처럼 정렬하고, 검색어의 개수와 PC 클릭 수의 평균을 구하시오.

(2) 개요 - 지우시오.

(3) 나머지 사항은 ≪출력형태≫에 맞게 작성하시오.

≪출력형태≫

	A	B	C	D	E	F	G	H
1								
2		검색코드	검색어	분야	연령대	PC 클릭 수	모바일 클릭 비율	환산점수
3		LC-381	국내 숙박	여가/생활편의	30대	1,210회	48.9%	1.2
4		LC-122	꽃/케이크배달	여가/생활편의	30대	3,867회	62.8%	3.9
5				여가/생활편의 평균		2,539회		
6			2	여가/생활편의 개수				
7		LH-361	차량 실내용품	생활/건강	30대	4,067회	34.0%	4.1
8		LH-131	먼지 차단 마스크	생활/건강	50대	4,875회	78.5%	4.9
9		LH-155	안마기	생활/건강	60대	3,732회	69.3%	3.7
10				생활/건강 평균		4,225회		
11			3	생활/건강 개수				
12		BO-112	인문 일반	도서	40대	2,950회	28.5%	2.9
13		BO-223	어린이 문학	도서	40대	2,432회	52.6%	2.4
14		BO-235	장르소설	도서	20대	4,632회	37.8%	4.6
15				도서 평균		3,338회		
16			3	도서 개수				
17				전체 평균		3,471회		
18			8	전체 개수				
19								

[제4작업] 그래프 (100점)

☞ **"제1작업"** 시트를 이용하여 조건에 따라 ≪출력형태≫와 같이 작업하시오.

≪조건≫

(1) 차트 종류 ⇒ 〈묶은 세로 막대형〉으로 작업하시오.

(2) 데이터 범위 ⇒ "제1작업" 시트의 내용을 이용하여 작업하시오.

(3) 위치 ⇒ "새 시트"로 이동하고, "제4작업"으로 시트 이름을 바꾸시오.

(4) 차트 디자인 도구 ⇒ 레이아웃 3, 스타일 1을 선택하여 ≪출력형태≫에 맞게 작업하시오.

(5) 영역 서식 ⇒ 차트 : 글꼴(굴림, 11pt), 채우기 효과(질감-파랑 박엽지)
그림 : 채우기(흰색, 배경1)

(6) 제목 서식 ⇒ 차트 제목 : 글꼴(굴림, 굵게, 20pt), 채우기(흰색, 배경1), 테두리

(7) 서식 ⇒ PC 클릭 수 계열의 차트 종류를 〈표식이 있는 꺾은선형〉으로 변경한 후 보조 축으로 지정하시오.
계열 : ≪출력형태≫를 참조하여 표식(세모, 크기 10)과 레이블 값을 표시하시오.
눈금선 : 선 스타일-파선, 축 : ≪출력형태≫를 참조하시오.

(8) 범례 ⇒ 범례명을 변경하고 ≪출력형태≫를 참조하시오.

(9) 도형 ⇒ '모서리가 둥근 사각형 설명선'을 삽입한 후 ≪출력형태≫와 같이 내용을 입력하시오.

(10) 나머지 사항은 ≪출력형태≫에 맞게 작성하시오.

≪출력형태≫

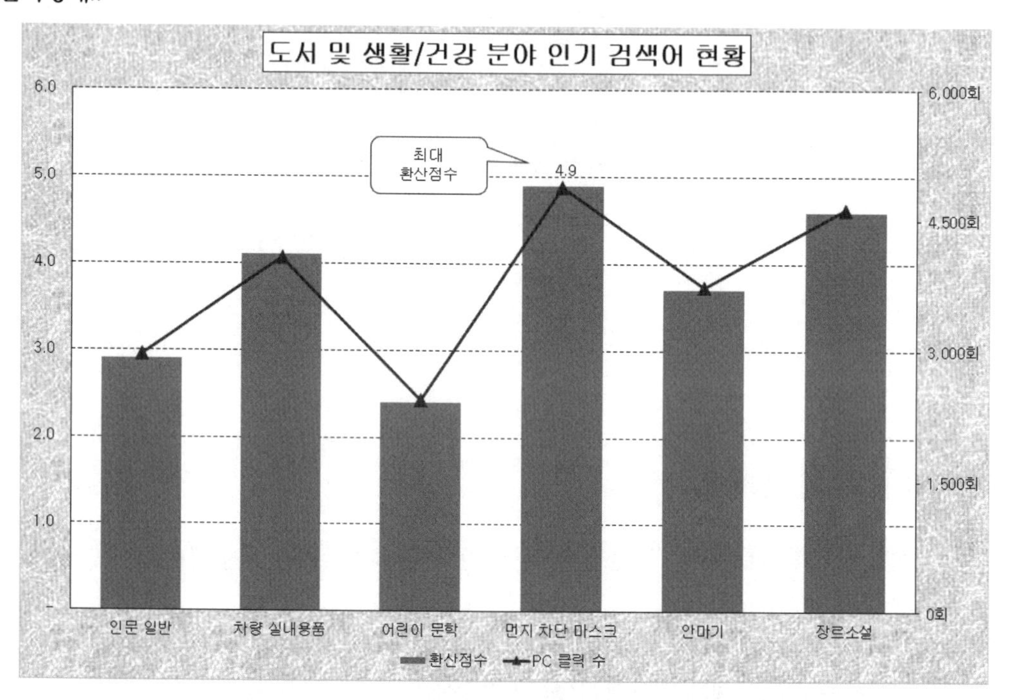

주의 ☞ 시트명 순서가 차례대로 "제1작업", "제2작업", "제3작업", "제4작업"이 되도록 할 것.

기출문제 2. 세계의 마천루 빌딩 현황

[제1작업] 표 서식 작성 및 값 계산 (240점)

☞ **다음은 '세계의 마천루 빌딩 현황'에 대한 자료이다. 자료를 입력하고 조건에 맞도록 작업하시오.**

≪출력형태≫

세계의 마천루 빌딩 현황

확인	담당	팀장	부장

건물코드	건물명	주요 용도	완공 연도	높이	층수	연면적 (제곱미터)	순위	지역
FC-452	CTF 빌딩	사무/호텔	2015년	530	111	398,000	(1)	(2)
TC-143	제1 세계무역센터	사무/관광	2013년	541	108	325,279	(1)	(2)
PA-212	핑안 국제금융센터	사무/호텔	2017년	599	115	385,918	(1)	(2)
SH-122	상하이 타워	사무/관광	2015년	632	128	380,000	(1)	(2)
BR-341	부르즈 할리파	사무/호텔/주거	2010년	830	130	344,000	(1)	(2)
AB-211	아브라즈 알 바이트	사무/호텔/주거	2012년	601	120	310,638	(1)	(2)
TC-422	타이베이 101	사무/관광	2004년	509	101	412,500	(1)	(2)
LT-102	롯데월드타워	사무/호텔/주거	2016년	556	123	328,351	(1)	(2)
주요 용도에 호텔이 포함된 건물의 개수			(3)		최대 연면적(제곱미터)			(5)
아브라즈 알 바이트의 층수			(4)		건물명	CTF 빌딩	연면적 (제곱미터)	(6)

≪조건≫

○ 모든 데이터의 서식에는 글꼴(굴림, 11pt), 정렬은 숫자 및 회계 서식은 오른쪽 정렬, 나머지 서식은 가운데 정렬로 작성하며 예외적인 것은 ≪출력형태≫를 참조하시오.

○ 제 목 ⇒ 도형(육각형)과 그림자(오프셋 오른쪽)를 이용하여 작성하고 "세계의 마천루 빌딩 현황"을 입력한 후 다음 서식을 적용하시오
(글꼴-굴림, 24pt, 검정, 굵게, 채우기-노랑).

○ 임의의 셀에 결재란을 작성하여 그림으로 복사 기능을 이용하여 붙이기 하시오(단, 원본 삭제).

○ 「B4:J4, G14, I14」 영역은 '주황'으로 채우기 하시오.

○ 유효성 검사를 이용하여 「14」셀에 건물명(「5:C12」영역)이 선택 표시되도록 하시오.

○ 셀 서식 ⇒ 「F5:F12」영역에 셀 서식을 이용하여 숫자 뒤에 'm'를 표시하시오(예 : 530m).

○ 「D5:D12」영역에 대해 '용도'로 이름정의를 하시오.

☞ (1)~(6) 셀은 반드시 **주어진 함수를 이용**하여 값을 구하시오(결과값을 직접 입력하면 해당 셀은 0점 처리됨).

(1) 순위 ⇒ 높이의 내림차순 순위를 구한 결과값에 '위'를 붙이시오
(RANK.EQ 함수, & 연산자)(예 : 1위).

(2) 지역 ⇒ 건물코드의 마지막 글자가 1이면 '서아시아', 2이면 '동아시아', 3이면 '미주'로 구하시오
(CHOOSE, RIGHT 함수).

(3) 주요 용도에 호텔이 포함된 건물의 개수 ⇒ 정의된 이름(용도)을 이용하여 구하시오
(COUNTIF 함수).

(4) 아브라즈 알 바이트의 층수 ⇒ (INDEX, MATCH 함수)

(5) 최대 연면적(제곱미터) ⇒ (MAX 함수)

(6) 연면적(제곱미터) ⇒ 「H14」셀에서 선택한 건물명에 대한 연면적(제곱미터)를 구하시오
(VLOOKUP 함수).

(7) 조건부 서식의 수식을 이용하여 연면적(제곱미터)이 '380,000' 이상인 행 전체에 다음의 서식을 적용하시오(글꼴 : 파랑, 굵게).

[제2작업] 목표값 찾기 및 필터 (80점)

☞ **"제1작업"** 시트의 **「B4:H12」**영역을 복사하여 **"제2작업"** 시트의 「B2」셀부터 모두 붙여넣기를 한 후 다음의 조건과 같이 작업하시오.

≪조건≫

(1) 목표값 찾기 - 「11:G11」셀을 병합하여 "연면적(제곱미터)의 전체 평균"을 입력한 후 「11」셀에 연면적(제곱미터)의 전체 평균을 구하시오
(AVERAGE 함수, 테두리, 가운데 맞춤).
- '연면적(제곱미터)의 전체 평균'이 '361,000'가 되려면 CTF 빌딩의 연면적(제곱미터)이 얼마가 되어야 하는지 목표값을 구하시오.

(2) 고급필터 - 건물코드가 'T'로 시작하거나 높이가 '800' 이상인 자료의 건물명, 높이, 층수, 연면적(제곱미터) 데이터만 추출하시오.
- 조건 범위 : 「14」셀부터 입력하시오.
- 복사 위치 : 「18」셀부터 나타나도록 하시오.

[제3작업] 정렬 및 부분합 (80점)

☞ **"제1작업"** 시트의 「B4:H12」영역을 복사하여 **"제3작업"** 시트의 「B2」셀부터 모두 붙여넣기를 한 후 다음의 조건과 같이 작업하시오.

≪조건≫

(1) 부분합 - ≪출력형태≫처럼 정렬하고, 건물명의 개수와 연면적(제곱미터)의 평균을 구하시오.

(2) 윤곽 - 지우시오.

(3) 나머지 사항은 ≪출력형태≫에 맞게 작성하시오.

≪출력형태≫

	A	B	C	D	E	F	G	H
1								
2		건물코드	건물명	주요 용도	완공 연도	높이	층수	연면적 (제곱미터)
3		BR-341	부르즈 할리파	사무/호텔/주거	2010년	830m	130	344,000
4		AB-211	아브라즈 알 바이트	사무/호텔/주거	2012년	601m	120	310,638
5		LT-102	롯데월드타워	사무/호텔/주거	2016년	556m	123	328,351
6				사무/호텔/주거 평균				327,663
7			3	사무/호텔/주거 개수				
8		FC-452	CTF 빌딩	사무/호텔	2015년	530m	111	398,000
9		PA-212	핑안 국제금융센터	사무/호텔	2017년	599m	115	385,918
10				사무/호텔 평균				391,959
11			2	사무/호텔 개수				
12		TC-143	제1 세계무역센터	사무/관광	2013년	541m	108	325,279
13		SH-122	상하이 타워	사무/관광	2015년	632m	128	380,000
14		TC-422	타이베이 101	사무/관광	2004년	509m	101	412,500
15				사무/관광 평균				372,593
16			3	사무/관광 개수				
17				전체 평균				360,586
18			8	전체 개수				
19								

[제4작업] 그래프 (100점)

☞ **"제1작업"** 시트를 이용하여 조건에 따라 ≪출력형태≫와 같이 작업하시오.

≪조건≫

(1) 차트 종류 ⇒ 〈묶은 세로 막대형〉으로 작업하시오.

(2) 데이터 범위 ⇒ "제1작업" 시트의 내용을 이용하여 작업하시오.

(3) 위치 ⇒ "새 시트"로 이동하고, "제4작업"으로 시트 이름을 바꾸시오.

(4) 차트 디자인 도구 ⇒ 레이아웃 3, 스타일 1을 선택하여 ≪출력형태≫에 맞게 작업하시오.
(5) 영역 서식 ⇒ 차트 : 글꼴(굴림, 11pt), 채우기 효과(질감-파랑 박엽지)
그림 : 채우기(흰색, 배경1)
(6) 제목 서식 ⇒ 차트 제목 : 글꼴(굴림, 굵게, 20pt), 채우기(흰색, 배경1), 테두리
(7) 서식 ⇒ 높이 계열의 차트 종류를 〈표식이 있는 꺾은선형〉으로 변경한 후 보조 축으로 지정하시오.
계열 : ≪출력형태≫를 참조하여 표식(세모, 크기 10)과 레이블 값을 표시하시오.
눈금선 : 선 스타일-파선
축 : ≪출력형태≫를 참조하시오.
(8) 범례 ⇒ 범례명을 변경하고 ≪출력형태≫를 참조하시오.
(9) 도형 ⇒ '모서리가 둥근 사각형 설명선'을 삽입한 후 ≪출력형태≫와 같이 내용을 입력하시오.
(10) 나머지 사항은 ≪출력형태≫에 맞게 작성하시오.

≪출력형태≫

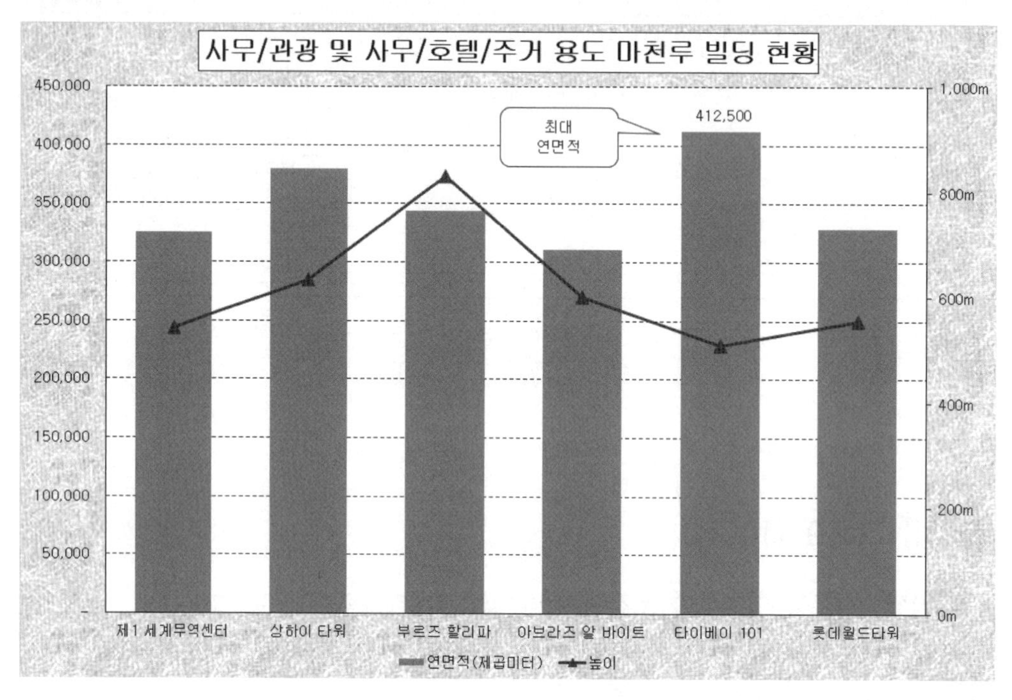

주의 ☞ 시트명 순서가 차례대로 "제1작업", "제2작업", "제3작업", "제4작업"이 되도록 할 것.

기출문제 3. 관심 상품 TOP8 현황

[제1작업] 표 서식 작성 및 값 계산 (240점)

☞ **다음은 '관심 상품 TOP8 현황'에 대한 자료이다. 자료를 입력하고 조건에 맞도록 작업하시오.**

≪출력형태≫

관심 상품 TOP8 현황

결재	담당	대리	팀장

상품코드	상품명	제조사	분류	가격	점수 (5점 만점)	조회수	순위	상품평 차트
EA4-475	베이킹소다	JWP	생활용품	4,640	4.6	23,869	(1)	(2)
SF4-143	모이스쳐페이셜크림	ANS	뷰티	19,900	4.5	10,967	(1)	(2)
QA4-548	샘물 12개	MB	식품	6,390	4.5	174,320	(1)	(2)
PF4-525	멸균흰우유 10개	MB	식품	17,800	4.2	18,222	(1)	(2)
KE4-124	퍼펙트클렌징폼	ANS	뷰티	7,150	4.5	14,825	(1)	(2)
DA7-125	섬유유연제	JWP	생활용품	14,490	4.2	52,800	(1)	(2)
PF4-122	즉석밥 세트	ANS	식품	17,650	5.0	30,763	(1)	(2)
WF1-241	롤화장지	JWP	생활용품	8,560	4.0	12,870	(1)	(2)
최저 가격			(3)		생활용품 조회수 합계			(5)
뷰티 상품 개수			(4)		상품코드	EA4-475	점수 (5점 만점)	(6)

≪조건≫

○ 모든 데이터의 서식에는 글꼴(굴림, 11pt), 정렬은 숫자 및 회계 서식은 오른쪽 정렬, 나머지 서식은 가운데 정렬로 작성하며 예외적인 것은 ≪출력형태≫를 참조하시오.

○ 제 목 ⇒ 도형(평행 사변형)과 그림자(오프셋 오른쪽)를 이용하여 작성하고 "관심 상품 TOP8 현황"을 입력한 후 다음 서식을 적용하시오
(글꼴-굴림, 24pt, 검정, 굵게, 채우기-노랑).

○ 임의의 셀에 결재란을 작성하여 그림으로 복사 기능을 이용하여 붙이기 하시오(단, 원본 삭제).

○ 「B4:J4, G14, I14」 영역은 '주황'으로 채우기 하시오.

○ 유효성 검사를 이용하여 「14」셀에 상품코드(「5:B12」영역)가 선택 표시되도록 하시오.

○ 셀 서식 ⇒ 「F5:F12」영역에 셀 서식을 이용하여 숫자 뒤에 '원'을 표시하시오(예 : 4,640원).

○ 「E5:E12」영역에 대해 '분류'로 이름정의를 하시오.

☞ (1)~(6) 셀은 반드시 **주어진 함수를 이용**하여 값을 구하시오(결과값을 직접 입력하면 해당 셀은 0점 처리됨).

(1) 순위 ⇒ 가격의 내림차순 순위를 1~3까지만 구하고 그 외에는 공백으로 표현하시오 (IF, RANK.EQ 함수).

(2) 상품평 차트 ⇒ 점수(5점 만점)를 반올림하여 정수로 구한 값의 수만큼 '★'을 표시하시오 (REPT, ROUND 함수)(예 : 4.5 → ★★★★★).

(3) 최저 가격 ⇒ (MIN 함수)

(4) 뷰티 상품 개수 ⇒ 정의된 이름(분류)을 이용하여 구한 결과값에 '개'를 붙이시오(COUNTIF 함수, & 연산자)(예 : 1개).

(5) 생활용품 조회수 합계 ⇒ 조건은 입력데이터를 이용하시오(DSUM 함수).

(6) 점수(5점 만점) ⇒ 「H14」셀에서 선택한 상품코드에 대한 점수(5점 만점)를 구하시오(VLOOKUP 함수).

(7) 조건부 서식의 수식을 이용하여 가격이 '8,000' 이하인 행 전체에 다음의 서식을 적용하시오(글꼴 : 파랑, 굵게).

[제2작업] 목표값 찾기 및 필터 (80점)

☞ **"제1작업"** 시트의 「**B4:H12**」영역을 복사하여 **"제2작업"** 시트의 「B2」셀부터 모두 붙여넣기를 한 후 다음의 조건과 같이 작업하시오.

≪조건≫

(1) 목표값 찾기 - 「11:G11」셀을 병합하여 "제조사 JWP 상품의 가격 평균"을 입력한 후 「11」셀에 제조사 JWP 상품의 가격 평균을 구하시오. 단, 조건은 입력데이터를 이용하시오 (DAVERAGE 함수, 테두리, 가운데 맞춤).

- '제조사 JWP 상품의 가격 평균'이 '9,500'이 되려면 베이킹소다의 가격이 얼마가 되어야 하는지 목표값을 구하시오.

(2) 고급필터 - 상품코드가 'P'로 시작하거나 조회수가 '100,000' 이상인 자료의 상품명, 제조사, 가격, 점수(5점 만점) 데이터만 추출하시오.

- 조건 범위 : 「14」셀부터 입력하시오.
- 복사 위치 : 「18」셀부터 나타나도록 하시오.

[제3작업] 정렬 및 부분합 (80점)

☞ **"제1작업"** 시트의 「B4:H12」영역을 복사하여 **"제3작업"** 시트의 「B2」셀부터 모두 붙여넣기를 한 후 다음의 조건과 같이 작업하시오.

≪조건≫

(1) 부분합 - ≪출력형태≫처럼 정렬하고, 상품명의 개수와 가격의 평균을 구하시오.

(2) 윤곽 - 지우시오.

(3) 나머지 사항은 ≪출력형태≫에 맞게 작성하시오.

≪출력형태≫

	A	B	C	D	E	F	G	H
1								
2		상품코드	상품명	제조사	분류	가격	점수 (5점 만점)	조회수
3		QA4-548	샘물 12개	MB	식품	6,390원	4.5	174,320
4		PF4-525	멸균흰우유 10개	MB	식품	17,800원	4.2	18,222
5		PF4-122	즉석밥 세트	ANS	식품	17,650원	5.0	30,763
6					식품 평균	13,947원		
7			3		식품 개수			
8		EA4-475	베이킹소다	JWP	생활용품	4,640원	4.6	23,869
9		DA7-125	섬유유연제	JWP	생활용품	14,490원	4.2	52,800
10		WF1-241	롤화장지	JWP	생활용품	8,560원	4.0	12,870
11					생활용품 평균	9,230원		
12			3		생활용품 개수			
13		SF4-143	모이스쳐페이셜크림	ANS	뷰티	19,900원	4.5	10,967
14		KE4-124	퍼펙트클렌징폼	ANS	뷰티	7,150원	4.5	14,825
15					뷰티 평균	13,525원		
16			2		뷰티 개수			
17					전체 평균	12,073원		
18			8		전체 개수			
19								

[제4작업] 그래프 (100점)

☞ **"제1작업"** 시트를 이용하여 조건에 따라 ≪출력형태≫와 같이 작업하시오.

≪조건≫

(1) 차트 종류 ⇒ 〈묶은 세로 막대형〉으로 작업하시오.

(2) 데이터 범위 ⇒ "제1작업" 시트의 내용을 이용하여 작업하시오.

(3) 위치 ⇒ "새 시트"로 이동하고, "제4작업"으로 시트 이름을 바꾸시오.

(4) 차트 디자인 도구 ⇒ 레이아웃 3, 스타일 1을 선택하여 ≪출력형태≫에 맞게 작업하시오.

(5) 영역 서식 ⇒ 차트 : 글꼴(굴림, 11pt), 채우기 효과(질감-파랑 박엽지)
　　　　　　　그림 : 채우기(흰색, 배경1)

(6) 제목 서식 ⇒ 차트 제목 : 글꼴(굴림, 굵게, 20pt), 채우기(흰색, 배경1), 테두리

(7) 서식 ⇒ 점수(5점 만점) 계열의 차트 종류를 〈표식이 있는 꺾은선형〉으로 변경한 후 보조 축으로 지정하시오.

계열 : ≪출력형태≫를 참조하여 표식(세모, 크기 10)과 레이블 값을 표시하시오.

눈금선 : 선 스타일-파선

축 : ≪출력형태≫를 참조하시오.

(8) 범례 ⇒ 범례명을 변경하고 ≪출력형태≫를 참조하시오.

(9) 도형 ⇒ '모서리가 둥근 사각형 설명선'을 삽입한 후 ≪출력형태≫와 같이 내용을 입력하시오.

(10) 나머지 사항은 ≪출력형태≫에 맞게 작성하시오.

≪출력형태≫

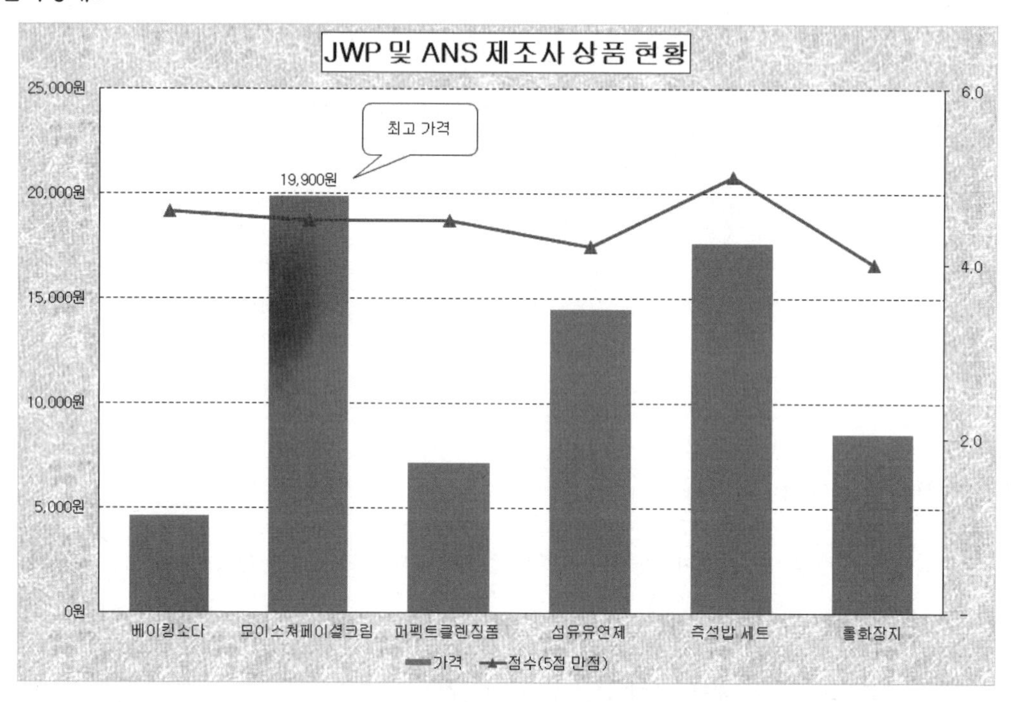

주의 ☞ 시트명 순서가 차례대로 "제1작업", "제2작업", "제3작업", "제4작업"이 되도록 할 것.

기출문제 4. ICT 기반 스마트 팜 현황

[제1작업] 표 서식 작성 및 값 계산 (240점)

☞ **다음은 'ICT 기반 스마트 팜 현황'에 대한 자료이다. 자료를 입력하고 조건에 맞도록 작업하시오.**

≪출력형태≫

ICT 기반 스마트 팜 현황

결재	담당	팀장	센터장

관리코드	품목명	ICT 제어수준	시공업체	운영기간(년)	시공비(단위:천원)	농가면적	순위	도입연도
SW4-118	수박	관수제어	JUM	4.1	1,580	6,800	(1)	(2)
PZ3-124	감귤	관수제어	GRN	1.7	3,250	12,500	(1)	(2)
HG7-521	포도	관수/병해충제어	GRN	1.5	3,150	11,500	(1)	(2)
LM6-119	망고	병해충제어	JUM	3.1	1,600	7,550	(1)	(2)
KB8-518	딸기	관수/병해충제어	SEON	4.2	1,850	8,250	(1)	(2)
PA5-918	사과	관수제어	GRN	4.2	1,550	5,250	(1)	(2)
PE2-422	복숭아	병해충제어	JUM	2.5	1,200	3,200	(1)	(2)
LS6-719	배	관수/병해충제어	SEON	3.2	2,000	8,500	(1)	(2)
관수제어 시공비(단위:천원)의 합계			(3)		최대 농가면적			(5)
병해충제어 농가면적 평균			(4)		관리코드	SW4-118	시공비(단위:천원)	(6)

≪조건≫

○ 모든 데이터의 서식에는 글꼴(굴림, 11pt), 정렬은 숫자 및 회계 서식은 오른쪽 정렬, 나머지 서식은 가운데 정렬로 작성하며 예외적인 것은 ≪출력형태≫를 참조하시오.

○ 제 목 ⇒ 도형(가로로 말린 두루마리 모양)과 그림자(오프셋 오른쪽)를 이용하여 작성하고 "ICT 기반 스마트 팜 현황"을 입력한 후 다음 서식을 적용하시오
(글꼴-굴림, 24pt, 검정, 굵게, 채우기-노랑).

○ 임의의 셀에 결재란을 작성하여 그림으로 복사 기능을 이용하여 붙이기 하시오(단, 원본 삭제).

○ 「B4:J4, G14, I14」 영역은 '주황'으로 채우기 하시오.

○ 유효성 검사를 이용하여 「14」셀에 관리코드(「5:B12」영역)가 선택 표시되도록 하시오.

○ 셀 서식 ⇒ 「H5:H12」영역에 셀 서식을 이용하여 숫자 뒤에 '평'을 표시하시오(예 : 6,800평).

○ 「H5:H12」영역에 대해 '농가면적'으로 이름정의를 하시오.

☞ (1)~(6) 셀은 반드시 **주어진 함수를 이용**하여 값을 구하시오(결과값을 직접 입력하면 해당 셀은 0점 처리됨).

(1) 순위 ⇒ 시공비(단위:천원)의 내림차순 순위를 1~3까지만 구하고 그 외에는 공백으로 표현하시오 (IF, RANK.EQ 함수).

(2) 도입연도 ⇒ 「관리코드의 마지막 두 글자+2,000」으로 구한 후 결과값에 '년'을 붙이시오 (RIGHT 함수, & 연산자)(예 : 2022년).

(3) 관수제어 시공비(단위:천원)의 합계 ⇒ 조건은 입력데이터를 이용하시오(DSUM 함수).

(4) 병해충제어 농가면적 평균 ⇒ 정의된 이름(농가면적)을 이용하여 구하시오 (SUMIF, COUNTIF 함수).

(5) 최대 농가면적 ⇒ (LARGE 함수)

(6) 시공비(단위:천원) ⇒ 「H14」셀에서 선택한 관리코드에 대한 시공비(단위:천원)를 구하시오 (VLOOKUP 함수).

(7) 조건부 서식의 수식을 이용하여 시공비(단위:천원)가 '3,000' 이상인 행 전체에 다음의 서식을 적용하시오(글꼴 : 파랑, 굵게).

[제2작업] 목표값 찾기 및 필터 (80점)

☞ **"제1작업"** 시트의 **「B4:H12」**영역을 복사하여 **"제2작업"** 시트의 「B2」셀부터 모두 붙여넣기를 한 후 다음의 조건과 같이 작업하시오.

≪조건≫

(1) 목표값 찾기 - 「11:G11」셀을 병합하여 "시공업체 JUM 품목의 시공비(단위:천원) 평균"을 입력한 후 「11」셀에 시공업체 JUM 품목의 시공비(단위:천원) 평균을 구하시오. 단, 조건은 입력데이터를 이용하시오(DAVERAGE 함수, 테두리, 가운데 맞춤).
- '시공업체 JUM 품목의 시공비(단위:천원) 평균'이 '1,500'이 되려면 수박의 시공비(단위:천원)가 얼마가 되어야 하는지 목표값을 구하시오.

(2) 고급필터 - 관리코드가 'L'로 시작하거나 농가면적이 '5,000' 이하인 자료의 품목명, 운영기간(년), 시공비(단위:천원), 농가면적 데이터만 추출하시오.
- 조건 범위 : 「14」셀부터 입력하시오.
- 복사 위치 : 「18」셀부터 나타나도록 하시오.

[제3작업] 정렬 및 부분합 (80점)

☞ **"제1작업"** 시트의 「B4:H12」영역을 복사하여 **"제3작업"** 시트의 「B2」셀부터 모두 붙여넣기를 한 후 다음의 조건과 같이 작업하시오.

≪조건≫

(1) 부분합 - ≪출력형태≫처럼 정렬하고, 품목명의 개수와 시공비(단위:천원)의 평균을 구하시오.

(2) 윤곽 - 지우시오.

(3) 나머지 사항은 ≪출력형태≫에 맞게 작성하시오.

≪출력형태≫

관리코드	품목명	ICT 제어수준	시공업체	운영기간 (년)	시공비 (단위:천원)	농가면적
KB8-518	딸기	관수/병해충제어	SEON	4.2	1,850	8,250평
LS6-719	배	관수/병해충제어	SEON	3.2	2,000	8,500평
			SEON 평균		1,925	
	2		SEON 개수			
SW4-118	수박	관수제어	JUM	4.1	1,580	6,800평
LM6-119	망고	병해충제어	JUM	3.1	1,600	7,550평
PE2-422	복숭아	병해충제어	JUM	2.5	1,200	3,200평
			JUM 평균		1,460	
	3		JUM 개수			
PZ3-124	감귤	관수제어	GRN	1.7	3,250	12,500평
HG7-521	포도	관수/병해충제어	GRN	1.5	3,150	11,500평
PA5-918	사과	관수제어	GRN	4.2	1,550	5,250평
			GRN 평균		2,650	
	3		GRN 개수			
			전체 평균		2,023	
	8		전체 개수			

[제4작업] 그래프 (100점)

☞ **"제1작업"** 시트를 이용하여 조건에 따라 ≪출력형태≫와 같이 작업하시오.

≪조건≫

(1) 차트 종류 ⇒ 〈묶은 세로 막대형〉으로 작업하시오.

(2) 데이터 범위 ⇒ "제1작업" 시트의 내용을 이용하여 작업하시오.

(3) 위치 ⇒ "새 시트"로 이동하고, "제4작업"으로 시트 이름을 바꾸시오.
(4) 차트 디자인 도구 ⇒ 레이아웃 3, 스타일 1을 선택하여 ≪출력형태≫에 맞게 작업하시오.
(5) 영역 서식 ⇒ 차트 : 글꼴(굴림, 11pt), 채우기 효과(질감-파랑 박엽지)
그림 : 채우기(흰색, 배경1)
(6) 제목 서식 ⇒ 차트 제목 : 글꼴(굴림, 굵게, 20pt), 채우기(흰색, 배경1), 테두리
(7) 서식 ⇒ 농가면적 계열의 차트 종류를 〈표식이 있는 꺾은선형〉으로 변경한 후 보조 축으로 지정하시오.
계열 : ≪출력형태≫를 참조하여 표식(세모, 크기 10)과 레이블 값을 표시하시오.
눈금선 : 선 스타일-파선
축 : ≪출력형태≫를 참조하시오.
(8) 범례 ⇒ 범례명을 변경하고 ≪출력형태≫를 참조하시오.
(9) 도형 ⇒ '모서리가 둥근 사각형 설명선'을 삽입한 후 ≪출력형태≫와 같이 내용을 입력하시오.
(10) 나머지 사항은 ≪출력형태≫에 맞게 작성하시오.

≪출력형태≫

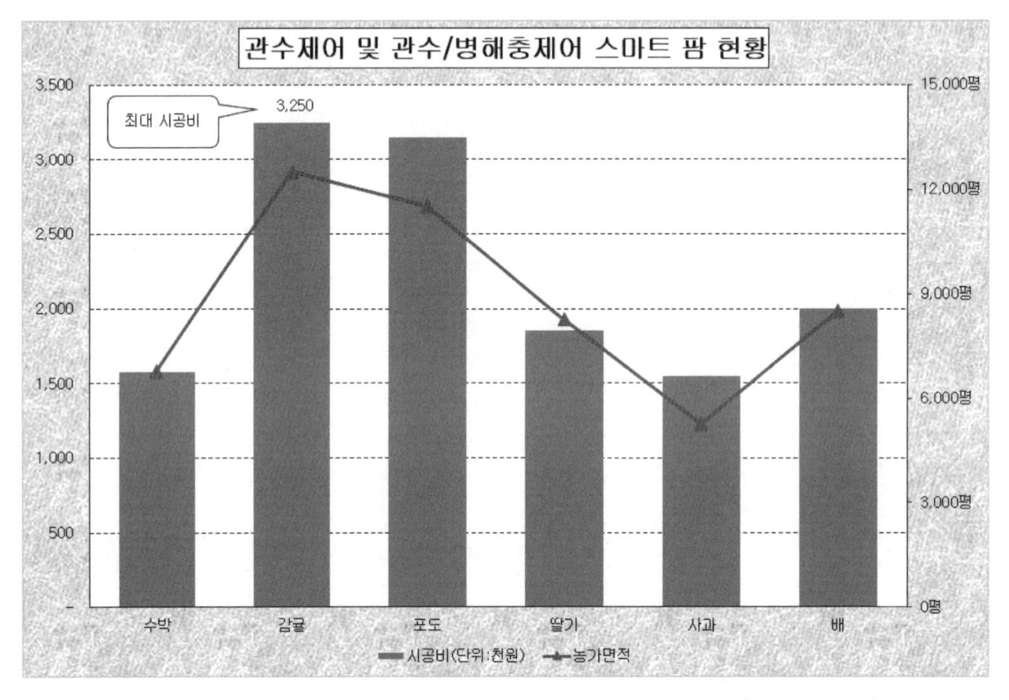

주의 ☞ 시트명 순서가 차례대로 "제1작업", "제2작업", "제3작업", "제4작업"이 되도록 할 것.

기출문제 5. 인기 빔 프로젝터 판매 정보

[제1작업] 표 서식 작성 및 값 계산 (240점)

☞ **다음은 '인기 빔 프로젝터 판매 정보'에 대한 자료이다. 자료를 입력하고 조건에 맞도록 작업하시오.**

≪출력형태≫

인기 빔 프로젝터 판매 정보

결재	담당	책임	팀장

제품코드	제품명	해상도	부가기능	소비자가(원)	무게	밝기(안시루멘)	밝기 순위	배송방법
VS4-101	뷰소닉피제이	FHD	게임모드	679,150	2.5	3,800	(1)	(2)
LG2-002	시네빔오공케이	FHD	HDTV수신	575,990	1.0	600	(1)	(2)
SH1-102	샤오미엠프로	4K UHD	키스톤보정	234,970	2.3	220	(1)	(2)
PJ2-002	프로젝트매니아	FHD	내장스피커	385,900	0.3	700	(1)	(2)
LV1-054	레베타이포	HD	내장스피커	199,000	1.0	180	(1)	(2)
LG3-003	시네빔피에치	HD	키스톤보정	392,800	0.7	550	(1)	(2)
EP2-006	엡손이에치	FHD	게임모드	747,990	2.7	3,300	(1)	(2)
VQ4-001	벤큐더블유	4K UHD	게임모드	938,870	4.2	3,000	(1)	(2)
해상도 HD 제품의 소비자가(원) 평균			(3)		두 번째로 높은 소비자가(원)			(5)
게임모드 제품 중 최소 무게			(4)		제품코드	VS4-101	밝기(안시루멘)	(6)

≪조건≫

○ 모든 데이터의 서식에는 글꼴(굴림, 11pt), 정렬은 숫자 및 회계 서식은 오른쪽 정렬, 나머지 서식은 가운데 정렬로 작성하며 예외적인 것은 ≪출력형태≫를 참조하시오.

○ 제 목 ⇒ 도형(양쪽 모서리가 잘린 사각형)과 그림자(오프셋 오른쪽)를 이용하여 작성하고 "인기 빔 프로젝터 판매 정보"를 입력한 후 다음 서식을 적용하시오 (글꼴-굴림, 24pt, 검정, 굵게, 채우기-노랑).

○ 임의의 셀에 결재란을 작성하여 그림으로 복사 기능을 이용하여 붙이기 하시오(단, 원본 삭제).

○ 「B4:J4, G14, I14」 영역은 '주황'으로 채우기 하시오.

○ 유효성 검사를 이용하여 「14」셀에 제품코드(「5:B12」영역)가 선택 표시되도록 하시오.

○ 셀 서식 ⇒ 「G5:G12」영역에 셀 서식을 이용하여 숫자 뒤에 'kg'을 표시하시오(예 : 2.5kg).

○ 「D5:D12」영역에 대해 '해상도'로 이름정의를 하시오.

☞ (1)~(6) 셀은 반드시 **주어진 함수를 이용**하여 값을 구하시오(결과값을 직접 입력하면 해당 셀은 0점 처리됨).

(1) 밝기 순위 ⇒ 밝기(안시루멘)의 내림차순 순위를 구한 결과에 '위'를 붙이시오 (RANK.EQ 함수, & 연산자)(예 : 1위).

(2) 배송방법 ⇒ 제품코드의 세 번째 글자가 1이면 '해외배송', 2이면 '직배송', 그 외에는 '기타'로 구하시오(IF, MID 함수).

(3) 해상도 HD 제품의 소비자가(원) 평균 ⇒ 정의된 이름(해상도)를 이용하여 구하시오 (SUMIF, COUNTIF 함수).

(4) 게임모드 제품 중 최소 무게 ⇒ 부가기능이 게임모드인 제품 중 최소 무게를 구하시오. 단, 조건은 입력 데이터를 이용하시오(DMIN 함수).

(5) 두 번째로 높은 소비자가(원) ⇒ (LARGE 함수).

(6) 밝기(안시루멘) ⇒ 「H14」셀에서 선택한 제품코드에 대한 밝기(안시루멘)를 구하시오 (VLOOKUP 함수).

(7) 조건부 서식의 수식을 이용하여 무게가 '1.0' 이하인 행 전체에 다음의 서식을 적용하시오 (글꼴 : 파랑, 굵게).

[제2작업] 목표값 찾기 및 필터 (80점)

☞ **"제1작업"** 시트의 「**B4:H12**」영역을 복사하여 **"제2작업"** 시트의 「B2」셀부터 모두 붙여넣기를 한 후 다음의 조건과 같이 작업하시오.

≪조건≫

(1) 목표값 찾기 - 「11:G11」셀을 병합하여 "해상도 FHD 제품의 무게 평균"을 입력한 후 「11」셀에 해상도 FHD 제품의 무게 평균을 구하시오. 단, 조건은 입력데이터를 이용하시오 (DAVERAGE 함수, 테두리, 가운데 맞춤).
- '해상도 FHD 제품의 무게 평균'이 '1.6'이 되려면 뷰소닉피제이의 무게가 얼마가 되어야 하는지 목표값을 구하시오.

(2) 고급필터 - 제품코드가 'L'로 시작하거나 소비자가(원)가 '300,000' 이하인 자료의 제품명, 해상도, 소비자가(원), 밝기(안시루멘) 데이터만 추출하시오.
- 조건 범위 : 「14」셀부터 입력하시오.
- 복사 위치 : 「18」셀부터 나타나도록 하시오.

[제3작업] 정렬 및 부분합 (80점)

☞ **"제1작업"** 시트의 「B4:H12」영역을 복사하여 **"제3작업"** 시트의 「B2」셀부터 모두 붙여넣기를 한 후 다음의 조건과 같이 작업하시오.

≪조건≫

(1) 부분합 - ≪출력형태≫처럼 정렬하고, 제품명의 개수와 소비자가(원)의 평균을 구하시오.

(2) 윤곽 - 지우시오.

(3) 나머지 사항은 ≪출력형태≫에 맞게 작성하시오.

≪출력형태≫

	A	B	C	D	E	F	G	H
1								
2		제품코드	제품명	해상도	부가기능	소비자가 (원)	무게	밝기 (안시루멘)
3		LV1-054	레베타이포	HD	내장스피커	199,000	1.0kg	180
4		LG3-003	시네빔피에치	HD	키스톤보정	392,800	0.7kg	550
5				HD 평균		295,900		
6			2	HD 개수				
7		VS4-101	뷰소닉피제이	FHD	게임모드	679,150	2.5kg	3,800
8		LG2-002	시네빔오공케이	FHD	HDTV수신	575,990	1.0kg	600
9		PJ2-002	프로젝트매니아	FHD	내장스피커	385,900	0.3kg	700
10		EP2-006	엡손이에치	FHD	게임모드	747,990	2.7kg	3,300
11				FHD 평균		597,258		
12			4	FHD 개수				
13		SH1-102	샤오미엠프로	4K UHD	키스톤보정	234,970	2.3kg	220
14		VQ4-001	벤큐더블유	4K UHD	게임모드	938,870	4.2kg	3,000
15				4K UHD 평균		586,920		
16			2	4K UHD 개수				
17				전체 평균		519,334		
18			8	전체 개수				

[제4작업] 그래프 (100점)

☞ **"제1작업"** 시트를 이용하여 조건에 따라 ≪출력형태≫와 같이 작업하시오.

≪조건≫

(1) 차트 종류 ⇒ 〈묶은 세로 막대형〉으로 작업하시오.

(2) 데이터 범위 ⇒ "제1작업" 시트의 내용을 이용하여 작업하시오.

(3) 위치 ⇒ "새 시트"로 이동하고, "제4작업"으로 시트 이름을 바꾸시오.

(4) 차트 디자인 도구 ⇒ 레이아웃 3, 스타일 1을 선택하여 ≪출력형태≫에 맞게 작업하시오.

(5) 영역 서식 ⇒ 차트 : 글꼴(굴림, 11pt), 채우기 효과(질감-파랑 박엽지)
그림 : 채우기(흰색, 배경1)

(6) 제목 서식 ⇒ 차트 제목 : 글꼴(굴림, 굵게, 20pt), 채우기(흰색, 배경1), 테두리

(7) 서식 ⇒ 무게 계열의 차트 종류를 〈표식이 있는 꺾은선형〉으로 변경한 후 보조 축으로 지정하시오.
계열 : ≪출력형태≫를 참조하여 표식(세모, 크기 10)과 레이블 값을 표시하시오.
눈금선 : 선 스타일-파선
축 : ≪출력형태≫를 참조하시오.

(8) 범례 ⇒ 범례명을 변경하고 ≪출력형태≫를 참조하시오.

(9) 도형 ⇒ '모서리가 둥근 사각형 설명선'을 삽입한 후 ≪출력형태≫와 같이 내용을 입력하시오.

(10) 나머지 사항은 ≪출력형태≫에 맞게 작성하시오.

≪출력형태≫

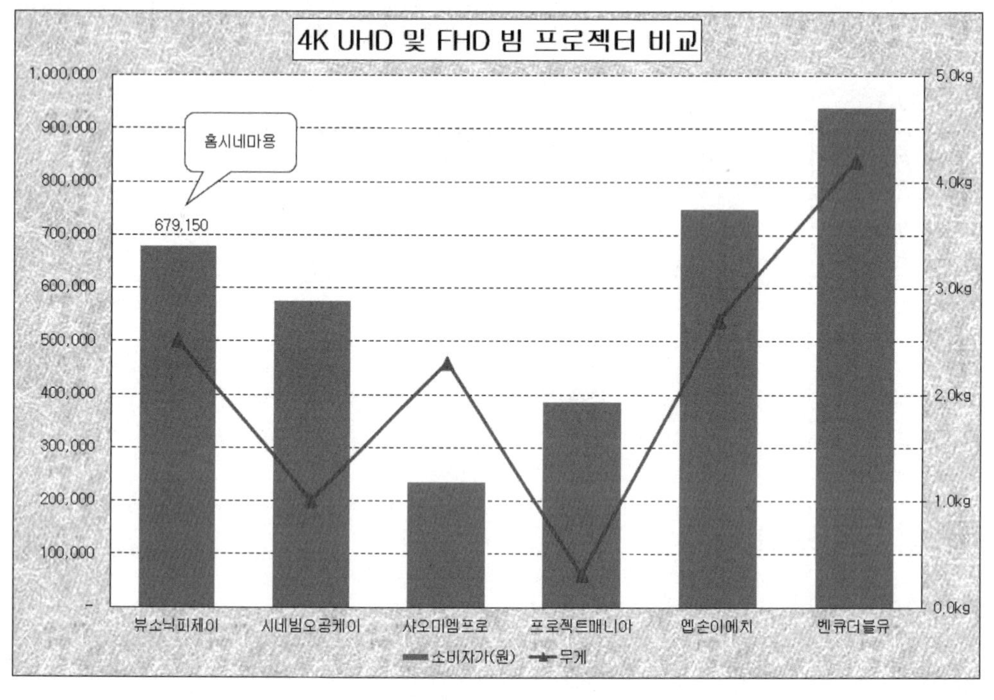

주의 ☞ 시트명 순서가 차례대로 "제1작업", "제2작업", "제3작업", "제4작업"이 되도록 할 것.

기출문제 6. 국내 바다 날씨 현황

[제1작업] 표 서식 작성 및 값 계산 (240점)

☞ **다음은 '국내 바다 날씨 현황'에 대한 자료이다. 자료를 입력하고 조건에 맞도록 작업하시오.**

≪출력형태≫

	A	B	C	D	E	F	G	H	I	J
1		국내 바다 날씨 현황					결재	담당	팀장	부장
2										
3										
4		측정날짜	지점	풍향	풍속(m/s)	Gust(m/s)	기압	습도(%)	기압 순위	측정요일
5		2016-12-28	울릉도	북북동	8.7	13.0	1014.7	81	(1)	(2)
6		2017-01-05	인천	북북서	10.8	13.9	1022.2	54	(1)	(2)
7		2017-02-04	거문도	북	11.4	16.2	1023.3	60	(1)	(2)
8		2016-11-25	거제도	북북서	7.3	11.0	1021.4	84	(1)	(2)
9		2017-03-05	울진	북북동	17.0	16.0	1072.1	62	(1)	(2)
10		2017-02-18	부안	북북서	12.3	17.2	1011.4	78	(1)	(2)
11		2017-01-25	마라도	북	14.0	19.0	1089.2	67	(1)	(2)
12		2016-12-18	서귀포	북북동	13.0	21.4	1100.1	61	(1)	(2)
13		전체 기압의 평균			(3)		최고 습도(%)			(5)
14		풍속(m/s)이 10 이상인 Gust(m/s)의 합계			(4)		지점	울릉도	습도(%)	(6)

≪조건≫

○ 모든 데이터의 서식에는 글꼴(굴림, 11pt), 정렬은 숫자 및 회계 서식은 오른쪽 정렬, 나머지 서식은 가운데 정렬로 작성하며 예외적인 것은 ≪출력형태≫를 참조하시오.

○ 제 목 ⇒ 순서도 : 카드 도형과 바깥쪽 그림자 스타일(오프셋 위쪽)을 이용하여 작성하고 "국내 바다 날씨 현황"을 입력한 후 다음 서식을 적용하시오 (글꼴-굴림, 24pt, 검정, 굵게, 채우기-노랑).

○ 임의의 셀에 결재란을 작성하여 그림으로 복사 기능을 이용하여 붙이기 하시오(단, 원본 삭제).

○ 「B4:J4, G14, I14」영역은 '주황'으로 채우기 하시오.

○ 유효성 검사를 이용하여 「H14」셀에 지점(「C5:C12」영역)이 선택 표시되도록 하시오.

○ 셀 서식 ⇒ 「G5:G12」영역에 셀 서식을 이용하여 숫자 뒤에 'hPa'를 표시하시오 (예 : 1,014.7hPa).

○ 「H5:H12」영역에 대해 '습도'로 이름정의를 하시오.

☞ (1)~(6) 셀은 반드시 **주어진 함수를 이용**하여 값을 구하시오(결과값을 직접 입력하면 해당 셀은 0점 처리됨).

(1) 기압 순위 ⇒ 기압의 내림차순 순위를 구한 결과값에 '위'를 붙이시오
(RANK.EQ 함수, & 연산자)(예 : 1위).

(2) 측정요일 ⇒ 측정날짜의 요일이 토요일과 일요일이면 '주말', 그 외에는 '평일'로 구하시오
(IF, WEEKDAY 함수).

(3) 전체 기압의 평균 ⇒ 반올림하여 정수로 구하시오
(ROUND, AVERAGE 함수)(예 : 1,080.4 → 1,080).

(4) 풍속(m/s)이 10 이상인 Gust(m/s)의 합계 ⇒ (SUMIF 함수).

(5) 최고 습도(%) ⇒ 정의된 이름(습도)을 이용하여 구하시오(MAX 함수).

(6) 습도(%) ⇒ 「H14」셀에서 선택한 지점에 대한 습도(%)를 구하시오(VLOOKUP 함수).

(7) 조건부 서식의 수식을 이용하여 풍속(m/s)이 '10' 이하인 행 전체에 다음 서식을 적용하시오
(글꼴 : 파랑, 굵게).

[제2작업] 목표값 찾기 및 필터 (80점)

☞ **"제1작업"** 시트의 **「B4:H12」**영역을 복사하여 **"제2작업"** 시트의 「B2」셀부터 모두 붙여넣기를 한 후 다음의 조건과 같이 작업하시오.

≪조건≫

(1) 목표값 찾기 - 「B11:G11」셀을 병합하여 "북북동 풍향의 풍속(m/s) 평균"을 입력한 후 「H11」셀에 북북동 풍향의 풍속(m/s) 평균을 구하시오. 단, 조건은 입력데이터를 이용하시오 (DAVERAGE 함수, 테두리, 가운데 맞춤).
- '북북동 풍향의 풍속(m/s) 평균'이 '13'이 되려면 울릉도의 풍속(m/s)이 얼마가 되어야하는지 목표값을 구하시오.

(2) 고급필터 - 측정날짜가 '2017-01-01' 이후(해당일 포함)이면서, 풍향이 '북'이 아닌 자료의 지점, 풍향, 풍속(m/s), 기압 데이터만 추출하시오.
- 조건 위치 : 「B14」셀부터 입력하시오.
- 복사 위치 : 「B18」셀부터 나타나도록 하시오.

[제3작업] 정렬 및 부분합 (80점)

☞ **"제1작업"** 시트의 「B4:H12」영역을 복사하여 **"제3작업"** 시트의 「B2」셀부터 모두 붙여넣기를 한 후 다음의 조건과 같이 작업하시오.

≪조건≫

(1) 부분합 - ≪출력형태≫처럼 정렬하고, 지점의 개수와 풍속(m/s)의 평균을 구하시오.

(2) 개요 - 지우시오.

(3) 나머지 사항은 ≪출력형태≫에 맞게 작성하시오.

≪출력형태≫

	A	B	C	D	E	F	G	H
1								
2		측정날짜	지점	풍향	풍속 (m/s)	Gust (m/s)	기압	습도(%)
3		2017-01-05	인천	북북서	10.8	13.9	1,022.2hPa	54
4		2016-11-25	거제도	북북서	7.3	11.0	1,021.4hPa	84
5		2017-02-18	부안	북북서	12.3	17.2	1,011.4hPa	78
6				북북서 평균	10.1			
7			3	북북서 개수				
8		2016-12-28	울릉도	북북동	8.7	13.0	1,014.7hPa	81
9		2017-03-05	울진	북북동	17.0	16.0	1,072.1hPa	62
10		2016-12-18	서귀포	북북동	13.0	21.4	1,100.1hPa	61
11				북북동 평균	12.9			
12			3	북북동 개수				
13		2017-02-04	거문도	북	11.4	16.2	1,023.3hPa	60
14		2017-01-25	마라도	북	14.0	19.0	1,089.2hPa	67
15				북 평균	12.7			
16			2	북 개수				
17				전체 평균	11.8			
18			8	전체 개수				

[제4작업] 그래프 (100점)

☞ **"제1작업"** 시트를 이용하여 조건에 따라 ≪출력형태≫와 같이 작업하시오.

≪조건≫

(1) 차트 종류 ⇒ 〈묶은 세로 막대형〉으로 작업하시오.

(2) 데이터 범위 ⇒ "제1작업" 시트의 내용을 이용하여 작업하시오.

(3) 위치 ⇒ "새 시트"로 이동하고, "제4작업"으로 시트 이름을 바꾸시오.
(4) 차트 디자인 도구 ⇒ 레이아웃 3, 스타일 1을 선택하여 ≪출력형태≫에 맞게 작업하시오.
(5) 영역 서식 ⇒ 차트 : 글꼴(굴림, 11pt), 채우기 효과(질감-파랑 박엽지)
　　　　　　　그림 : 채우기(흰색, 배경1)
(6) 제목 서식 ⇒ 차트 제목 : 글꼴(굴림, 굵게, 20pt), 채우기(흰색, 배경1), 테두리
(7) 서식 ⇒ 풍속(m/s) 계열의 차트종류를 〈표식이 있는 꺾은선형〉으로 변경한 후 보조축으로 지정하시오.
　　계열 : ≪출력형태≫를 참조하여 표식(마름모, 크기 10)과 레이블 값을 표시하시오.
　　눈금선 : 선 스타일-파선
　　축 : ≪출력형태≫를 참조하시오.
(8) 범례 ⇒ 범례명을 변경하고 ≪출력형태≫를 참조하시오.
(9) 도형 ⇒ '타원형 설명선'을 삽입한 후 ≪출력형태≫와 같이 내용을 입력하시오.
(10) 나머지 사항은 ≪출력형태≫에 맞게 작성하시오.

≪출력형태≫

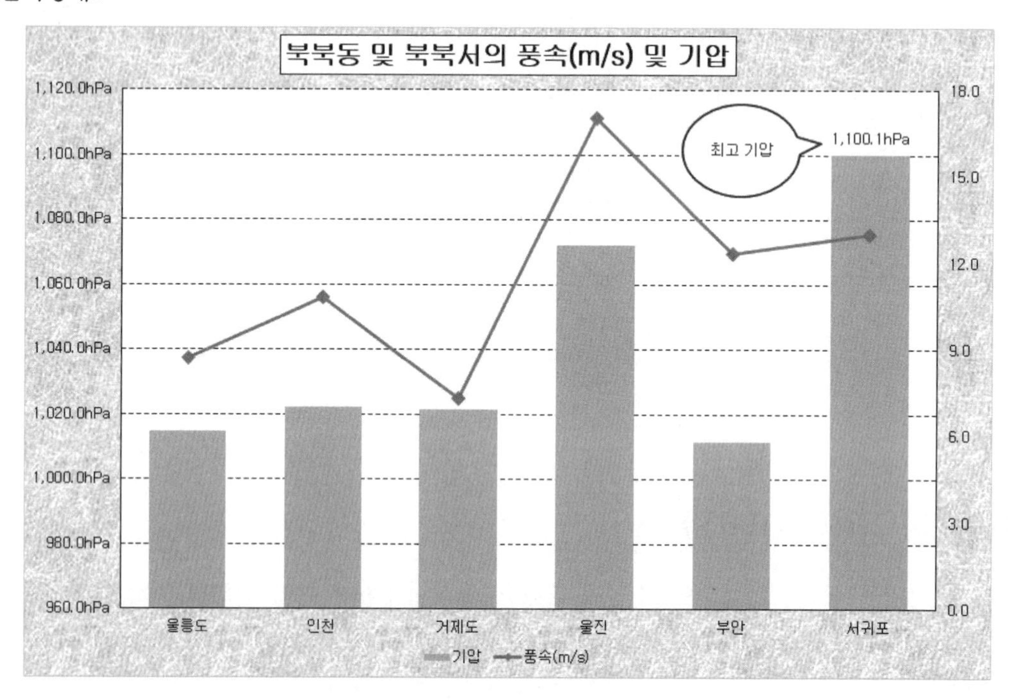

주의 ☞ **시트명 순서가 차례대로 "제1작업", "제2작업", "제3작업", "제4작업"이 되도록 할 것.**

기출문제 7. 국내 주요 유튜브 최근 7일간 현황

[제1작업] 표 서식 작성 및 값 계산 (240점)

☞ **다음은 '국내 주요 유튜브 최근 7일간 현황'에 대한 자료이다. 자료를 입력하고 조건에 맞도록 작업하시오.**

≪출력형태≫

국내 주요 유튜브 최근 7일간 현황

확인	담당	팀장	이사

유튜브	채널명	가입일	카테고리	게시 된 비디오수	구독자수	조회수 (최근 7일간)	순위	비고
K010E	한국셀럽	2016-05-03	피플앤블로그	76	12,712	1,820	(1)	(2)
K065H	칸바이트	2017-12-05	엔터테인먼트	732	6,632	2,966	(1)	(2)
M456R	코리아아이슈	2018-01-03	피플앤블로그	36	3,996	658	(1)	(2)
P012W	한국TV	2017-06-04	엔터테인먼트	43	3,331	562	(1)	(2)
L712Q	마이소코리아	2016-04-03	과학과 기술	375	1,142	466	(1)	(2)
A032L	코스모코리아	2018-03-04	과학과 기술	1,082	6,099	4,261	(1)	(2)
K302G	투데이경제	2017-05-26	피플앤블로그	136	1,913	1,689	(1)	(2)
C123K	러브캣	2017-03-07	엔터테인먼트	355	18,451	8,044	(1)	(2)
최대 조회수			(3)		피플앤블로그에 게시 된 비디오수 합계			(5)
구독자수가 평균 이상인 유튜브 수			(4)		채널명	한국셀럽	카테고리	(6)

≪조건≫

○ 모든 데이터의 서식에는 글꼴(굴림, 11pt), 정렬은 숫자 및 회계 서식은 오른쪽 정렬, 나머지 서식은 가운데정렬로 작성하며 예외적인 것은 ≪출력형태≫를 참조하시오.

○ 제 목 ⇒ 모서리가 둥근 직사각형과 바깥쪽 그림자 스타일(오프셋 대각선 오른쪽 아래)을 이용하여 작성하고 "국내 주요 유튜브 최근 7일간 현황"을 입력한 후 다음 서식을 적용하시오(글꼴-굴림, 24pt, 검정, 굵게, 채우기-노랑).

○ 임의의 셀에 결재란을 작성하여 그림으로 복사 기능을 이용하여 붙이기 하시오(단, 원본 삭제).

○ 「B4:J4, G14, I14」영역은 '주황'으로 채우기 하시오.

○ 유효성 검사를 이용하여 「H14」셀에 채널명(「C5:C12」영역)이 선택 표시되도록 하시오.

○ 셀 서식 ⇒ 「H5:H12」영역에 셀 서식을 이용하여 숫자 뒤에 '천회'를 표시하시오(예 : 1,820천회).

○ 「H5:H12」영역에 대해 '조회수'로 이름정의를 하시오.

☞ (1)~(6) 셀은 반드시 **주어진 함수를 이용**하여 값을 구하시오(결과값을 직접 입력하면 해당 셀은 0점 처리됨).

(1) 순위 ⇒ 구독자수의 내림차순 순위를 구하시오(RANK.EQ 함수).

(2) 비고 ⇒ 가입일의 연도가 2016년 이하이면 '스테디', 2017년 이하이면 '베스트', 그 외에는 공백으로 구하시오(IF, YEAR 함수).

(3) 최대 조회수 ⇒ 정의된 이름(조회수)을 이용하여 구하시오(MAX 함수).

(4) 구독자수가 평균 이상인 유튜브 수 ⇒ 결과값 뒤에 '개'를 붙이시오 (COUNTIF, AVERAGE 함수, & 연산자)(예 : 2개).

(5) 피플앤블로그에 게시 된 비디오수 합계 ⇒ 조건은 입력데이터를 이용하시오(DSUM 함수).

(6) 카테고리 ⇒ 「H14」셀에서 선택한 채널명에 대한 카테고리를 구하시오(VLOOKUP 함수).

(7) 조건부 서식의 수식을 이용하여 구독자수가 10,000이 넘는 행 전체에 다음 서식을 적용하시오 (글꼴 : 파랑, 굵게).

[제2작업] 목표값 찾기 및 필터 (80점)

☞ **"제1작업"** 시트의 「**B4:H12**」영역을 복사하여 **"제2작업"** 시트의 「B2」셀부터 모두 붙여넣기를 한 후 다음의 조건과 같이 작업하시오.

≪조건≫

(1) 목표값 찾기 - 「B11:G11」셀을 병합하여 "구독자수의 평균"을 입력한 후 「H11」셀에 구독자수의 평균을 구하시오(AVERAGE 함수, 테두리, 가운데 맞춤).
- '구독자수의 평균'이 '7,000'이 되려면 한국셀럼의 구독자수가 얼마가 되어야 하는지 목표값을 구하시오.

(2) 고급필터 - 채널명에 '코리아'가 포함되거나, 구독자수가 '10,000' 이상인 자료의 채널명, 가입일, 구독자수 데이터만 추출하시오.
- 조건 위치 : 「B14」셀부터 입력하시오.
- 복사 위치 : 「B18」셀부터 나타나도록 하시오.

[제3작업] 정렬 및 부분합 (80점)

☞ **"제1작업"** 시트의 「B4:H12」영역을 복사하여 **"제3작업"** 시트의 「B2」셀부터 모두 붙여넣기를 한 후 다음의 조건과 같이 작업하시오.

≪조건≫

(1) 부분합 - ≪출력형태≫처럼 정렬하고, 구독자수의 최대값과 조회수(최근 7일간)의 평균을 구하시오.

(2) 개요 - 지우시오.

(3) 나머지 사항은 ≪출력형태≫에 맞게 작성하시오.

≪출력형태≫

	A	B	C	D	E	F	G	H
1								
2		유튜브	채널명	가입일	카테고리	게시 된 비디오수	구독자수	조회수 (최근 7일간)
3		K010E	한국셀럼	2016-05-03	피플앤블로그	76	12,712	1,820
4		M456R	코리아이슈	2018-01-03	피플앤블로그	36	3,996	658
5		K302G	투데이경제	2017-05-26	피플앤블로그	136	1,913	1,689
6					피플앤블로그 평균			1,389
7					피플앤블로그 최대값		12,712	
8		K065H	칸바이트	2017-12-05	엔터테인먼트	732	6,632	2,966
9		P012W	한국TV	2017-06-04	엔터테인먼트	43	3,331	562
10		C123K	러브캣	2017-03-07	엔터테인먼트	355	18,451	8,044
11					엔터테인먼트 평균			3,857
12					엔터테인먼트 최대값		18,451	
13		L712Q	마이소코리아	2016-04-03	과학과 기술	375	1,142	466
14		A032L	코스모코리아	2018-03-04	과학과 기술	1,082	6,099	4,261
15					과학과 기술 평균			2,364
16					과학과 기술 최대값		6,099	
17					전체 평균			2,558
18					전체 최대값		18,451	
19								

[제4작업] 그래프 (100점)

☞ **"제1작업"** 시트를 이용하여 조건에 따라 ≪출력형태≫와 같이 작업하시오.

≪조건≫

(1) 차트 종류 ⇒ 〈묶은 세로 막대형〉으로 작업하시오.

(2) 데이터 범위 ⇒ "제1작업" 시트의 내용을 이용하여 작업하시오.

(3) 위치 ⇒ "새 시트"로 이동하고, "제4작업"으로 시트 이름을 바꾸시오.

⑷ 차트 디자인 도구 ⇒ 레이아웃 3, 스타일 1을 선택하여 ≪출력형태≫에 맞게 작업하시오.

⑸ 영역 서식 ⇒ 차트 : 글꼴(굴림, 11pt), 채우기 효과(질감-분홍 박엽지),
그림 : 채우기(흰색, 배경1)

⑹ 제목 서식 ⇒ 차트 제목 : 글꼴(굴림, 굵게, 20pt), 채우기(흰색, 배경1), 테두리

⑺ 서식 ⇒ 구독자수 계열의 차트 종류를 〈표식이 있는 꺾은선형〉으로 변경한 후 보조 축으로 지정하시오.
계열 : ≪출력형태≫를 참조하여 표식(네모, 크기 10)과 레이블 값을 표시하시오.
눈금선 : 선 스타일-파선,
축 : ≪출력형태≫를 참조하시오.

⑻ 범례 ⇒ 범례명을 변경하고, ≪출력형태≫를 참조하시오.

⑼ 도형 ⇒ '모서리가 둥근 사각형 설명선'을 삽입하고 ≪출력형태≫와 같이 내용을 입력하시오.

⑽ 나머지 사항은 ≪출력형태≫에 맞게 작성하시오.

≪출력형태≫

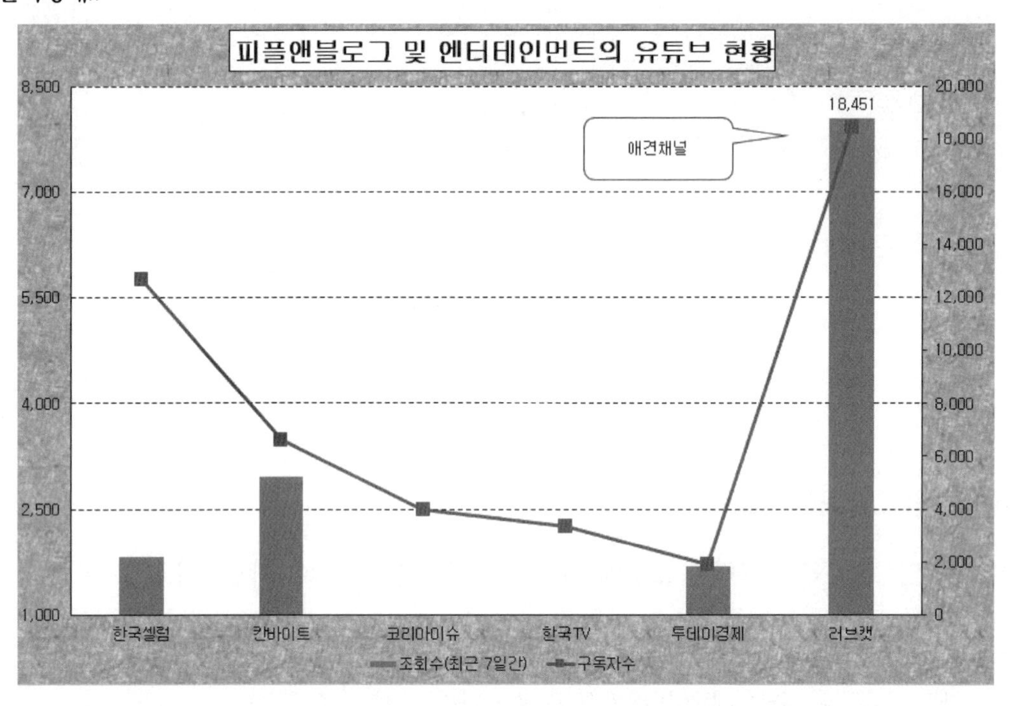

주의 ☞ 시트명 순서가 차례대로 "제1작업", "제2작업", "제3작업", "제4작업"이 되도록 할 것.

기출문제 8. 연극 예매 현황

[제1작업] 표 서식 작성 및 값 계산 (240점)

☞ **다음은 '연극 예매 현황'에 대한 자료이다. 자료를 입력하고 조건에 맞도록 작업하시오.**

≪출력형태≫

	A	B	C	D	E	F	G	H	I	J
1		연극 예매 현황					확인	담당	대리	과장
2										
3										
4		관리번호	공연명	공연장	관람등급	공연일	관람료 (단위:원)	예매수량	관람가능 좌석수	예매순위
5		BPM-02	세친구	아레나극장	7세 이상	2019-05-10	30,000	667	(1)	(2)
6		JSM-03	캠핑 가는 날	동산아트센터	9세 이상	2019-05-05	70,000	1,954	(1)	(2)
7		HJM-02	히스톨 보이즈	아레나극장	15세 이상	2019-06-08	60,000	705	(1)	(2)
8		LOM-03	꽃씨를 심는 우체부	블랙아트센터	19세 이상	2019-04-18	80,000	2,752	(1)	(2)
9		CHM-01	이야기 기계	동산아트센터	3세 이상	2019-04-26	30,000	598	(1)	(2)
10		AFM-03	그림자가 사는 마을	동산아트센터	9세 이상	2019-05-06	66,000	521	(1)	(2)
11		SGM-02	황금 물고기	아레나극장	15세 이상	2019-04-30	90,000	800	(1)	(2)
12		GGM-02	그리스	블랙아트센터	19세 이상	2019-06-27	50,000	1,719	(1)	(2)
13		아레나극장의 관람료(단위:원) 평균			(3)		최저 관람료(단위:원)			(5)
14		예매수량이 평균 이상인 공연 개수			(4)		공연명	세친구	예매수량	(6)

≪조건≫

○ 모든 데이터의 서식에는 글꼴(굴림, 11pt), 정렬은 숫자 및 회계 서식은 오른쪽 정렬, 나머지 서식은 가운데 정렬로 작성하며 예외적인 것은 ≪출력형태≫를 참조하시오.

○ 제 목 ⇒ 순서도 : 저장 데이터 도형과 바깥쪽 그림자 스타일(오프셋 대각선 오른쪽 아래)을 이용하여 작성하고 "2019년 연극 예매 현황"을 입력한 후 다음 서식을 적용하시오(글꼴-굴림, 24pt, 검정, 굵게, 채우기-노랑).

○ 임의의 셀에 결재란을 작성하여 그림으로 복사 기능을 이용하여 붙이기 하시오(단, 원본 삭제).

○ 「B4:J4, G14, I14」영역은 '주황'으로 채우기 하시오.

○ 유효성 검사를 이용하여 「H14」셀에 공연명(「C5:C12」영역)이 선택 표시되도록 하시오.

○ 셀 서식 ⇒ 「H5:H12」영역에 셀 서식을 이용하여 숫자 뒤에 '매'를 표시하시오(예 : 667매).

○ 「H5:H12」영역에 대해 '예매수량'으로 이름정의를 하시오.

☞ (1)~(6) 셀은 반드시 **주어진 함수를 이용**하여 값을 구하시오(결과값을 직접 입력하면 해당 셀은 0점 처리됨).

(1) 관람가능 좌석수 ⇒「관리번호의 마지막 글자×1,000」으로 구하시오(RIGHT 함수).

(2) 예매순위 ⇒ 예매수량의 내림차순 순위를 1~3 까지만 구하고, 그 외에는 공백으로 표시하시오 (IF, RANK.EQ 함수).

(3) 아레나극장의 관람료(단위:원) 평균 ⇒ 조건은 입력데이터를 이용하시오(DAVERAGE 함수).

(4) 예매수량이 평균 이상인 공연 개수 ⇒ 정의된 이름(예매수량)을 이용하여 구한 결과값 뒤에 '개'를 붙이시오 (COUNTIF, AVERAGE 함수, & 연산자)(예 : 2 → 2개).

(5) 최저 관람료(단위:원) ⇒ (MIN 함수)

(6) 예매수량 ⇒「H14」셀에서 선택한 공연명에 대한 예매수량을 구하시오(VLOOKUP 함수).

(7) 조건부 서식을 이용하여 예매수량 셀에 데이터 막대 스타일(녹색)을 최소값 및 최대값으로 적용하시오.

[제2작업] 필터 및 서식 (80점)

☞ **"제1작업"** 시트의 **「B4:H12」**영역을 복사하여 **"제2작업"** 시트의「B2」셀부터 모두 붙여넣기를 한 후 다음의 조건과 같이 작업하시오.

≪조건≫

(1) 고급필터 - 관리번호에 'G'가 포함되거나, 예매수량이 '1,000' 이상인 자료의 데이터만 추출하시오.
- 조건 위치 :「B14」셀부터 입력하시오.
- 복사 위치 :「B18」셀부터 나타나도록 하시오.

(2) 표 서식 - 고급필터의 결과셀을 채우기 없음으로 설정한 후 '표 스타일 보통 2'의 서식을 적용하시오.
- 머리글 행, 줄무늬 행을 적용하시오.

[제3작업] 피벗테이블 (80점)

☞ **"제1작업"** 시트를 이용하여 **"제3작업"** 시트에 조건에 따라 ≪출력형태≫와 같이 작업하시오.

≪조건≫

(1) 공연일 및 공연장별 공연명의 개수와 관람료(단위:원)의 평균을 구하시오.

(2) 공연일을 그룹화하고, 공연장을 ≪출력형태≫와 같이 정렬하시오.

(3) 레이블이 있는 셀 병합 및 가운데 맞춤 적용 및 빈 셀은 '***'로 표시하시오.

(4) 행의 총합계를 지우고, 나머지 사항은 ≪출력형태≫에 맞게 작성하시오.

≪출력형태≫

	A	B	C	D	E	F	G	H
1								
2			공연장					
3			아레나극장		블랙아트센터		동산아트센터	
4		공연일	개수 : 공연명	평균 : 관람료(단위:원)	개수 : 공연명	평균 : 관람료(단위:원)	개수 : 공연명	평균 : 관람료(단위:원)
5		4월	1	90,000	1	80,000	1	30,000
6		5월	1	30,000	***	***	2	68,000
7		6월	1	60,000	1	50,000	***	***
8		총합계	3	60,000	2	65,000	3	55,333

[제4작업] 그래프 (100점)

☞ **"제1작업"** 시트를 이용하여 조건에 따라 ≪출력형태≫와 같이 작업하시오.

≪조건≫

(1) 차트 종류 ⇒ 〈묶은 세로 막대형〉으로 작업하시오.

(2) 데이터 범위 ⇒ "제1작업" 시트의 내용을 이용하여 작업하시오.

(3) 위치 ⇒ "새 시트"로 이동하고, "제4작업"으로 시트 이름을 바꾸시오.

(4) 차트 디자인 도구 ⇒ 레이아웃 3, 스타일 1을 선택하여 ≪출력형태≫에 맞게 작업하시오.

(5) 영역 서식 ⇒ 차트 : 글꼴(굴림, 11pt), 채우기 효과(질감-분홍 박엽지),
그림 : 채우기(흰색, 배경1)

(6) 제목 서식 ⇒ 차트 제목 : 글꼴(굴림, 굵게, 20pt), 채우기(흰색, 배경1), 테두리

(7) 서식 ⇒ 관람료(단위:원) 계열의 차트 종류를 〈표식이 있는 꺾은선형〉으로 변경한 후 보조축으로 지정하시오.
계열 : ≪출력형태≫를 참조하여 표식(마름모, 크기 10)과 레이블 값을 표시하시오.
눈금선 : 선 스타일-파선,
축 : ≪출력형태≫를 참조하시오.

(8) 범례 ⇒ 범례명을 변경하고, ≪출력형태≫를 참조하시오.

(9) 도형 ⇒ '모서리가 둥근 사각형 설명선'을 삽입하고 ≪출력형태≫와 같이 내용을 입력하시오.

(10) 나머지 사항은 ≪출력형태≫에 맞게 작성하시오.

≪출력형태≫

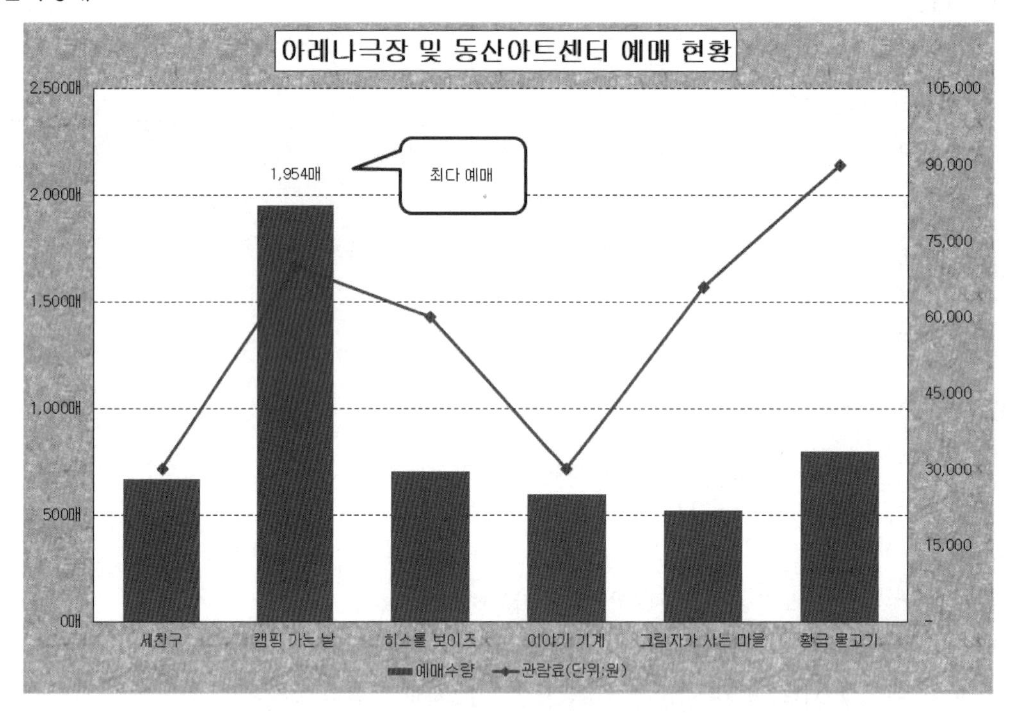

주의 ☞ 시트명 순서가 차례대로 "제1작업", "제2작업", "제3작업", "제4작업"이 되도록 할 것.

기출문제 9. 도서관 현황 및 이용 실태

[제1작업] 표 서식 작성 및 값 계산 (240점)

☞ 다음은 '도서관 현황 및 이용 실태'에 대한 자료이다. 자료를 입력하고 조건에 맞도록 작업하시오.

≪출력형태≫

도서관 현황 및 이용 실태

결재	담당	팀장	본부장

도서관명	설립주체	개관연도	장소	방문자수 (단위:명)	장서수	열람권수	도서관 개관기간	순위
종로도서관	교육청	1920	종로구 사직동	65,847	45,411	0.94	(1)	(2)
정독도서관	교육청	1997	종로구 화동	34,919	53,053	1.08	(1)	(2)
마포평생학습관	교육청	1995	마포구 서교동	41,534	4,712	0.14	(1)	(2)
서울중구구립도서관	지자체	2008	중구 신당동	19,526	25,850	0.71	(1)	(2)
이진아기념도서관	지자체	2005	서대문구 현저동	39,487	18,365	1.16	(1)	(2)
한국학생도서관	사립	1964	중구 묵정동	33,208	30,755	0.36	(1)	(2)
서대문도서관	교육청	1986	서대문구 연희동	59,813	65,366	1.31	(1)	(2)
4.19 혁명기념 도서관	사립	2000	종로구 평동	74,833	29,343	1.01	(1)	(2)
최저 장서수			(3)		교육청 도서관의 전체 장서수			(5)
교육청 설립 도서관의 평균 방문자수			(4)		도서관명	종로도서관	장서수	(6)

≪조건≫

○ 모든 데이터의 서식에는 글꼴(굴림, 11pt), 정렬은 숫자 및 회계 서식은 오른쪽 정렬, 나머지 서식은 가운데 정렬로 작성하며 예외적인 것은 ≪출력형태≫를 참조하시오.

○ 제 목 ⇒ 사다리꼴 도형과 바깥쪽 그림자 스타일(오프셋 왼쪽)을 이용하여 작성하고 "도서관 현황 및 이용 실태"를 입력한 후 다음 서식을 적용하시오 (글꼴-굴림, 24pt, 검정, 굵게, 채우기-노랑).

○ 임의의 셀에 결재란을 작성하여 그림으로 복사 기능을 이용하여 붙이기 하시오(단, 원본 삭제).

○ 「B4:J4, G14, I14」영역은 '주황'으로 채우기 하시오.

○ 유효성 검사를 이용하여 「H14」셀에 도서관명(「B5:B12」영역)이 선택 표시되도록 하시오.

○ 셀 서식 ⇒ 「G5:G12」영역에 셀 서식을 이용하여 숫자 뒤에 '권'을 표시하시오(예 : 45,411권).

○ 「C5:C12」영역에 대해 '설립주체'로 이름정의를 하시오.

☞ (1)~(6) 셀은 반드시 **주어진 함수를 이용**하여 값을 구하시오(결과값을 직접 입력하면 해당 셀은 0점 처리됨).

(1) 도서관 개관기간 ⇒ 「컴퓨터 시스템의 연도-개관연도」로 구한 결과값 뒤에 '년'을 붙이시오 (YEAR, TODAY 함수, & 연산자)(예 : 3 → 3년).

(2) 순위 ⇒ 장서수의 내림차순 순위를 구하시오(RANK.EQ 함수).

(3) 최저 장서수 ⇒ (MIN함수)

(4) 교육청 설립 도서관의 평균 방문자수 ⇒ 조건은 입력데이터를 이용하고, 반올림하여 백 단위로 구하시오(ROUND, DAVERAGE 함수) (예 : 234,455 → 234,500).

(5) 교육청 도서관의 전체 장서수 ⇒ 정의된 이름(설립주체)을 이용하여 구하시오(SUMIF 함수).

(6) 장서수 ⇒ 「H14」셀에서 선택한 도서관명에 대한 장서수를 구하시오(VLOOKUP 함수).

(7) 조건부 서식의 수식을 이용하여 방문자수(단위:명)가 '50,000' 이상인 행 전체에 다음 서식을 적용하시오(글꼴 : 파랑, 굵게).

[제2작업] 필터 및 서식 (80점)

☞ **"제1작업"** 시트의 「B4:H12」영역을 복사하여 **"제2작업"** 시트의 「B2」셀부터 모두 붙여넣기를 한 후 다음의 조건과 같이 작업하시오.

≪조건≫

(1) 고급필터 - 설립주체가 '사립'이 아니면서, 방문자수(단위:명)가 '40,000' 이하인 자료의 도서관명, 개관연도, 방문자수(단위:명), 장서수 데이터만 추출하시오.
- 조건 위치 : 「B14」셀부터 입력하시오.
- 복사 위치 : 「B18」셀부터 나타나도록 하시오.

(2) 표 서식 - 고급필터의 결과 셀을 채우기 없음으로 설정한 후 '표 스타일 보통 11'의 서식을 적용하시오.
- 머리글 행, 줄무늬 행을 적용하시오.

[제3작업] 피벗테이블 (80점)

☞ **"제1작업"** 시트를 이용하여 **"제3작업"** 시트에 조건에 따라 ≪출력형태≫와 같이 작업하시오.

≪조건≫

(1) 개관연도 및 설립주체별 도서관명의 개수와 방문자수(단위:명)의 평균을 구하시오.

(2) 개관연도를 그룹화하고, 설립주체를 ≪출력형태≫와 같이 정렬하시오.

(3) 레이블이 있는 셀 병합 및 가운데 맞춤 적용 및 빈 셀은 '**'로 표시하시오.

(4) 행의 총합계를 지우고, 나머지 사항은 ≪출력형태≫에 맞게 작성하시오.

≪출력형태≫

	A	B	C	D	E	F	G	H
1								
2			설립주체					
3			지자체		사립		교육청	
4		개관연도	개수 : 도서관명	평균 : 방문자수(단위:명)	개수 : 도서관명	평균 : 방문자수(단위:명)	개수 : 도서관명	평균 : 방문자수(단위:명)
5		<1921	**	**	**	**	1	65,847
6		1951-1980	**	**	1	33,208	**	**
7		1981-2010	2	29,507	1	74,833	3	45,422
8		총합계	2	29,507	2	54,021	4	50,528

[제4작업] 그래프 (100점)

☞ **"제1작업"** 시트를 이용하여 조건에 따라 ≪출력형태≫와 같이 작업하시오.

≪조건≫

(1) 차트 종류 ⇒ 〈묶은 세로 막대형〉으로 작업하시오.

(2) 데이터 범위 ⇒ "제1작업" 시트의 내용을 이용하여 작업하시오.

(3) 위치 ⇒ "새 시트"로 이동하고, "제4작업"으로 시트 이름을 바꾸시오.

(4) 차트 디자인 도구 ⇒ 레이아웃 3, 스타일 1을 선택하여 ≪출력형태≫에 맞게 작업하시오.

(5) 영역 서식 ⇒ 차트 : 글꼴(굴림, 11pt), 채우기 효과(질감-분홍 박엽지)
그림 : 채우기(흰색, 배경1)

(6) 제목 서식 ⇒ 차트 제목 : 글꼴(굴림, 굵게, 20pt), 채우기(흰색, 배경1), 테두리

(7) 서식 ⇒ 장서수 계열의 차트 종류를 〈표식이 있는 꺾은선형〉으로 변경한 후 보조 축으로 지정하시오.
계열 : ≪출력형태≫를 참조하여 표식(네모, 크기 10)과 레이블 값을 표시하시오.
눈금선 : 선 스타일-파선
축 : ≪출력형태≫를 참조하시오.

(8) 범례 ⇒ 범례명을 변경하고, ≪출력형태≫를 참조하시오.

(9) 도형 ⇒ '타원형 설명선'을 삽입하고 ≪출력형태≫와 같이 내용을 입력하시오.

(10) 나머지 사항은 ≪출력형태≫에 맞게 작성하시오.

≪출력형태≫

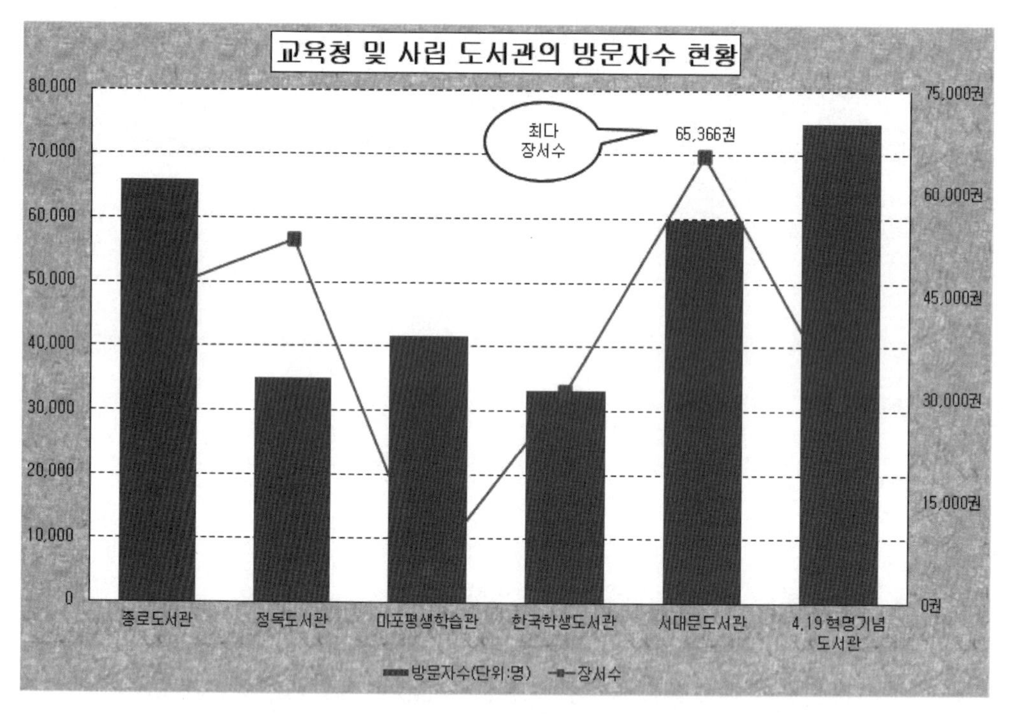

주의 ☞ 시트명 순서가 차례대로 "제1작업", "제2작업", "제3작업", "제4작업"이 되도록 할 것.

기출문제 10. 인증 중고 캠핑카 직거래 현황

[제1작업] 표 서식 작성 및 값 계산 (240점)

☞ **다음은 '인증 중고 캠핑카 직거래 현황'에 대한 자료이다. 자료를 입력하고 조건에 맞도록 작업하시오.**

≪출력형태≫

인증 중고 캠핑카 직거래 현황

확인	담당	팀장	부장

매물번호	모델명	판매자	연료	출고일	주행거리 (단위:km)	판매 가격	출고일 순위	탑승인원
C-1240	포트2	손가은	전기	2019-10-07	16,537	3,500	(1)	(2)
S-1527	르벤투스	이지은	경유	2018-02-07	54,091	1,900	(1)	(2)
A-3841	레비	박정은	휘발유	2018-09-08	58,290	2,200	(1)	(2)
Q-3737	스타리아	서영희	전기	2020-02-12	17,280	3,200	(1)	(2)
K-2216	랙스턴스포츠	김철수	휘발유	2019-04-25	47,169	2,900	(1)	(2)
G-1109	카라반	김미정	경유	2019-12-11	89,500	1,950	(1)	(2)
B-1097	다온플러스	장정훈	휘발유	2020-06-14	23,000	4,450	(1)	(2)
A-2835	르노마스터 3밴	전철민	전기	2018-03-04	24,548	1,850	(1)	(2)
전기 캠핑카 판매 가격 평균			(3)		최소 주행거리(단위:km)			(5)
카라반 모델의 판매자			(4)		모델명	포트2	판매 가격	(6)

≪조건≫

○ 모든 데이터의 서식에는 글꼴(굴림, 11pt), 정렬은 숫자 및 회계 서식은 오른쪽 정렬, 나머지 서식은 가운데 정렬로 작성하며 예외적인 것은 ≪출력형태≫를 참조하시오.

○ 제 목 ⇒ 도형(십자형)과 그림자(오프셋 위쪽)을 이용하여 작성하고 "인증 중고 캠핑카 직거래 현황"를 입력한 후 다음 서식을 적용하시오
(글꼴-굴림, 24pt, 검정, 굵게, 채우기-노랑).

○ 임의의 셀에 결재란을 작성하여 그림으로 복사 기능을 이용하여 붙이기 하시오(단, 원본 삭제).

○ 「B4:J4, G14, I14」영역은 '주황'으로 채우기 하시오.

○ 유효성 검사를 이용하여 「H14」셀에 도서관명(「C5:C12」영역)이 선택 표시되도록 하시오.

○ 셀 서식 ⇒ 「H5:H12」영역에 셀 서식을 이용하여 숫자 뒤에 '만원'을 표시하시오(예 : 3,500만원).

○ 「G5:G12」영역에 대해 '주행거리'로 이름정의를 하시오.

☞ (1)~(6) 셀은 반드시 **주어진 함수를 이용**하여 값을 구하시오(결과값을 직접 입력하면 해당 셀은 0점 처리됨).

(1) 출고일 순위 ⇒ 출고일의 내림차순 순위를 구한 결과값에 '위'를 붙이시오
(RANK.EQ 함수, & 연산자)(예 : 1 → 1위).

(2) 탑승인원 ⇒ 매물번호 세 번째 글자가 1이면 '5명', 2이면 '3명', 3이면 '2명'으로 구하시오
(CHOOSE, MID 함수).

(3) 전기 캠핑카 판매 가격 평균 ⇒ 조건은 입력데이터를 이용하시오(DAVERAGE 함수).

(4) 카라반 모델의 판매자 ⇒ (INDEX, MATCH 함수)

(5) 최소 주행거리(단위:km) ⇒ 정의된 이름(주행거리)을 이용하여 구하시오(SMALL 함수).

(6) 판매 가격 ⇒ 「H14」셀에서 선택한 모델명에 대한 판매가격을 구하시오(VLOOKUP 함수).

(7) 조건부 서식의 수식을 이용하여 판매가격이 '3,000' 이상인 행 전체에 다음 서식을 적용하시오.
(글꼴 : 파랑, 굵게)

[제2작업] 필터 및 서식 (80점)

☞ **"제1작업"** 시트의 「**B4:H12**」영역을 복사하여 **"제2작업"** 시트의 「B2」셀부터 모두 붙여넣기를 한 후 다음의 조건과 같이 작업하시오.

≪조건≫

(1) 고급필터 - 연료가 '전기'가 아니면서 주행거리(단위:km)가 '50,000' 이하인 자료의 모델명, 판매자, 출고일, 판매 가격 데이터만 추출하시오.
- 조건 위치 : 「B14」셀부터 입력하시오.
- 복사 위치 : 「B18」셀부터 나타나도록 하시오.

(2) 표 서식 - 고급필터의 결과셀을 채우기 없음으로 설정한 후 '표 스타일 보통 6'의 서식을 적용하시오.
- 머리글 행, 줄무늬 행을 적용하시오.

[제3작업] 피벗테이블 (80점)

☞ **"제1작업"** 시트를 이용하여 **"제3작업"** 시트에 조건에 따라 ≪출력형태≫와 같이 작업하시오.

≪조건≫

(1) 출고일 및 연료별 모델명의 개수와 주행거리(단위:km) 평균을 구하시오.

(2) 출고일을 그룹화하고, 연료를 ≪출력형태≫와 같이 정렬하시오.

(3) 레이블이 있는 셀 병합 및 가운데 맞춤 적용 및 빈 셀은 '***'로 표시하시오.

(4) 행의 총합계를 지우고, 나머지 사항은 ≪출력형태≫에 맞게 작성하시오.

≪출력형태≫

	A	B	C	D	E	F	G	H
1								
2			연료					
3			휘발유		전기		경유	
4		출고일	개수 : 모델명	평균 : 주행거리(단위:km)	개수 : 모델명	평균 : 주행거리(단위:km)	개수 : 모델명	평균 : 주행거리(단위:km)
5		2018년	1	58,290	1	24,548	1	54,091
6		2019년	1	47,169	1	16,537	1	89,500
7		2020년	1	23,000	1	17,280	***	***
8		총합계	3	42,820	3	19,455	2	71,796

[제4작업] 그래프 (100점)

☞ **"제1작업"** 시트를 이용하여 조건에 따라 ≪출력형태≫와 같이 작업하시오.

≪조건≫

(1) 차트 종류 ⇒ 〈묶은 세로 막대형〉으로 작업하시오.

(2) 데이터 범위 ⇒ "제1작업" 시트의 내용을 이용하여 작업하시오.

(3) 위치 ⇒ "새 시트"로 이동하고, "제4작업"으로 시트 이름을 바꾸시오.

(4) 차트 디자인 도구 ⇒ 레이아웃 3, 스타일 1을 선택하여 ≪출력형태≫에 맞게 작업하시오.

(5) 영역 서식 ⇒ 차트 : 글꼴(굴림, 11pt), 채우기 효과(질감-분홍 박엽지)
그림 : 채우기(흰색, 배경1)

(6) 제목 서식 ⇒ 차트 제목 : 글꼴(굴림, 굵게, 20pt), 채우기(흰색, 배경1), 테두리

(7)서식 ⇒ 판매 가격 계열의 차트 종류를 〈표식이 있는 꺾은선형〉으로 변경한 후 보조 축으로 지정하시오.

계열 : ≪출력형태≫를 참조하여 표식(마름모, 크기 10)과 레이블 값을 표시하시오.

눈금선 : 선 스타일-파선

축 : ≪출력형태≫를 참조하시오.

(8) 범례 ⇒ 범례명을 변경하고, ≪출력형태≫를 참조하시오.

(9) 도형 ⇒ '모서리가 둥근 사각형 설명선'을 삽입하고 ≪출력형태≫와 같이 내용을 입력하시오.

(10) 나머지 사항은 ≪출력형태≫에 맞게 작성하시오.

≪출력형태≫

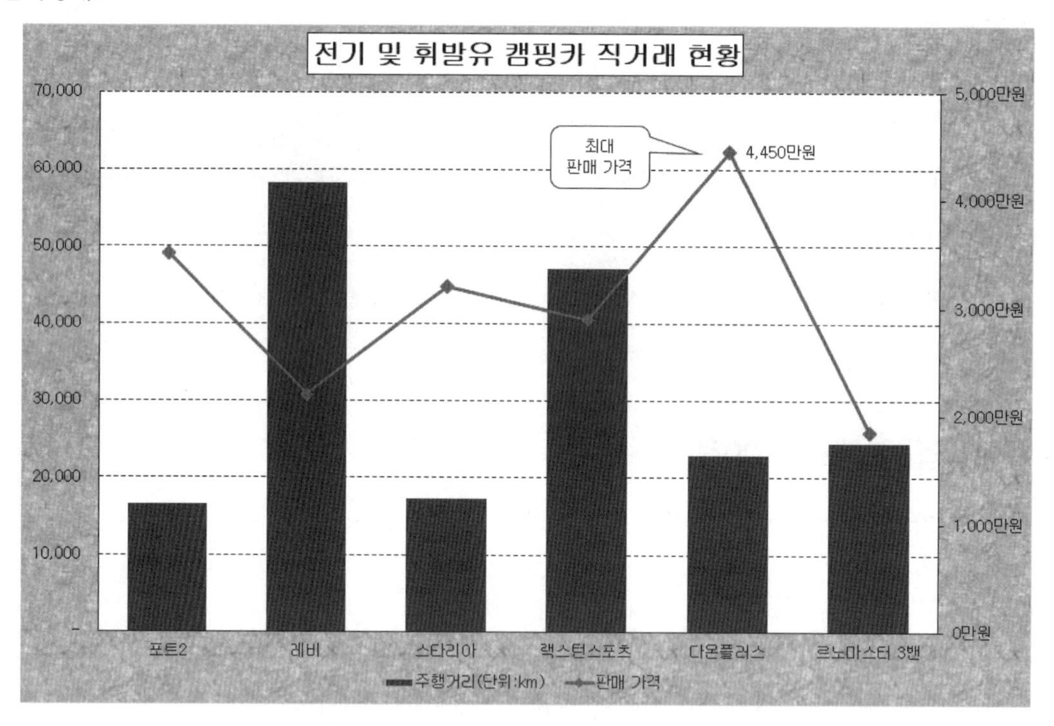

주의 ☞ 시트명 순서가 차례대로 "제1작업", "제2작업", "제3작업", "제4작업"이 되도록 할 것.

* 본문 실습 예제 “카드이용 명세 현황” 유형 1

[제1작업] 표 서식 작성 및 값 계산 (240점)

☞ **다음은 ‘카드이용 명세 현황’에 대한 자료이다. 자료를 입력하고 조건에 맞도록 작업하시오.**

≪출력형태≫

카드이용 명세 현황

결재	담당	팀장	부장

관리코드	고객명	결제은행	주민번호	결제금액 (단위:원)	이용한도 (단위:만원)	누적 포인트	결제일	성별
N0915	최화인	금성은행	741206-2	24,500	600	300	(1)	(2)
P3210	김학일	한일은행	851006-1	1,060,000	300	2,900	(1)	(2)
P4815	이유진	한일은행	720506-2	1,364,000	1,000	12,800	(1)	(2)
N2010	박세진	행복은행	860413-2	64,000	400	4,090	(1)	(2)
P2025	김리아	행복은행	901106-2	2,490,000	2,000	3,450	(1)	(2)
P5010	신유진	금성은행	920103-2	1,538,000	1,200	5,640	(1)	(2)
N0225	김한	금성은행	770824-1	723,600	400	9,360	(1)	(2)
N1125	강현	한일은행	820519-1	945,000	900	8,200	(1)	(2)
결제은행이 행복은행인 고객 수			(3)		금성은행의 결제금액(단위:원) 합계			(5)
최대 결제금액(단위:원)			(4)		고객명	최화인	누적포인트	(6)

≪조건≫

○ 모든 데이터의 서식에는 글꼴(굴림, 11pt), 정렬은 숫자 및 회계 서식은 오른쪽 정렬, 나머지 서식은 가운데 정렬로 작성하며 예외적인 것은 ≪출력형태≫를 참조하시오.

○ 제 목 ⇒ 모서리가 둥근 직사각형과 바깥쪽 그림자 스타일(오프셋 오른쪽)을 이용하여 작성하고 “카드이용 명세 현황”을 입력한 후 다음 서식을 적용하시오.
(글꼴-굴림, 24pt, 검정, 굵게, 채우기-노랑)

○ 임의의 셀에 결재란을 작성하여 카메라 또는 그림복사 기능을 이용하여 붙이기 하시오.
(단, 원본 삭제)

○ 「B4:J4, G14, I14」영역은 ‘주황’으로 채우기 하시오.

○ 유효성 검사를 이용하여 「H14」 셀에 고객명(「C5:C12」 영역)이 선택 표시되도록 하시오.

○ 셀 서식 ⇒ 「E5:E12」 영역에 셀 서식을 이용하여 문자 뒤에 ‘******’를 표시하시오.
(예 : 741206-2******)

○ 「F5:F12」영역에 대해 ‘결제금액’으로 이름정의를 하시오.

☞ (1)~(6) 셀은 반드시 **주어진 함수를 이용**하여 값을 구하시오. (결과값을 직접 입력하면 해당 셀은 0점 처리됨)

(1) 결제일 ⇒ 관리코드의 마지막 두 글자가 10이면 '10일', 15이면 '15일', 그 외에는 '25일'로 표시하시오(IF, RIGHT 함수).

(2) 성별 ⇒ 주민번호의 8번째 글자가 1이면 '남성', 2이면 '여성'으로 구하시오 (CHOOSE, MID 함수).

(3) 결제은행이 행복은행인 고객 수 ⇒ 결과값 뒤에 '명'을 붙이시오 (COUNTIF 함수, & 연산자)(예 : 1명).

(4) 최대 결제금액(단위:원) ⇒ 정의된 이름(결제금액)을 이용하여 구하시오(MAX 함수).

(5) 금성은행의 결제금액(단위:원) 합계 ⇒ 조건은 입력데이터를 이용하시오(DSUM 함수).

(6) 누적포인트 ⇒「H14」셀에서 선택한 고객명에 대한 누적포인트를 구하시오(VLOOKUP 함수).

(7) 조건부 서식의 수식을 이용하여 이용한도(단위:만원)가 1,000 이상인 행 전체에 다음 서식을 적용하시오(글꼴 : 파랑, 굵게).

[제2작업] 목표값 찾기 및 필터 (80점)

☞ **"제1작업"** 시트의「**B4:H12**」영역을 복사하여 **"제2작업"** 시트의「B2」셀부터 모두 붙여넣기를 한 후 다음의 조건과 같이 작업하시오.

≪조건≫

(1) 목표값 찾기 -「B11:G11」 셀을 병합하여 "금성은행 결제금액(단위:원) 평균"을 입력한 후「H11」 셀에 금성은행의 결제금액(단위:원) 평균을 구하시오.
단, 조건은 입력데이터를 이용하시오(DAVERAGE 함수, 테두리, 가운데 맞춤).
- "금성은행 결제금액(단위:원) 평균"이 '763,000'이 되려면 최화인의 결제금액(단위:원)이 얼마가 되어야 하는지 목표값을 구하시오.

(2) 고급필터 - 결제은행이 '행복은행'이 아니면서, 이용한도(단위:만원)가 '1,000' 이상인 자료의 데이터만 추출하시오.
- 조건 위치 :「B14」 셀부터 입력하시오.
- 복사 위치 :「B18」 셀부터 나타나도록 하시오.

[제3작업] 정렬 및 부분합 (80점)

☞ **"제1작업"** 시트의 「**B4:H12**」영역을 복사하여 **"제3작업"** 시트의 「B2」셀부터 모두 붙여넣기를 한 후 다음의 조건과 같이 작업하시오.

≪조건≫

(1) 부분합 - ≪출력형태≫처럼 정렬하고, 고객명의 개수와 결제금액(단위:원)의 평균을 구하시오.

(2) 개요 - 지우시오.

(3) 나머지 사항은 ≪출력형태≫에 맞게 작성하시오.

≪출력형태≫

	A	B	C	D	E	F	G	H
1								
2		관리코드	고객명	결제은행	주민번호	결제금액 (단위:원)	이용한도 (단위:만원)	누적 포인트
3		N2010	박세진	행복은행	860413-2******	64,000	400	4,090
4		P2025	김리아	행복은행	901106-2******	2,490,000	2,000	3,450
5				**행복은행 평균**		1,277,000		
6			2	**행복은행 개수**				
7		P3210	김학일	한일은행	851006-1******	1,060,000	300	2,900
8		P4815	이유진	한일은행	720506-2******	1,364,000	1,000	12,800
9		N1125	강현	한일은행	820519-1******	945,000	900	8,200
10				**한일은행 평균**		1,123,000		
11			3	**한일은행 개수**				
12		N0915	최화인	금성은행	741206-2******	24,500	600	300
13		P5010	신유진	금성은행	920103-2******	1,538,000	1,200	5,640
14		N0225	김한	금성은행	770824-1******	723,600	400	9,360
15				**금성은행 평균**		762,033		
16			3	**금성은행 개수**				
17				**전체 평균**		1,026,138		
18			8	**전체 개수**				

[제4작업] 그래프 (100점)

☞ **"제1작업"** 시트를 이용하여 조건에 따라 ≪출력형태≫와 같이 작업하시오.

≪조건≫

(1) 차트 종류 ⇒ 〈묶은 세로 막대형〉으로 작업하시오.

(2) 데이터 범위 ⇒ "제1작업" 시트의 내용을 이용하여 작업하시오.

(3) 위치 ⇒ "새 시트"로 이동하고, "제4작업"으로 시트 이름을 바꾸시오.

(4) 차트 디자인 도구 ⇒ 레이아웃 3, 스타일 1을 선택하여 ≪출력형태≫에 맞게 작업하시오.

(5) 영역 서식 ⇒ 차트 : 글꼴(굴림, 11pt), 채우기 효과(질감-분홍 박엽지)
그림 : 채우기(흰색, 배경1)

(6) 제목 서식 ⇒ 차트 제목 : 글꼴(굴림, 굵게, 20pt), 채우기(흰색, 배경1), 테두리

(7) 서식 ⇒ 누적포인트 계열의 차트 종류를 〈표식이 있는 꺾은선형〉으로 변경한 후 보조축으로 지정하시오.
계열 : ≪출력형태≫를 참조하여 표식(네모, 크기 10)과 레이블값을 표시하시오.
눈금선 : 선 스타일-파선
축 : ≪출력형태≫를 참조하시오.

(8) 범례 ⇒ 범례명을 변경하고 ≪출력형태≫를 참조하시오.

(9) 도형 ⇒ '모서리가 둥근 사각형 설명선'을 삽입한 후 ≪출력형태≫와 같이 내용을 입력하시오.

(10) 나머지 사항은 ≪출력형태≫에 맞게 작성하시오.

≪출력형태≫

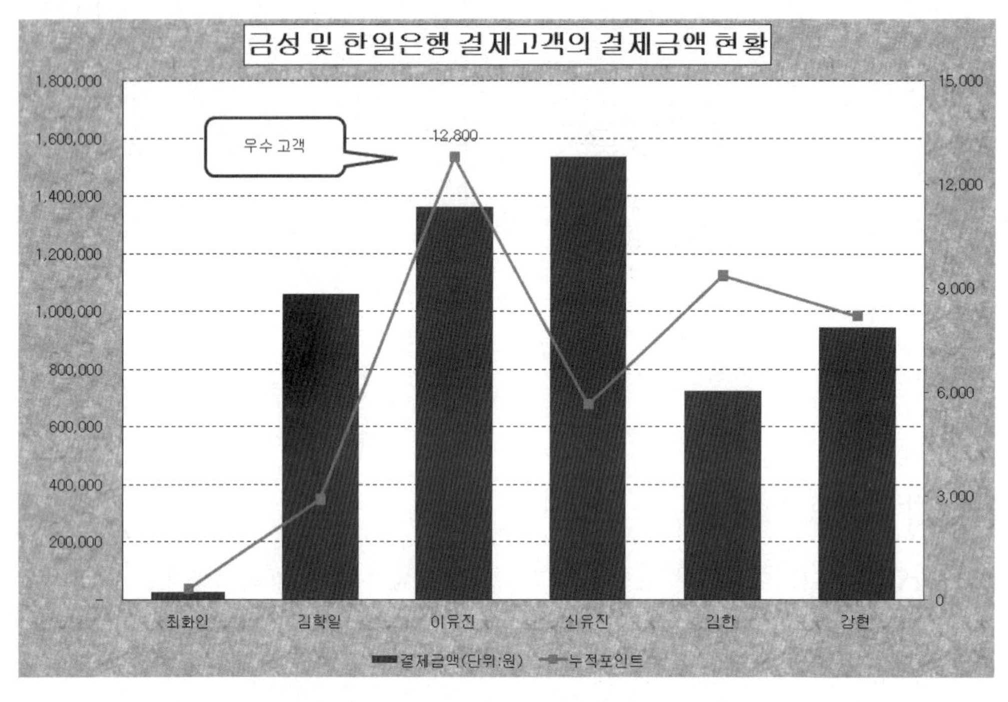

주의 ☞ 시트명 순서가 차례대로 "제1작업", "제2작업", "제3작업", "제4작업"이 되도록 할 것.

* 본문 실습 예제 “카드이용 명세 현황” 유형 2

[제1작업] 표 서식 작성 및 값 계산 (240점)

☞ **다음은 ‘카드이용 명세 현황’에 대한 자료이다. 자료를 입력하고 조건에 맞도록 작업하시오.**

≪출력형태≫

카드이용 명세 현황

결재	담당	팀장	부장

관리코드	고객명	결제은행	주민번호	결제금액(단위:원)	이용한도(단위:만원)	누적포인트	결제일	성별
N0915	최화인	금성은행	741206-2	24,500	600	300	(1)	(2)
P3210	김학일	한일은행	851006-1	1,060,000	300	2,900	(1)	(2)
P4815	이유진	한일은행	720506-2	1,364,000	1,000	12,800	(1)	(2)
N2010	박세진	행복은행	860413-2	64,000	400	4,090	(1)	(2)
P2025	김리아	행복은행	901106-2	2,490,000	2,000	3,450	(1)	(2)
P5010	신유진	금성은행	920103-2	1,538,000	1,200	5,640	(1)	(2)
N0225	김한	금성은행	770824-1	723,600	400	9,360	(1)	(2)
N1125	강현	한일은행	820519-1	945,000	900	8,200	(1)	(2)
결제은행이 행복은행인 고객 수			(3)		금성은행의 결제금액(단위:원) 합계			(5)
최대 결제금액(단위:원)			(4)		고객명	최화인	누적포인트	(6)

≪조건≫

○ 모든 데이터의 서식에는 글꼴(굴림, 11pt), 정렬은 숫자 및 회계 서식은 오른쪽 정렬, 나머지 서식은 가운데 정렬로 작성하며 예외적인 것은 ≪출력형태≫를 참조하시오.

○ 제 목 ⇒ 모서리가 둥근 직사각형과 바깥쪽 그림자 스타일(오프셋 오른쪽)을 이용하여 작성하고 “카드이용 명세 현황”을 입력한 후 다음 서식을 적용하시오 (글꼴-굴림, 24pt, 검정, 굵게, 채우기-노랑).

○ 임의의 셀에 결재란을 작성하여 카메라 또는 그림복사 기능을 이용하여 붙이기 하시오 (단, 원본 삭제).

○ 「B4:J4, G14, I14」영역은 ‘주황’으로 채우기 하시오.

○ 유효성 검사를 이용하여 「H14」 셀에 고객명(「C5:C12」 영역)이 선택 표시되도록 하시오.

○ 셀 서식 ⇒ 「E5:E12」 영역에 셀 서식을 이용하여 문자 뒤에 ‘******’를 표시하시오 (예 : 741206-2******).

○ 「F5:F12」영역에 대해 ‘결제금액’으로 이름정의를 하시오.

☞ (1)~(6) 셀은 반드시 **주어진 함수를 이용**하여 값을 구하시오(결과값을 직접 입력하면 해당 셀은 0점 처리됨).

(1) 결제일 ⇒ 관리코드의 마지막 두 글자가 10이면 '10일', 15이면 '15일', 그 외에는 '25일'로 표시하시오(IF, RIGHT 함수).

(2) 성별 ⇒ 주민번호의 8번째 글자가 1이면 '남성', 2이면 '여성'으로 구하시오 (CHOOSE, MID 함수).

(3) 결제은행이 행복은행인 고객 수 ⇒ 결과값 뒤에 '명'을 붙이시오 (COUNTIF 함수, & 연산자) (예 : 1명).

(4) 최대 결제금액(단위:원) ⇒ 정의된 이름(결제금액)을 이용하여 구하시오(MAX 함수).

(5) 금성은행의 결제금액(단위:원) 합계 ⇒ 조건은 입력데이터를 이용하시오(DSUM 함수).

(6) 누적포인트 ⇒ 「H14」셀에서 선택한 고객명에 대한 누적포인트를 구하시오(VLOOKUP 함수).

(7) 조건부 서식의 수식을 이용하여 이용한도(단위:만원)가 1,000 이상인 행 전체에 다음 서식을 적용하시오(글꼴 : 파랑, 굵게).

[제2작업] 필터 및 서식 (80점)

☞ '카드이용 명세 현황' **"제1작업"** 시트의 **「B4:H12」**영역을 복사하여 **"제2작업"** 시트의 「B2」셀부터 모두 붙여넣기를 한 후 다음의 조건과 같이 작업하시오.

≪조건≫

(1) 결제은행이 '행복은행'이 아니면서, 이용한도(단위:만원)가 '1,000' 이상인 자료의 데이터만 추출하시오.
- 조건 위치 : 「B14」 셀부터 입력하시오.
- 복사 위치 : 「B18」 셀부터 나타나도록 하시오.

(2) 표 서식 - 고급필터의 결과 셀을 채우기 없음으로 설정한 후 '표 스타일 보통 6'의 서식을 적용하시오.
- 머리글 행, 줄무늬 행을 적용하시오.

[제3작업] 피벗 테이블 (80점)

☞ '카드이용 명세 현황' **"제1작업"** 시트를 이용하여 **"제3작업"** 시트에 조건에 따라 ≪출력형태≫와 같이 작업하시오.

≪조건≫

(1) 이용한도(단위:만원) 및 결제은행별 결제금액(단위: 원)의 평균과 고객명의 개수를 구하시오.
(2) 이용한도(단위:만원)을 그룹화하고, 레이블이 있는 셀 병합 및 가운데 맞춤으로 설정하시오.
(3) 결제은행을 ≪출력형태≫와 같이 정렬하고, 빈 셀은 '***'로 표시하시오.
(4) 행의 총합계를 지우고, 나머지 사항은 ≪출력형태≫에 맞게 작성하시오.

≪출력형태≫

	A	B	C	D	E	F	G	H
1								
2			결제은행					
3			행복은행		한일은행		금성은행	
4		이용한도(단위:만원)	평균 : 결제금액(단위:원)	개수 : 고객명	평균 : 결제금액(단위:원)	개수 : 고객명	평균 : 결제금액(단위:원)	개수 : 고객명
5		0-499	64,000	1	1,060,000	1	723,600	1
6		500-999	***	***	945,000	1	24,500	1
7		1000-1499	***	***	1,364,000	1	1,538,000	1
8		1500-2000	2,490,000	1	***	***	***	***
9		총합계	1,277,000	2	1,123,000	3	762,033	3
10								

[제4작업] 그래프 (100점)

☞ **"제1작업"** 시트를 이용하여 조건에 따라 ≪출력형태≫와 같이 작업하시오.

≪조건≫

(1) 차트 종류 ⇒ 〈묶은 세로 막대형〉으로 작업하시오.
(2) 데이터 범위 ⇒ "제1작업" 시트의 내용을 이용하여 작업하시오.
(3) 위치 ⇒ "새 시트"로 이동하고, "제4작업"으로 시트 이름을 바꾸시오.
(4) 차트 디자인 도구 ⇒ 레이아웃 3, 스타일 1을 선택하여 ≪출력형태≫에 맞게 작업하시오.
(5) 영역 서식 ⇒ 차트 : 글꼴(굴림, 11pt), 채우기 효과(질감-분홍 박엽지)
그림 : 채우기(흰색, 배경1)
(6) 제목 서식 ⇒ 차트 제목 : 글꼴(굴림, 굵게, 20pt), 채우기(흰색, 배경1), 테두리

(7) 서식 ⇒ 누적포인트 계열의 차트 종류를 〈표식이 있는 꺾은선형〉으로 변경한 후 보조축으로 지정하시오.
계열 : ≪출력형태≫를 참조하여 표식(네모, 크기 10)과 레이블값을 표시하시오.
눈금선 : 선 스타일-파선
축 : ≪출력형태≫를 참조하시오.

(8) 범례 ⇒ 범례명을 변경하고 ≪출력형태≫를 참조하시오.

(9) 도형 ⇒ '모서리가 둥근 사각형 설명선'을 삽입한 후 ≪출력형태≫와 같이 내용을 입력하시오.

(10) 나머지 사항은 ≪출력형태≫에 맞게 작성하시오.

≪출력형태≫

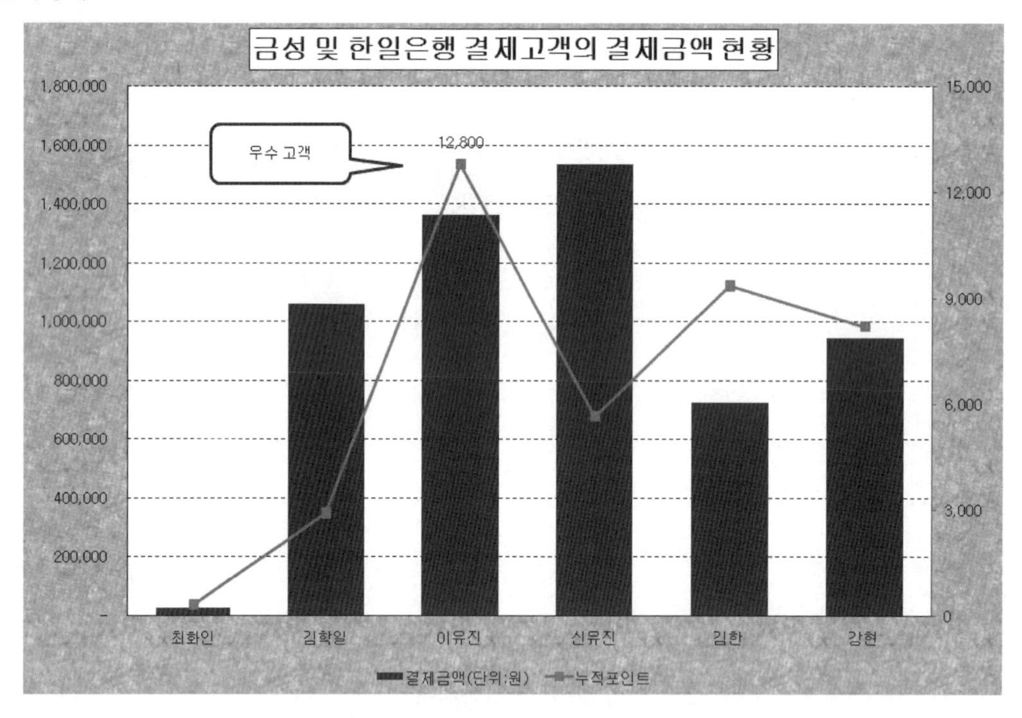

주의 ☞ 시트명 순서가 차례대로 "제1작업", "제2작업", "제3작업", "제4작업"이 되도록 할 것.

hapter 07 핵심 정리 및 유용한 기능

1. 핵심 정리

[제1작업] 표 서식 작성 및 값 계산 (240점)

1. 자, 100점부터 시작입니다.

(1) 시트 탭 위에서 바로 가기 메뉴의 모든 시트 선택을 클릭하면 제목표시줄에 그룹이 표시됩니다.

(2) 모든 셀 선택 또는 Ctrl+키를 이용하여 전체 셀을 선택합니다.

(3) 글꼴 : 굴림, 11pt로 지정합니다.

(4) A열 너비 '1'로 지정합니다.

(5) 선택된 시트 중 맨 앞에 위치한 시트를 제외한 나머지 시트탭을 클릭하여 [그룹]을 해제합니다.

(6) 시트명을 변경합니다.

① 첫 번째 시트 탭을 더블클릭합니다.

② 시트명이 역상으로 바뀌면 "제1작업"을 입력한 후 〈Enter〉를 눌러 이름은 변경합니다.

③ 같은 방법으로 나머지 시트도 "제2작업", "제3작업"으로 이름을 변경합니다.

(7) 제목을 입력합니다.

① 1행과 3행을 범위 지정한 후 행의 높이를 조절합니다.

② [삽입]탭의 [일러스트레이션]그룹에서 [도형]을 선택합니다.

③ [B1:G3]영역 내에 그려 넣고 제목텍스트를 입력합니다.

④ [홈]탭의 [글꼴]그룹에서 '글꼴 → 굴림', '글꼴 크기 → 24', '굵게', 글꼴색 : 자동(검정) 채우기색 → '표준 색'에서 '노랑'을 선택합니다.

⑤ [그리기 도구] → [서식]탭의 [도형 스타일]그룹에서 [도형 효과] → [그림자]를 선택합니다.(그림자의 종류를 정확하게 선택합니다.)

(8) 결재란을 만듭니다.

① "제2작업"에서 임의의 셀이나 "제1작업"의 임의의 셀을 이용하여 결재란을 만듭니다.

② 작성된 결재란 범위를 선택하고 마우스 오른쪽 버튼 [복사]를 선택한 후 제목도형 옆에 커서를 위치해 두고 마우스 오른쪽 버튼 선택하여 붙여넣기 → 기타 붙여넣기 옵션 → 세 번째 그림을 클릭합니다.

③ [G1]셀을 클릭하고 [홈]탭의 [클립보드]그룹에서 [붙여넣기] → [그림 형식] → [그림으로 붙여넣기]를 클릭합니다.

④ 결재란 개체를 선택하여 크기와 위치를 조절합니다.

⑤ 작업한 결재란 원본은 열을 선택하여 마우스 오른쪽 버튼을 클릭하여 삭제합니다.

(9) 데이터를 입력합니다.

글자는 가운데, 숫자, 회계는 오른쪽, 백분율은 %를 직접 입력하거나 5행에서 12행까지 범위를 선택하고 표시형식에서 백분율을 클릭합니다. 날짜, 주민번호에는 '-' 입력, 소수점은 예를 들어 9.0 입력 시 자릿수 늘림, 자릿수 줄임을 이용합니다.

(10) 셀 음영 및 유효성 검사를 합니다.

① [B4:J4], [G14], [I14]영역을 범위 지정한 후 [홈]탭의 [글꼴]그룹에서 [채우기 색] 도구를 클릭하여 '주황'을 선택합니다.

② [H14]셀을 클릭하고 [데이터]탭의 [데이터 도구]그룹에서 [데이터 유효성 검사]를 클릭합니다.

③ '제한 대상'은 '목록', '원본'은 [C5:C12] 영역을 설정하고 [확인]을 클릭합니다.

(11) 셀 서식을 설정합니다.

① 특정영역을 범위 지정한 후 마우스 오른쪽 버튼을 클릭하여 [셀 서식] 메뉴를 클릭합니다.

② [표시 형식]탭의 '범주'를 '사용자 지정'을 선택합니다.

③ 지문에 '숫자가 뒤에'가 나오면 G/표준, 0, #,##0 모두 사용 가능합니다. 단 천단위 자료인 경우에는 #,##0를 사용합니다.(예 : 1,234) 그리고 지문에 '문자 뒤에'가 나오면 @를 사용합니다.

예를 들어 '홍길동'을 '홍길동님'으로 서식을 주면 @"님"을 , 주민번호 뒤에 *를 추가하려면 @"*******"을 설정합니다.

(12) 이름 정의와 테두리를 지정합니다.

① 특정 영역을 범위 지정한 후 '이름 상자'에 이름을 입력하고 〈Enter〉를 누르거나 특정 영역을 범위를 지정한 후 마우스 오른쪽 버튼 이름 정의를 클릭하고 새 이름을 입력한 후 확인합니다.

② [B4:J14]영역을 범위 지정한 후 [홈]탭의 [글꼴]그룹에서 [테두리] 도구의 [모든 테두리]를 클릭합니다.

2. 함수 할 수 있습니다.

(1) 함수문제 7개 중에서 6번(VLOOKUP)과 7번(조건부 서식) 문제는 반드시 한 후 나머지는 선택적으로 합니다. 이때 중요한 점은 VLOOKUP이나 조건부 서식은 4행(제목행)을 범위로 지정하지 않습니다.

① =VLOOKUP(검색값, 참조표, 열 번호, 옵션)

검색값은 H14, 참조표는 4행을 포함하지 않고 H14 값이 있는 위치부터 H12번까지를 선택합니다. 열 번호는 조회하고자하는 필드의 상대적 위치값을 숫자로 적어주고, 옵션은 0이나 FALSE이면 정확한 값을, 옵션이 1이면 근사값, 즉 구간값을 사용합니다.

예를 들면 =VLOOKUP(H14,$C$5:$D$12,2,0)을 입력합니다.

② 조건부 서식

가. 셀 범위에 데이터막대 만들기

ⓐ [H5:H12]영역을 범위 지정한 후 [홈]탭의 [스타일]그룹에서 [조건부 서식] → [데이터 막대] → 기타규칙 → 최소값, 최대값 확인하고 지정된 색을 주면 됩니다.

나. 수식을 이용하여 행전체에 글꼴 지정하기

ⓑ [B5:J12]영역을 범위 지정한 후 [홈]탭의 [스타일]그룹에서 [조건부 서식] → [새 규칙]을 클릭합니다.

ⓒ [새 서식 규칙] 대화상자에서 '▶ 수식을 사용하여 서식을 지정할 셀 결정'을 선택하고 "=$F5<=6000"을 입력하고 [서식]을 클릭합니다.(행전체인 경우에는 혼합 참조 F4키 2번 클릭합니다.)

ⓓ [셀 서식] 대화상자의 [글꼴]탭에서 '색'은 '파랑'을 선택하고 [확인]을 클릭합니다.

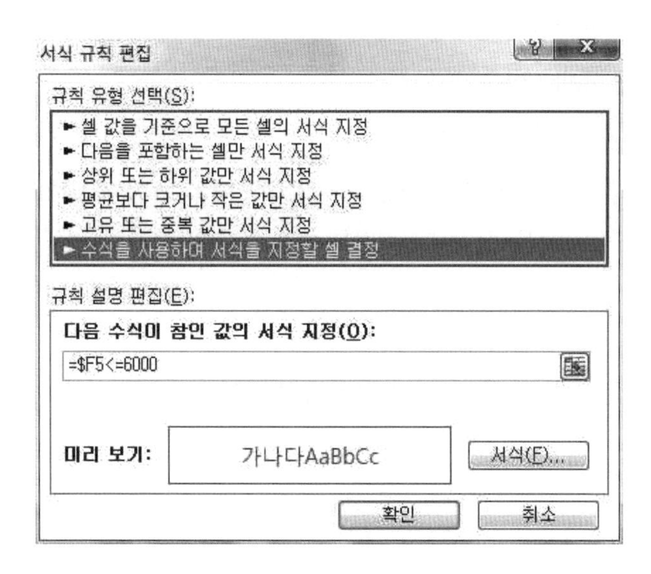

(2) 시험출제빈도가 높은 함수는 2장을 참고하여 함수의 형식을 꼭 알아두기 바랍니다.

IF, RANK.EQ, CHOOSE, LEFT, RIGHT, MID, 데이터베이스함수(DSUM, DAVERAGE,..), SUMIF, COUNTIF, SUMPRODUCT, MAX, MIN, LARGE, SMALL, VLOOKUP, YEAR, TODAY, WEEKDAY, ROUND, INT, TRUNC, REPT

① =RANK.EQ(H5,$H$5:$H$12),0을 입력한 후 채우기 핸들을 이용하여 [I12] 셀까지 복사합니다.

② =ROUNDUP(DAVERAGE(B4:H12,7,D4:D5), -3)을 입력합니다.
=DSUM(B4:H12,7,D4:D5),
=DMIN(B4:H12,7,D4:D5).
=DMAX(B4:H12,7,D4:D5),
=DCOUNT(B4:H12,7,D4:D5),
=DCOUNTA(B4:H12,7,D4:D5)

예) 12,345 → 12,350으로 나타낼 경우, 결과값의 0의 개수가 1개: -1, 0의 개수 2개: -2, 0의 개수 3개 : -3 , 소수이하 첫째자리 : 1, 소수이하 둘째자리 : 2, 정수: 0

③ =COUNTIF(F5:F12,">="&AVERAGE(F5:F12))&"개"를 입력합니다.
=COUNTIF(F5:F12,">=100")&"개"
=COUNTIF(F5:F12,"김*")&"명"
=COUNTIF(F5:F12,"주방")&"개"
=COUNTIF(범위, 조건): 조건에서 C로 시작하는 자료이면 C*, C로 끝나는 자료이면 *C, C를 포함하는 자료이면 *C*로 표시합니다.

④ =SUMIF(F5:F12,">=100",H5:H12)

⑤ =MAX(G5:G12), =MIN(기본요금)

⑥ =CHOOSE(WEEKDAY(B5,2),"월요일","화요일","수요일","목요일","금요일","토요일","일요일")

(3) 제1작업의 마무리는 [B4:J4], [B5:J12], [B13:J14]영역을 범위 지정한 후 [홈]탭의 [글꼴]그룹에서 [테두리]도구의 [굵은 상자 테두리]를 클릭합니다.

[제2작업] 고급필터 / 표 서식 및 목표값 찾기 (80점)

1. 반드시 알아야 할 연산자는 바로 이것입니다

- 비교연산자: >= 이상(이후), <= 이하(이전), > 초과, < 미만, = 같다 ,<> ~이 아닌
- 문자연결연산자: &

2. 고급필터 110

① "제1작업" 시트에서 반드시 조건부 서식이 되어있는 [B4:H12]영역을 범위 지정한 후 Ctrl+C 키를 눌러 복사합니다.

② "제2작업" 시트의 [B2]셀을 클릭한 후 Ctrl+V 키를 눌러 붙여넣기를 합니다.

③ "제2작업" 시트에 조건을 입력하기 위해 예를 들어 [D2]셀의 '분류'와 [H2]셀의 '객실수입'을 복사하여 [B14]셀에 붙여넣기를 합니다.

④ [B14]셀에 "숲속의 집", [C15]셀에 "<=1000000"을 입력합니다.

분류	객실수입
숲속의 집	<=1000000

분류가 숲속의 집이면서 객실수입이 1000000 이하인 자료추출

분류	객실수입
<>호텔	<=1000000

분류가 호텔이 아니면서 객실수입이 1000000 이하인 자료 추출

분류	객실수입
숲속의 집	
	<=1000000

분류가 숲속의 집이거나 객실수입이 1000000 이하인 자료 추출

분류	객실수입
팬션	
호텔	>=5000000

분류가 팬션이거나, 분류가 호텔이면서 객실수입이 5000000 이상인 자료추출

⑤ [B2:H10]영역 안에 커서를 두고 [데이터]탭의 [정렬 및 필터]그룹에서 [고급]을 클릭합니다.

⑥ [고급필터] 대화상자에 다음과 같이 입력하고 [확인]을 클릭합니다.

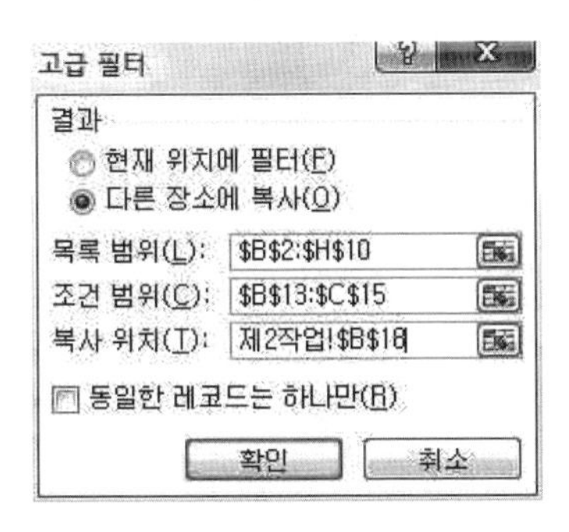

3. 표 서식

① [B18:H23]영역을 범위 지정한 후 [홈]탭의 [글꼴]그룹에서 [채우기 색] 도구를 클릭하여 '채우기 없음'을 클릭합니다.

② 고급필터 결과 [B18:H23]영역 안에 커서를 두고 [홈]탭의 [스타일]그룹에서 [표 서식]을 클릭하고 머리글 행, 줄무늬 행을 적용합니다.

4. 목표값 찾기

① "제1작업" 시트에서 반드시 조건부 서식이 되어 있는 [B4:H14]영역을 범위 지정한 후 Ctrl+C 키를 눌러 복사합니다.

② "제2작업" 시트의 [B2]셀을 클릭한 후 Ctrl+V 키를 눌러 붙여넣기를 합니다.

③ [B13:G13]영역을 범위 지정한 후 [홈]탭의 [맞춤]의 [병합하고 가운데 맞춤] 도구를 클릭한 후 (예 : "보통가 평균")을 입력합니다.

④ [H13]셀에 "=AVERAGE(H3:H12)"를 입력합니다.
예) =DAVERAGE(B2:H10,H2,D2:D3)

⑤ [B13:H13]영역을 범위 지정한 후 [홈]탭의 [글꼴]그룹에서 [테두리] 도구의 [모든 테두리]를 클릭합니다.

⑥ [H13]셀을 클릭한 후 [데이터]탭의 [데이터 도구]그룹에서 [가상 분석] → [목표값 찾기]를 클릭합니다.

⑦ 다음과 같이 입력한 후 [확인]을 클릭합니다.

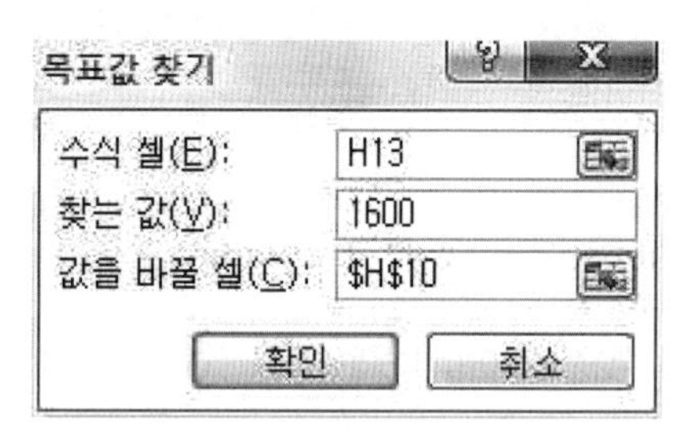

⑧ 값을 찾았다는 메시지 상자가 표시되면 [확인]을 하고 가운데맞춤을 합니다.

[제3작업] 피벗테이블 / 정렬 및 부분합 (80점)

1. 피벗테이블

① "제1작업" 시트의 [B4:H12]영역을 범위 지정한 후 [삽입]탭의 [표]그룹에서 [피벗테이블]을 클릭합니다.

② [피벗테이블 만들기] 대화상자에서 '기존 워크시트'를 선택하고 "제3작업" 시트의 [B2]셀을 클릭하고 [확인]을 클릭합니다.

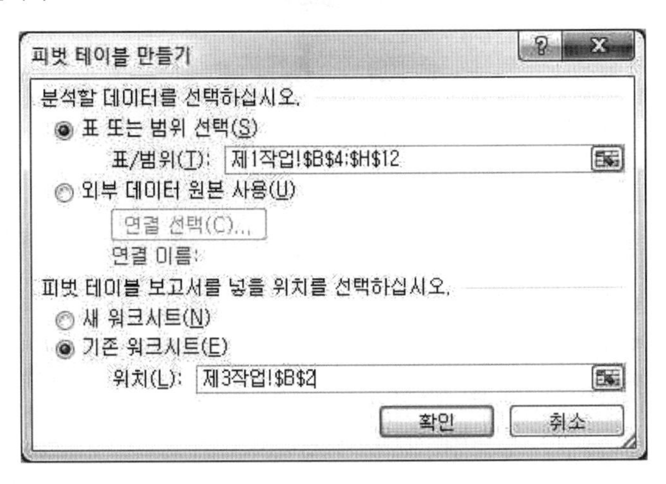

③ 지문에 있는 조건 1번을 보거나, 출력형태를 참고하여 필드를 행, 열, 값으로 끌어서 놓습니다.

예) 월평균 및 업무별 분류코드의 개수와 종사자 수의 평균을 구하시오

[해설] 월평균: 행, 업무: 열, 값: 분류코드의 개수, 종사자 수의 평균 순서대로 끌어서 놓습니다.

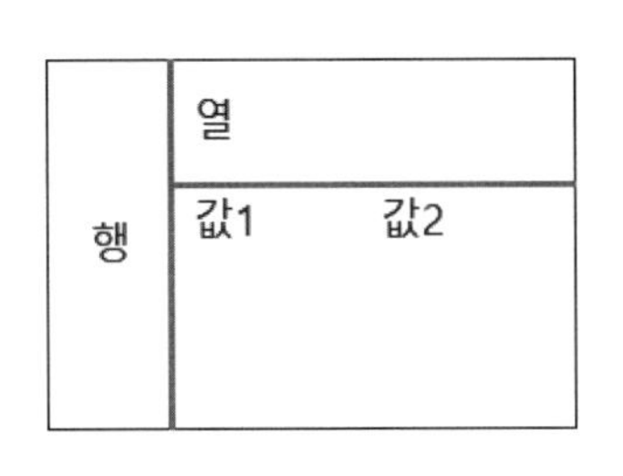

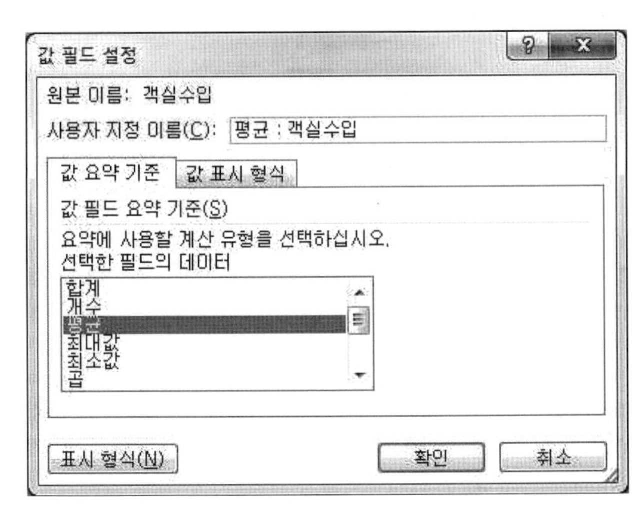

④ 열에 있는 1일 기본요금을 출력형태와 같이 그룹화하는 방법은 숫자 40000을 클릭하고 옵션 → 그룹 → 그룹선택을 하여 시작, 끝, 단위를 지정하고 확인을 클릭합니다. 행에 있는 분류를 클릭하여 텍스트 오름차순 정렬 또는 텍스트 내림차순 정렬을 선택합니다.

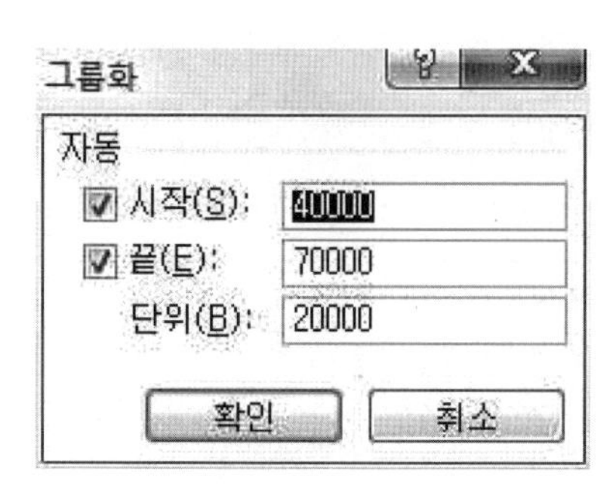

⑤ 피벗테이블 안쪽에 커서를 두고 [피벗테이블 도구] → [옵션]탭의 [피벗테이블]그룹에서 [옵션]을 클릭합니다.

⑥ [피벗테이블 옵션] 대화상자의 [레이아웃 및 서식]탭에서 '레이블이 있는 셀 병합 및 가운데 맞춤'을 체크하고, '빈 셀 표시'에 "**"을 입력합니다.

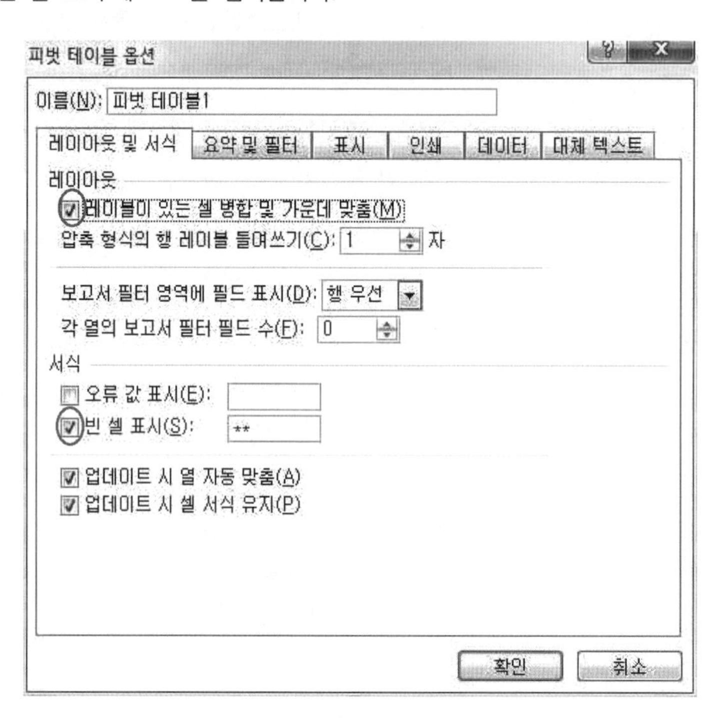

⑦ [요약 및 필터]탭에서 행 총합계 표시를 해제합니다.

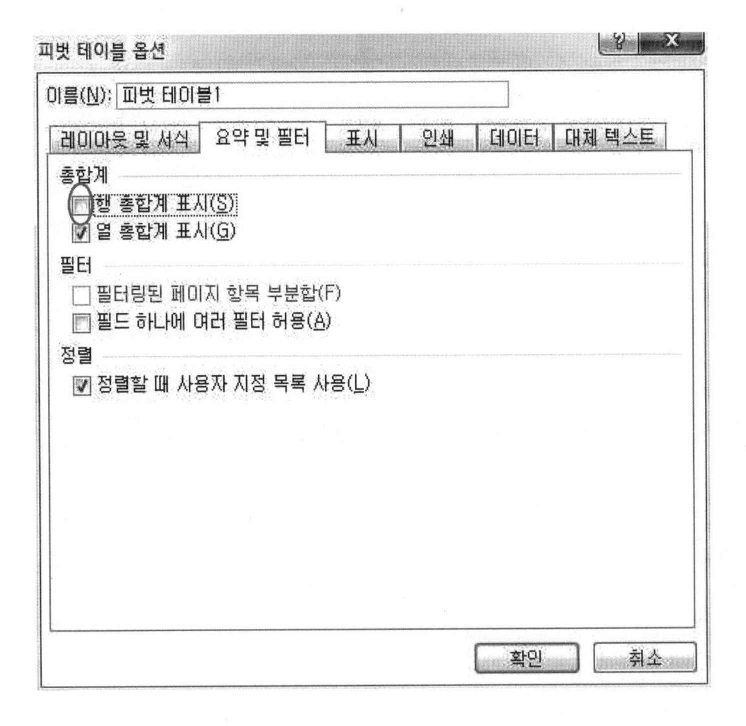

2. 정렬

① “제1작업” 시트에서 반드시 조건부서식이 되어있는 [B4:H14]영역을 범위 지정한 후 Ctrl+C 키를 눌러 복사합니다.

② “제3작업” 시트의 [B2]셀을 클릭한 후 Ctrl+V 키를 눌러 붙여넣기를 합니다.

③ 출력형태에서 “전체”라는 두 글자를 찾아서 수직으로 제일 위의 이름이 정렬 기준입니다. [B2]셀에 커서를 두고 [데이터]탭의 [정렬 및 필터]그룹에서 [정렬]을 클릭합니다. 여기서 데이터가 가나다순이면 오름차순, 반대면 내림차순, 글자가 혼합되어있으면 ‘사용자 지정 목록’으로 지정합니다.

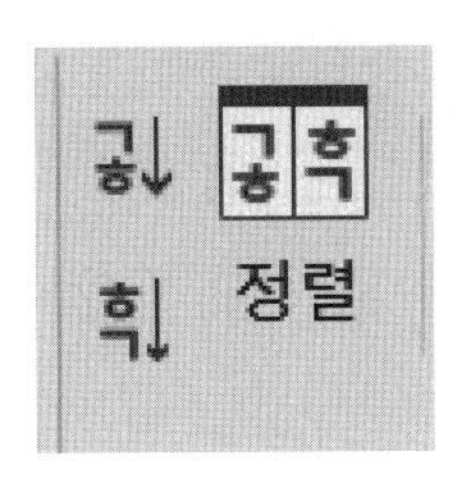

※ ④와 ⑤는 사용자 지정 목록일 경우의 설명입니다.

④ [정렬]대화상자에서 다음과 같이 선택하고 '정렬'에서 '사용자 지정 목록'을 선택합니다.

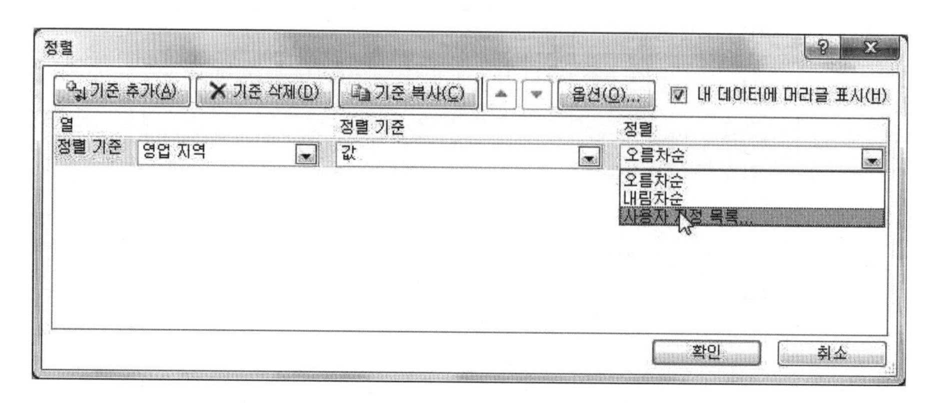

⑤ 파일 → 옵션 → 고급 → 정렬 및 채우기 순서에서 사용 할 목록 만들기: 사용자 지정 목록 편집을 클릭하여 "서울, 경기, 인천"을 입력하고 [추가]를 클릭한 후 선택하고 [확인]을 클릭합니다.

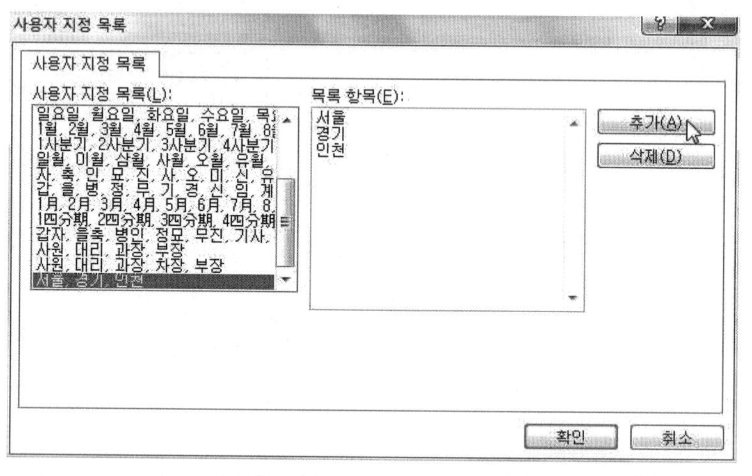

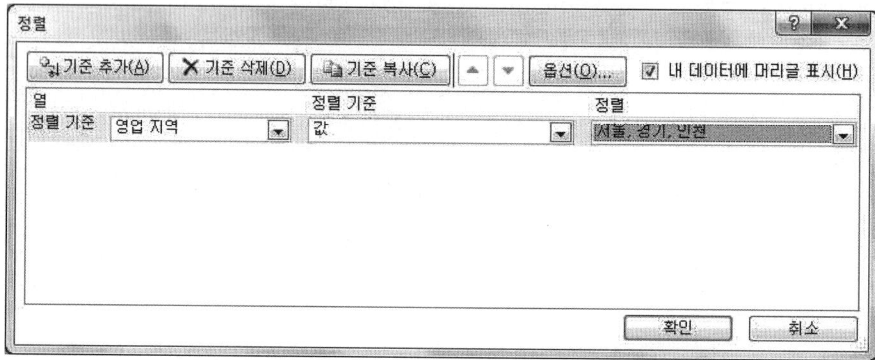

3. 부분합

① 데이터에 커서를 두고 [데이터]탭의 [개요]그룹에서 [부분합]을 클릭합니다.

② [부분합] 대화상자에서 다음과 같이 지정하고 [확인]을 클릭합니다.
그룹화 할 항목은 정렬기준을 선택합니다. 1차 부분합을 한 후 2차 부분합을 합니다.

1차 부분합

부분합
그룹화할 항목(A):
영업 지역
사용할 함수(U):
최대값
부분합 계산 항목(D):
설계사명
보험 분야
1분기(단위:천원)
2분기(단위:천원)
3분기(단위:천원)
4분기(단위:천원)
새로운 값으로 대치(C)
그룹 사이에서 페이지 나누기(P)
데이터 아래에 요약 표시(S)
모두 제거(R) 확인 취소

2차 부분합

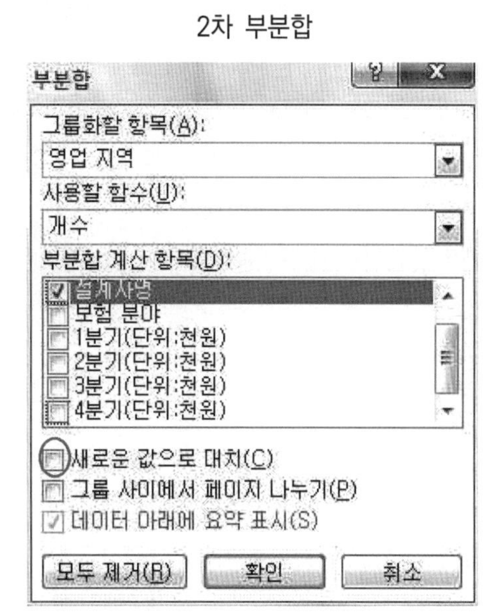

③ 데이터 안쪽에 커서를 두고 [데이터]탭의 [개요]그룹에서 [그룹 해제] → [개요 지우기]를 클릭합니다.

[제4작업] 그래프 (100점)

① 조건순서대로 작업을 합니다. 출력형태를 보고 가로축과 범례를 선택 → F11, 원형일 경우는 차트제목에 있는 데이터 계열과 범례를 선택하고 F11을 클릭합니다.

② CHART1을 제4작업으로 이름을 변경하고 제3작업시트 뒤로 이동합니다.

③ 차트를 클릭한 후 차트 도구의 디자인탭에서 레이아웃 3, 스타일 1을 선택합니다.

④ 차트 영역 클릭 → 홈탭 → '글꼴 → 굴림', '글꼴 크기 → 11', 서식 → 도형 채우기 → '질감'을 선택하고 그림 영역은 흰색, 배경1을 클릭합니다.

⑤ 차트 제목을 입력하고 '글꼴 → 굴림', '글꼴 크기 → 20', '굵게' 도형 채우기 → 흰색, 배경1, 도형 윤곽선 → 자동을 클릭합니다.

⑥ 차트 필터에서 가로축 출력형태에 없는 자료는 해제하고 적용을 클릭한 후 차트 도구의 서식탭 → 현재 선택 영역 그룹 → 보조축 계열이 선택되면 마우스 오른쪽 버튼 → 데이터 계열 서식 → 보조축을 체크하고 마우스 오른쪽 버튼 → 계열 차트 종류 변경 → 표식이 있는 꺾은선형으로 변경합니다.

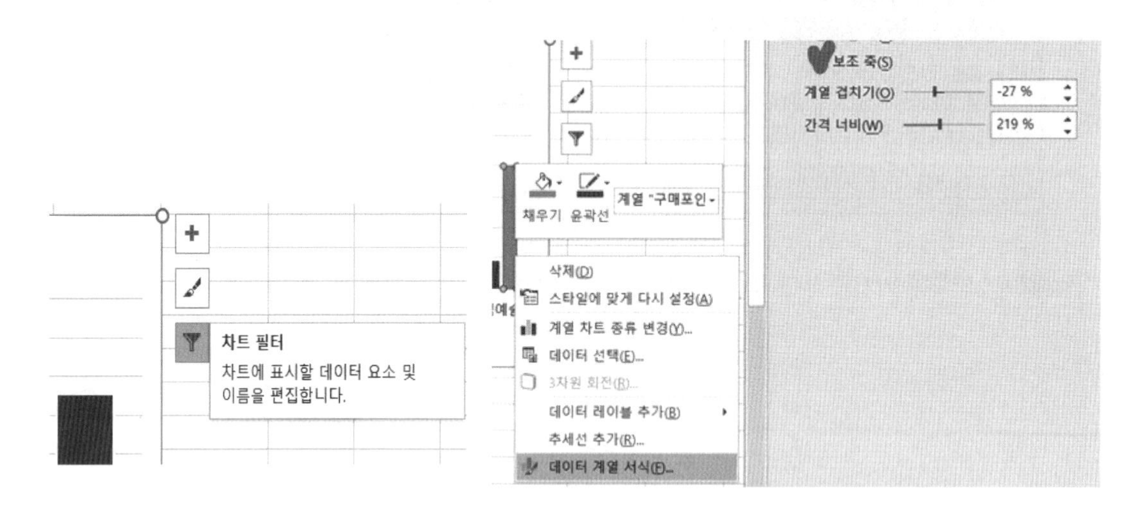

데이터 계열에 대한 차트 종류와 축을 선택합니다:

계열 이름	차트 종류	보조 축
거래회수	묶은 세로 막대형	☐
구매포인트	표식이 있는 꺾은선형	☑

⑦ 데이터 레이블추가(숫자값), 눈금선(파선), 축 서식(최소값, 최대값, 주단위)을 변경합니다.

⑧ 범례선택 → 차트 도구의 디자인탭 → 데이터선택 → 해당 범례를 선택하고 한 줄로 입력합니다.

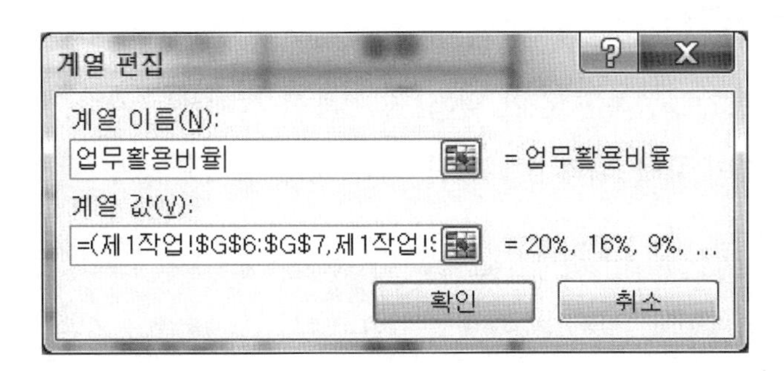

⑨ 도형을 그리고 글자를 입력한 후 가로, 세로 가운데 맞춤, 굴림, 11pt, 채우기 자동, 글자 색 자동을 클릭 한 후 출력형태와 같이 도형을 변경하면 됩니다.

⑩ 가로축, 기본축, 보조축의 선을 실선으로 변경합니다.

2. 유용한 기능

1. 중복된 항목 제거

- 특정 셀을 기준으로 중복된 값이 있는 행 전체를 삭제하는 기능
- 예를 들어 학번이 같은 행이 3개 있다면 한 행만 남기고 모두 삭제

대출현황표					
대출번호	성명	대출일	대출종류	대출금액	기간(월)
J02-38	이민주	2020-01-20	주택자금대출	27,000,000	48
J04-26	남지철	2017-07-20	주택자금대출	15,000,000	60
J02-01	김춘복	2019-03-22	주택자금대출	15,000,000	60
J03-26	민애라	2019-12-18	주택자금대출	12,000,000	60
Y04-15	진영태	2019-05-18	예부적금담보대출	3,000,000	36
Y04-48	장우석	2019-08-31	예부적금담보대출	3,000,000	36
Y01-07	도희철	2019-06-24	예부적금담보대출	3,000,000	36
Y03-88	김상진	2020-05-26	예부적금담보대출	4,000,000	48
Y02-67	형연주	2017-08-21	예부적금담보대출	1,000,000	48
Y01-07	도희철	2019-09-30	주택자금대출	3,000,000	36
Y03-08	설진구	2019-06-12	예부적금담보대출	2,000,000	60
J02-01	김춘복	2020-03-22	예부적금담보대출	15,000,000	60
M02-06	최철식	2018-08-16	무보증신용대출	2,000,000	36
M01-37	최만용	2017-05-17	무보증신용대출	5,000,000	36
M03-37	박순영	2020-12-09	무보증신용대출	10,000,000	36
K03-05	민승렬	2017-10-09	국민주택기금대출	15,000,000	60

- 데이터 도구를 이용하여 [A2:F18] 영역에서 '대출번호'와 '성명'을 기준으로 중복된 값이 포함된 행을 삭제하시오.

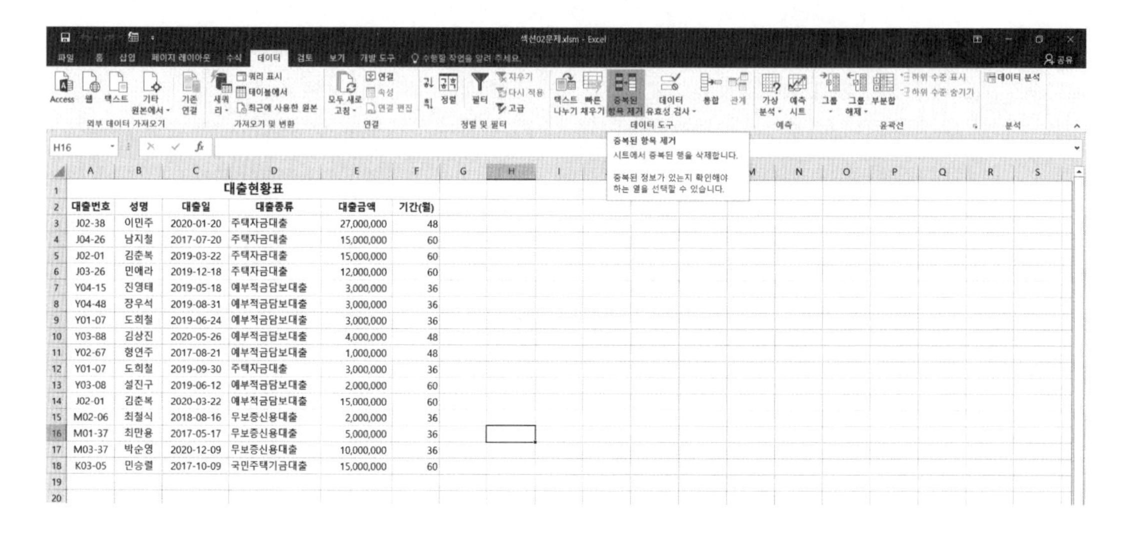

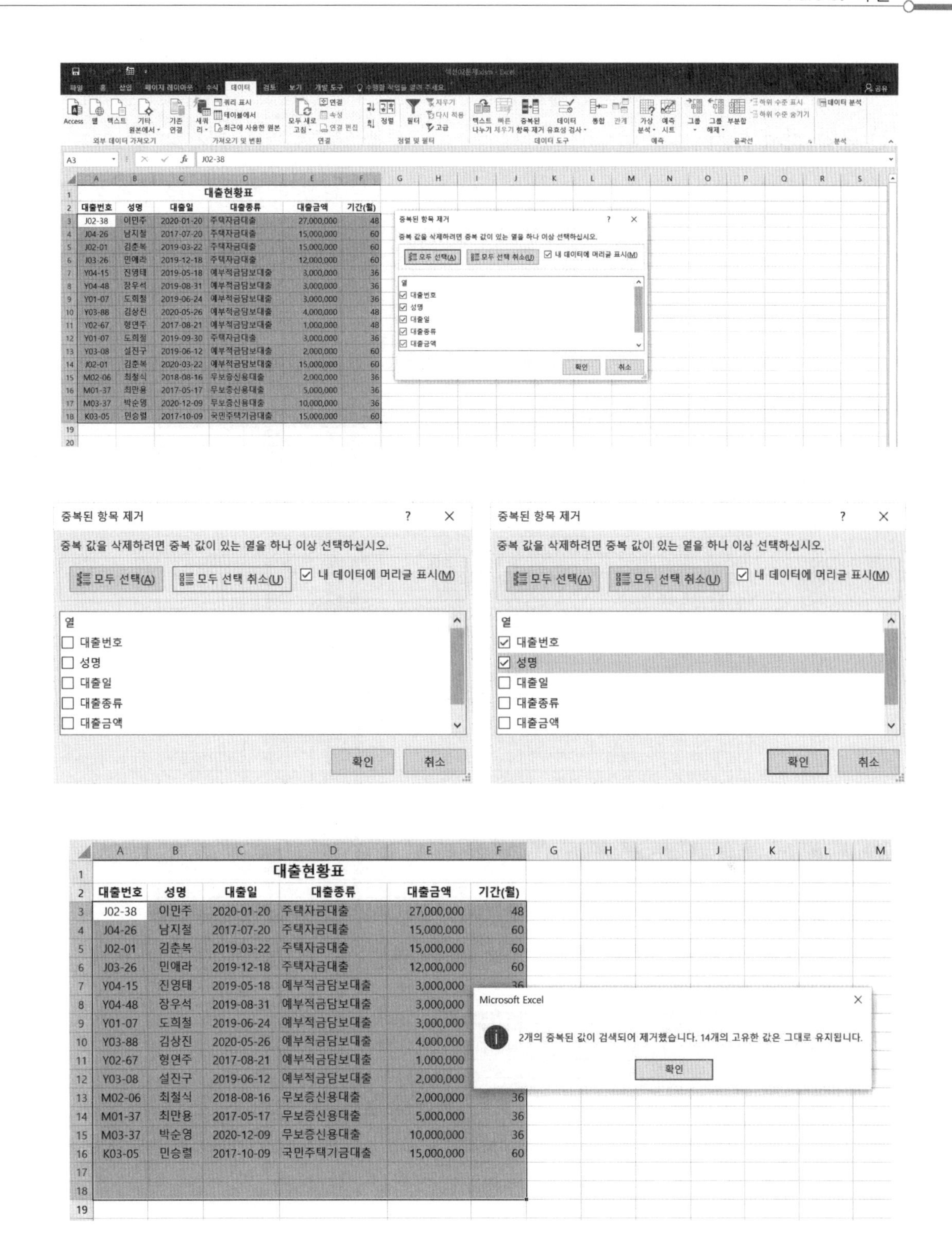

중복된 항목 제거
중복 값을 삭제하려면 중복 값이 있는 열을 하나 이상 선택하십시오.
모두 선택(A)
모두 선택 취소(U)
내 데이터에 머리글 표시(M)
열
대출번호
성명
대출일
대출종류
대출금액
확인
취소
대출현황표
Microsoft Excel
2개의 중복된 값이 검색되어 제거했습니다. 14개의 고유한 값은 그대로 유지됩니다.
확인

2. 페이지 레이아웃 / 통합 문서 보기

(1) 통합 문서 보기

작성한 문서를 다양하게 표시하는 기능으로 페이지 구분선, 인쇄 영역, 페이지 번호 등을 확인할 수 있는 페이지 나누기 미리보기나 작성한 문서를 종이 형태로 표시하는 페이지 레이아웃 보기 등이 있습니다.

실습 시트

	A	B	C	D	E	F
1						
2		서명	저자	입력일자	신청자이름	작업사항
3		프라이다이나믹스	고형준	2월 1일	김*영	
4		지식재산 금융과 법제도	김승열	2월 1일	김*영	
5		값싼 음식의 실제 가격	마이클 캐롤런	2월 3일	조*현	입고예정
6		0년	이안 부루마	2월 3일	조*현	
7		나이트 워치 상	세르게이 루키야넨코	2월 3일	정*지	
8		행운 연습	큐쉬안	2월 4일	박*정	
9		새 하늘과 새 땅	리처드 미들턴	2월 6일	정*식	입고예정
10		알라	미로슬라브 볼프	2월 6일	정*울	
11		섬을 탈출하는 방법	조형근, 김종배	2월 6일	박*철	
12		내 몸의 바운스를 깨워라	옥주현	2월 8일	김*화	
13		벤저민 그레이엄의 정량분석 Quant	스티븐 P. 그라이너	2월 9일	민*준	
14		라플라스의 마녀	히가시노게이고	2월 11일	김*연	우선신청도서
15		글쓰는 여자의 공간	타니아 슐리	2월 11일	조*혜	
16		돼지 루퍼스, 학교에 가다	킴 그리스웰	2월 12일	이*경	
17		빼꼼 아저씨네 동물원	케빈 월드론	2월 12일	주*민	
18		부동산의 보이지 않는 진실	이재범 외1	2월 13일	민*준	
19		영재들의 비밀습관 하브루타	장성애	2월 16일	정*정	
20		Why? 소프트웨어와 코딩	조영선	2월 17일	변*우	
21		나는 단순하게 살기로 했다	사사키 후미오	2월 17일	김*선	우선신청도서
22		나는 누구인가 - 인문학 최고의 공부	강신주, 고미숙 외5	2월 17일	송*자	
23		음의 방정식	미야베 미유키	2월 19일	이*아	
24		인성이 실력이다	조벽	2월 20일	고*원	
25		학교를 개선하는 교사	마이클 풀란	2월 23일	한*원	
26		혁신교육에 대한 교육학적 성찰	한국교육연구네트워크	2월 23일	한*원	
27		부시파일럿, 나는 길이 없는 곳으로 간다	오현호	2월 23일	최*설	
28		ENJOY 홋카이도(2015-2016)	정태관,박용준,민보영	2월 24일	이*아	
29		우리 아이 유치원 에이스 만들기	에이미	2월 24일	조*혜	
30		Duck and Goose, Goose Needs a Hug	Tad Hills	2월 25일	김*레	3월입고예정
31		Duck & Goose : Find a Pumpkin	Tad Hills	2월 25일	김*레	3월입고예정
32		스웨덴 엄마의 말하기 수업	페트라 크란츠 린드그렌	2월 26일	김*일	
33		잠자고 싶은 토끼	칼 요한 포센 엘린	2월 26일	정*희	
34		뭐? 나랑 너랑 닮았다고!?	고미 타로	2월 26일	정*희	
35		2030년에는 투명망토가 나올까	얀 파울 스취텐	2월 26일	김*윤	
36		조금만 기다려봐	케빈 행크스	2월 26일	김*송	
37		프랑스 여자는 늙지 않는다	미리유 길리아노	2월 26일	김*송	
38		자본에 관한 불편한 진실	정철진	2월 26일	맹*현	
39		당나귀와 다이아몬드	D&B	2월 26일	오*진	품절도서
40		아바타 나영일	박상재	2월 27일	오*진	
41		Extra Yarn	Mac Barnett	2월 27일	이*숙	3월말입고예정
42		The Unfinished Angel	Creech, Sharon	2월 28일	서*원	3월말입고예정
43						

실습 시트를 '페이지 나누기 미리 보기'로 표시하고, [B2:F42] 영역만 1페이지로 인쇄되도록 페이지 나누기 구분선을 조정하시오.

보기 → 페이지 나누기 미리 보기를 클릭하고 페이지구분선, 페이지 번호등이 표시됩니다.

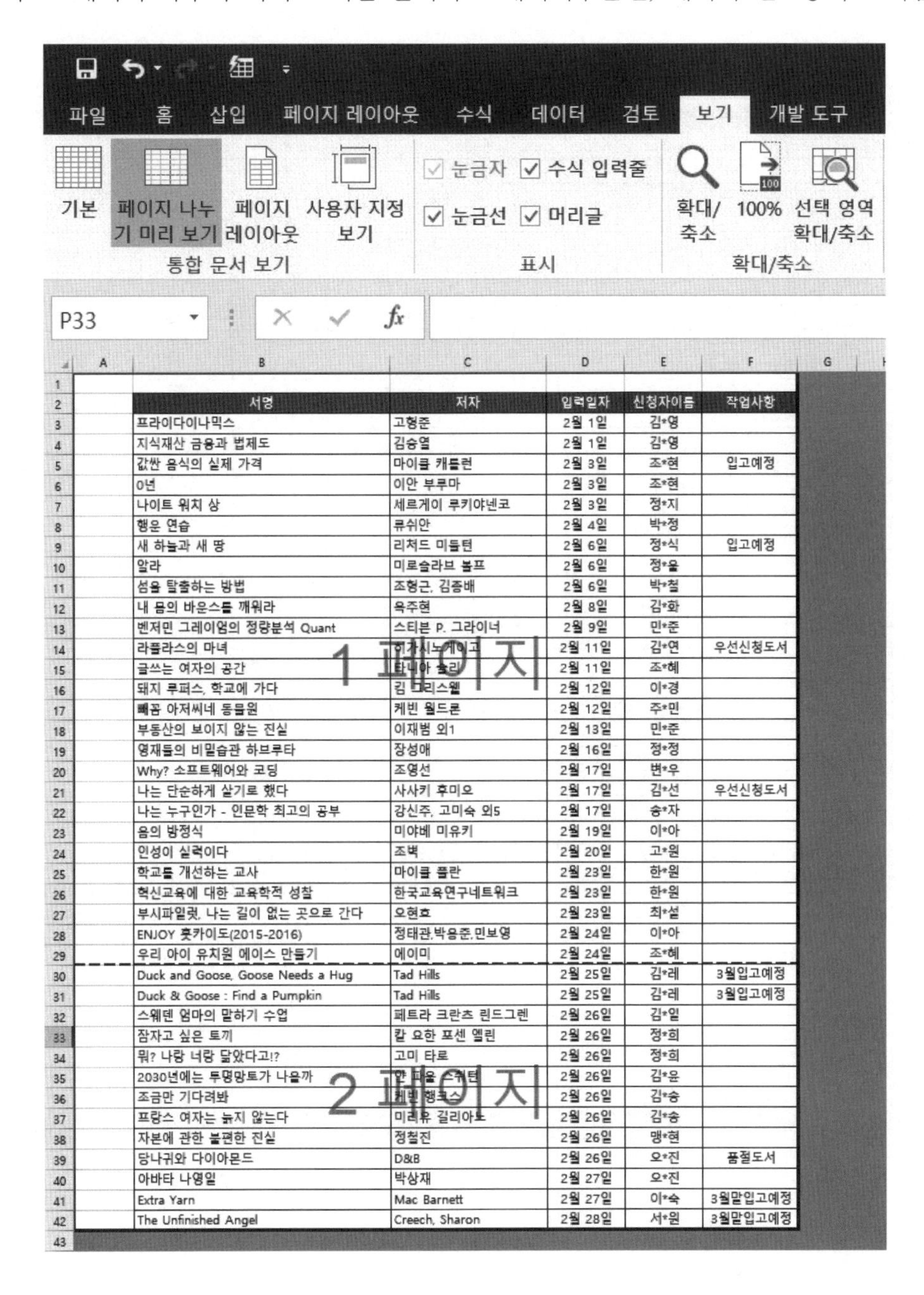

서명	저자	입력일자	신청자이름	작업사항
프라이다이나믹스	고형준	2월 1일	김*영	
지식재산 금융과 법제도	김승열	2월 1일	김*영	
값싼 음식의 실제 가격	마이클 캐롤런	2월 3일	조*현	입고예정
0년	이안 부루마	2월 3일	조*현	
나이트 워치 상	세르게이 루키야넨코	2월 3일	정*지	
행운 연습	큐쉬안	2월 4일	박*정	
새 하늘과 새 땅	리처드 미들턴	2월 6일	정*식	입고예정
알라	미로슬라브 볼프	2월 6일	정*울	
섬을 탈출하는 방법	조형근, 김종배	2월 6일	박*철	
내 몸의 바운스를 깨워라	육주현	2월 8일	김*화	
벤저민 그레이엄의 정량분석 Quant	스티븐 P. 그라이너	2월 9일	민*준	
라플라스의 마녀	히가시노게이고	2월 11일	김*연	우선신청도서
글쓰는 여자의 공간	타니아 슐리	2월 11일	조*혜	
돼지 루퍼스, 학교에 가다	킴 그리스웰	2월 12일	이*경	
빼꼼 아저씨네 동물원	케빈 월드론	2월 12일	주*민	
부동산의 보이지 않는 진실	이재범 외1	2월 13일	민*준	
영재들의 비밀습관 하브루타	장성애	2월 16일	정*정	
Why? 소프트웨어와 코딩	조영선	2월 17일	변*우	
나는 단순하게 살기로 했다	사사키 후미오	2월 17일	김*선	우선신청도서
나는 누구인가 - 인문학 최고의 공부	강신주, 고미숙 외5	2월 17일	송*자	
몸의 방정식	미야베 미유키	2월 19일	이*아	
인성이 실력이다	조벽	2월 20일	고*원	
학교를 개선하는 교사	마이클 풀란	2월 23일	한*원	
혁신교육에 대한 교육학적 성찰	한국교육연구네트워크	2월 23일	한*원	
부시파일럿, 나는 길이 없는 곳으로 간다	오현호	2월 23일	최*설	
ENJOY 홋카이도(2015-2016)	정태관,박용준,민보영	2월 24일	이*아	
우리 아이 유치원 에이스 만들기	에이미	2월 24일	조*혜	
Duck and Goose, Goose Needs a Hug	Tad Hills	2월 25일	김*레	3월입고예정
Duck & Goose : Find a Pumpkin	Tad Hills	2월 25일	김*레	3월입고예정
스웨덴 엄마의 말하기 수업	페트라 크란츠 린드그렌	2월 26일	김*일	
잠자고 싶은 토끼	칼 요한 포센 엘린	2월 26일	정*희	
뭐? 나랑 너랑 닮았다고!?	고미 타로	2월 26일	정*희	
2030년에는 투명망토가 나올까	얀 파울 스휘텐	2월 26일	김*윤	
조금만 기다려봐	케빈 헹크스	2월 26일	김*송	
프랑스 여자는 늙지 않는다	미레유 길리아노	2월 26일	김*송	
자본에 관한 불편한 진실	정철진	2월 26일	맹*현	
당나귀와 다이아몬드	D&B	2월 26일	오*진	품절도서
아바타 나영일	박상재	2월 27일	오*진	
Extra Yarn	Mac Barnett	2월 27일	이*숙	3월말입고예정
The Unfinished Angel	Creech, Sharon	2월 28일	서*원	3월말입고예정

[B2:F42] 영역만 1페이지로 인쇄되도록 페이지 나누기 구분선을 조절하는데 페이지 나누기 미리 보기 상태에서는 마우스로 드래그하여 구분선의 위치를 구분할 수 있습니다. 페이지 나누기 구분선 위로 마우스 포인터를 이동해 포인터의 모양이 ↔, ↕등으로 변경됐을 때 드래그합니다.

	A	B	C	D	E	F
1						
2		서명	저자	입력일자	신청자이름	작업사항
3		프라이다이나믹스	고형준	2월 1일	김*영	
4		지식재산 금융과 법제도	김승열	2월 1일	김*영	
5		값싼 음식의 실제 가격	마이클 캐롤런	2월 3일	조*현	입고예정
6		0년	이안 부루마	2월 3일	조*현	
7		나이트 워치 상	세르게이 루키야넨코	2월 3일	정*지	
8		행운 연습	류쉬안	2월 4일	박*정	
9		새 하늘과 새 땅	리처드 미들턴	2월 6일	정*식	입고예정
10		알라	미로슬라브 볼프	2월 6일	정*울	
11		섬을 탈출하는 방법	조형근, 김종배	2월 6일	박*철	
12		내 몸의 바운스를 깨워라	옥주현	2월 8일	김*화	
13		벤저민 그레이엄의 정량분석 Quant	스티븐 P. 그라이너	2월 9일	민*준	
14		라플라스의 마녀	히가시노게이고	2월 11일	김*연	우선신청도서
15		글쓰는 여자의 공간	타니아 슐리	2월 11일	조*혜	
16		돼지 루퍼스, 학교에 가다	킴 그리스웰	2월 12일	이*경	
17		빼꼼 아저씨네 동물원	케빈 월드론	2월 12일	주*민	
18		부동산의 보이지 않는 진실	이재범 외1	2월 13일	민*준	
19		영재들의 비밀습관 하브루타	장성애	2월 16일	정*정	
20		Why? 소프트웨어와 코딩	조영선	2월 17일	변*우	
21		나는 단순하게 살기로 했다	사사키 후미오	2월 17일	김*선	우선신청도서
22		나는 누구인가 - 인문학 최고의 공부	강신주, 고미숙 외5	2월 17일	송*자	
23		음의 방정식	미야베 미유키	2월 19일	이*아	
24		인성이 실력이다	조벽	2월 20일	고*원	
25		학교를 개선하는 교사	마이클 플란	2월 23일	한*원	
26		혁신교육에 대한 교육학적 성찰	한국교육연구네트워크	2월 23일	한*원	
27		부시파일럿, 나는 길이 없는 곳으로 간다	오현호	2월 23일	최*설	
28		ENJOY 홋카이도(2015-2016)	정태관,박용준,민보영	2월 24일	이*아	
29		우리 아이 유치원 에이스 만들기	에이미	2월 24일	조*혜	
30		Duck and Goose, Goose Needs a Hug	Tad Hills	2월 25일	김*레	3월입고예정
31		Duck & Goose : Find a Pumpkin	Tad Hills	2월 25일	김*레	3월입고예정
32		스웨덴 엄마의 말하기 수업	페트라 크란츠 린드그렌	2월 26일	김*일	
33		잠자고 싶은 토끼	칼 요한 포센 엘린	2월 26일	정*희	
34		뭐? 나랑 너랑 닮았다고!?	고미 타로	2월 26일	정*희	
35		2030년에는 투명망토가 나올까	얀 파울 스취턴	2월 26일	김*윤	
36		조금만 기다려봐	케빈 행크스	2월 26일	김*송	
37		프랑스 여자는 늙지 않는다	미리유 길리아노	2월 26일	김*송	
38		자본에 관한 불편한 진실	정철진	2월 26일	맹*현	
39		당나귀와 다이아몬드	D&B	2월 26일	오*진	품절도서
40		아바타 나영일	박상재	2월 27일	오*진	
41		Extra Yarn	Mac Barnett	2월 27일	이*숙	3월말입고예정
42		The Unfinished Angel	Creech, Sharon	2월 28일	서*원	3월말입고예정
43						

1 페이지

(2) 페이지 레이아웃

워크시트의 내용을 보기 좋게 인쇄하기 위해 상•하•좌•우 여백, 페이지의 가로•세로 가운데 맞춤, 머리글/바닥글, 인쇄 영역, 반복할 행/열, 페이지 나누기 등의 기능을 설정하는 작업입니다.

인쇄될 내용이 페이지의 정 가운데에 인쇄되도록 페이지 가운데 맞춤을 설정하시오.

[페이지 레이아웃] → 페이지 설정의 자세히를 클릭하면 페이지 설정 대화상자가 나타납니다.

실습 시트

서명	저자	입력일자	신청자이름	작업사항
프라이다이나믹스	고형준	2월 1일	김*영	
지식재산 금융과 법제도	김승열	2월 1일	김*영	
값싼 음식의 실제 가격	마이클 캐롤런	2월 3일	조*현	입고예정
0년	이안 부루마	2월 3일	조*현	
나이트 워치 상	세르게이 루키야넨코	2월 3일	정*지	
행운 연습	류쉬안	2월 4일	박*정	
새 하늘과 새 땅	리처드 미들턴	2월 6일	정*식	입고예정
알라	미로슬라브 볼프	2월 6일	정*율	
섬을 탈출하는 방법	조형근, 김종배	2월 6일	박*철	
내 몸의 바운스를 깨워라	육주현	2월 8일	김*화	
벤저민 그레이엄의 정량분석 Quant	스티븐 P. 그라이너	2월 9일	민*준	
라플라스의 마녀	히가시노게이고	2월 11일	김*연	우선신청도서
글쓰는 여자의 공간	타니아 슐리	2월 11일	조*혜	
돼지 루퍼스, 학교에 가다	킴 그리스웰	2월 12일	이*경	
뻬꼼 아저씨네 동물원	케빈 월드론	2월 12일	주*민	
부동산의 보이지 않는 진실	이재범 외1	2월 13일	민*준	
영재들의 비밀습관 하브루타	장성애	2월 16일	정*정	
Why? 소프트웨어와 코딩	조영선	2월 17일	변*우	
나는 단순하게 살기로 했다	사사키 후미오	2월 17일	김*선	우선신청도서
나는 누구인가 - 인문학 최고의 공부	강신주, 고미숙 외5	2월 17일	송*자	
율의 방정식	미야베 미유키	2월 19일	이*아	
인성이 실력이다	조벽	2월 20일	고*원	
학교를 개선하는 교사	마이클 풀란	2월 23일	한*원	
혁신교육에 대한 교육학적 성찰	한국교육연구네트워크	2월 23일	한*원	
부시파일럿, 나는 길이 없는 곳으로 간다	오현호	2월 23일	최*설	
ENJOY 홋카이도(2015-2016)	정태관,박용준,민보영	2월 24일	이*아	
우리 아이 유치원 에이스 만들기	에이미	2월 24일	조*혜	
Duck and Goose, Goose Needs a Hug	Tad Hills	2월 25일	김*레	3월입고예정
Duck & Goose : Find a Pumpkin	Tad Hills	2월 25일	김*레	3월입고예정
스웨덴 엄마의 말하기 수업	페트라 크란츠 린드그렌	2월 26일	김*일	
잠자고 싶은 토끼	칼 요한 포센 엘린	2월 26일	정*희	
뭐? 나랑 너랑 닮았다고!?	고미 타로	2월 26일	정*희	
2030년에는 투명망토가 나올까	얀 파울 스취턴	2월 26일	김*윤	
조금만 기다려봐	케빈 헹크스	2월 26일	김*송	
프랑스 여자는 늙지 않는다	미리유 길리아노	2월 26일	김*송	
자본에 관한 불편한 진실	정철진	2월 26일	맹*현	
당나귀와 다이아몬드	D&B	2월 26일	오*진	품절도서
아바타 나영일	박상재	2월 27일	오*진	
Extra Yarn	Mac Barnett	2월 27일	이*숙	3월말입고예정
The Unfinished Angel	Creech, Sharon	2월 28일	서*원	3월말입고예정

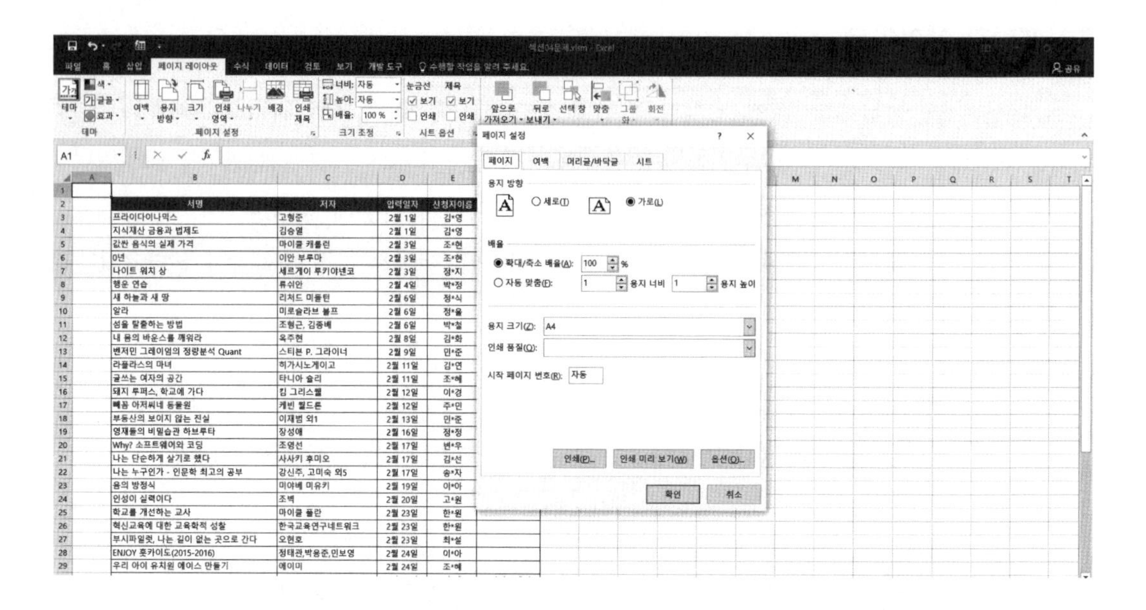

인쇄될 내용이 정 가운데에 인쇄되도록 '페이지 설정' 대화상자의 '여백'탭에서 페이지 가운데 맞춤의 '가로'와 '세로'를 선택합니다.

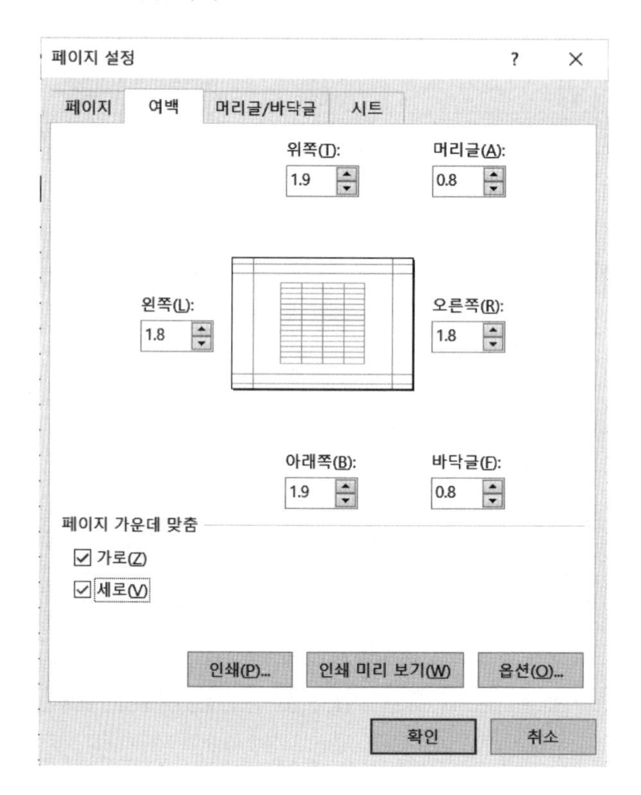

매 페이지 하단의 가운데 구역에는 페이지 번호가 [표시 예]와 같이 표시되도록 바닥글을 설정하시오. [표시 예 : 현재 페이지 번호가 1이고 전체 페이지 번호가 3인 경우 → 1/3]

페이지 하단의 가운데에 페이지 번호가 표시되도록 '페이지 설정' 대화상자에서 '머리글/바닥글' 탭을 선택한 후 〈바닥글 편집〉을 클릭하면 '바닥글' 대화상자가 나타납니다.

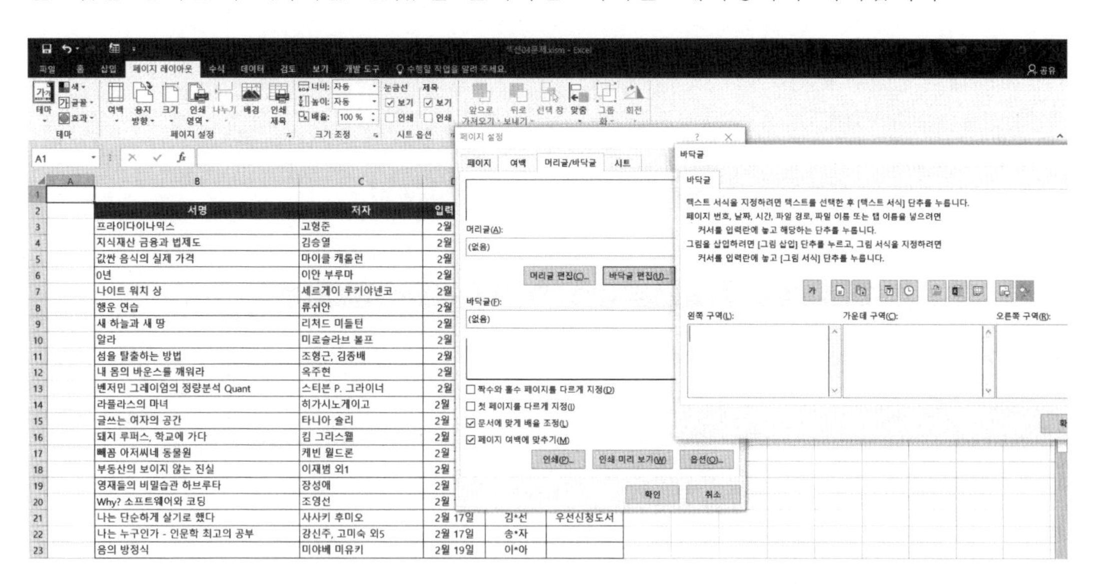

'바닥글' 대화상자에서 '가운데 구역'을 클릭한 후 '페이지 번호 삽입' 아이콘을 클릭하면 '가운데 구역'에 '&[페이지 번호]'가 표시되고 뒤에 '/'를 입력하고 '전체 페이지 수 삽입' 아이콘을 클릭한 다음 〈확인〉을 클릭합니다.

바닥글

바닥글

텍스트 서식을 지정하려면 텍스트를 선택한 후 [텍스트 서식] 단추를 누릅니다.
페이지 번호, 날짜, 시간, 파일 경로, 파일 이름 또는 탭 이름을 넣으려면
커서를 입력란에 놓고 해당하는 단추를 누릅니다.
그림을 삽입하려면 [그림 삽입] 단추를 누르고, 그림 서식을 지정하려면
커서를 입력란에 놓고 [그림 서식] 단추를 누릅니다.

가

왼쪽 구역(L): 가운데 구역(C): 오른쪽 구역(R):

&[페이지 번호]/&[전체 페이지 수]

확인

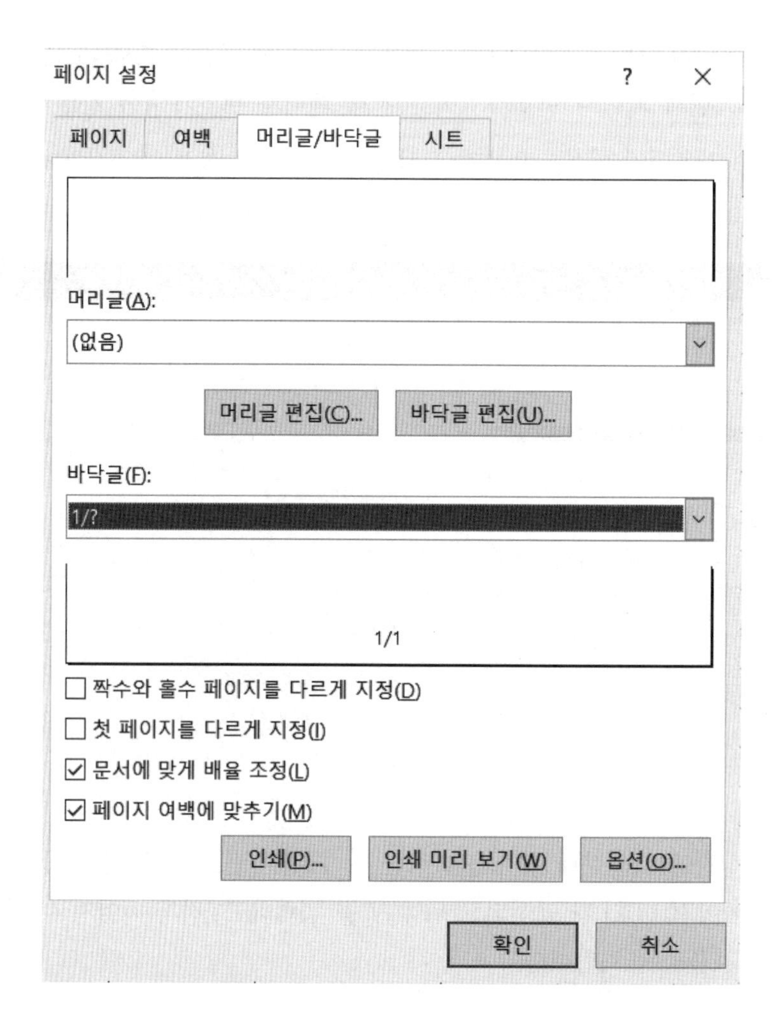

[B2:F42] 영역을 인쇄 영역으로 설정하고 2행이 매 페이지마다 반복하여 인쇄되도록 인쇄 제목을 설정하시오.

'페이지 설정' 대화상자에서 '시트' 탭을 선택하고 인쇄 영역의 입력난을 클릭한 다음 [B2:F42] 영역을 드래그하여 범위로 지정합니다.

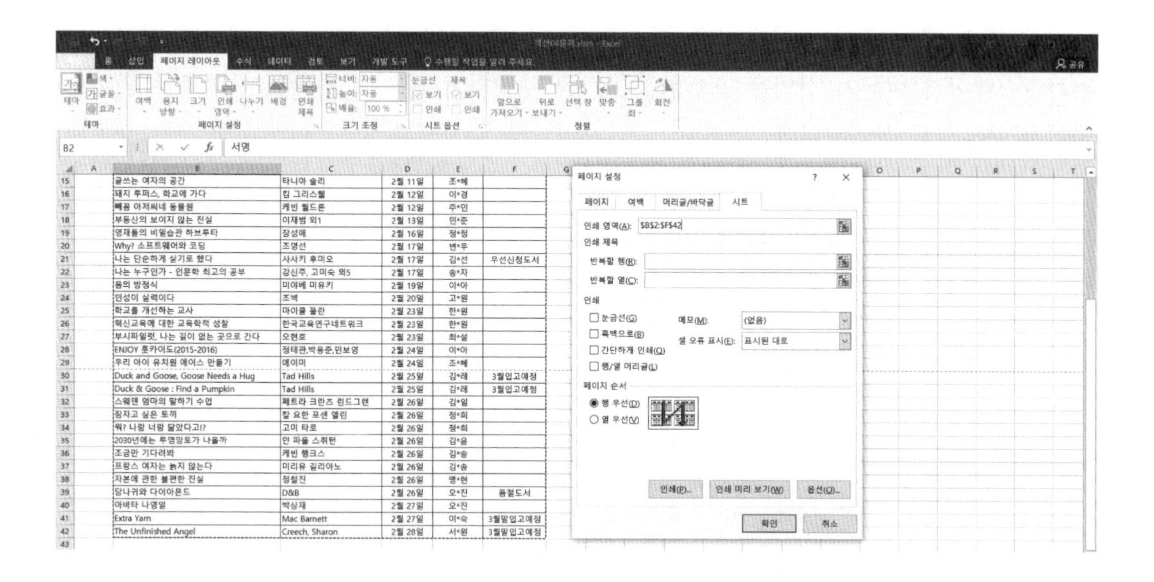

2행이 매 페이지마다 반복하여 인쇄되도록 설정하기 위해 '인쇄 제목'의 반복할 행의 입력난을 클릭하고 워크시트의 2행을 클릭한 후 〈확인〉을 클릭합니다.

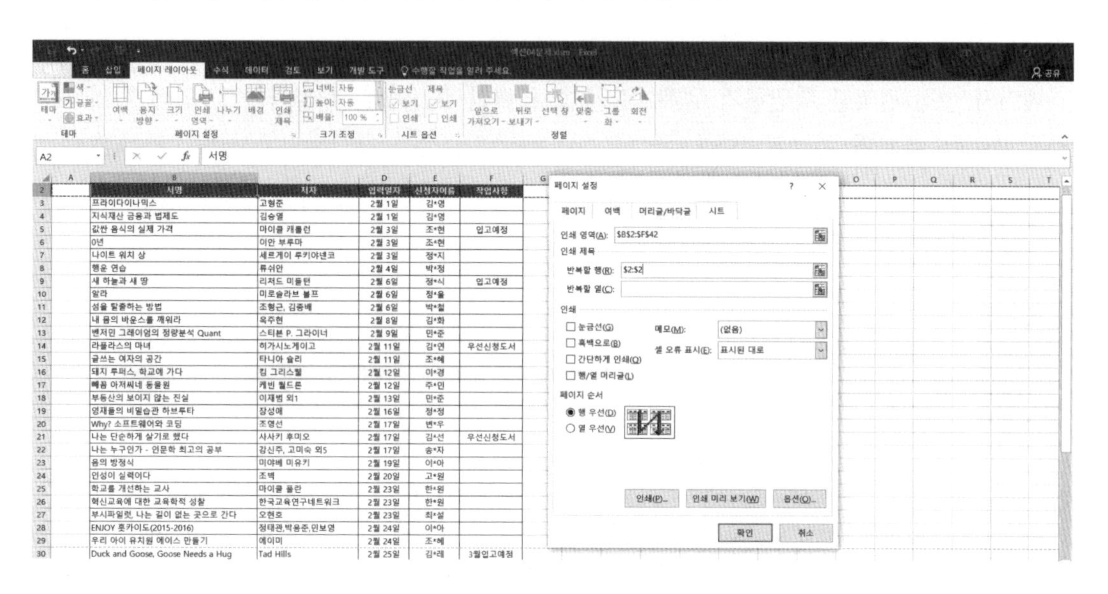

[B23:F42] 영역이 2페이지에 표시되도록 페이지 나누기를 실행하시오.

2페이지의 맨 처음에 표시될 [B23]을 클릭한 후 [페이지 레이아웃] → 페이지 설정 → 나누기 → 페이지 나누기 삽입을 선택한 다음 셀 포인터의 위치를 기준으로 왼쪽과 위쪽으로 페이지 구분선이 삽입됩니다.

	A	B	C	D	E	F	G	H	I	J	K	L	M	N	O
10		알라	미로슬라브 볼프	2월 6일	정*울										
11		섬을 탈출하는 방법	조형근, 김종배	2월 6일	박*철										
12		내 몸의 바운스를 깨워라	옥주현	2월 8일	김*화										
13		벤저민 그레이엄의 정량분석 Quant	스티븐 P. 그라이너	2월 9일	민*준										
14		라플라스의 마녀	히가시노게이고	2월 11일	김*연	우선신청도서									
15		글쓰는 여자의 공간	타니아 슐리	2월 11일	조*혜										
16		돼지 루퍼스, 학교에 가다	킴 그리스웰	2월 12일	이*경										
17		빼꼼 아저씨네 동물원	케빈 월드론	2월 12일	주*민										
18		부동산의 보이지 않는 진실	이재범 외1	2월 13일	민*준										
19		영재들의 비밀습관 하브루타	장성애	2월 16일	정*정										
20		Why? 소프트웨어와 코딩	조영선	2월 17일	변*우										
21		나는 단순하게 살기로 했다	사사키 후미오	2월 17일	김*선	우선신청도서									
22		나는 누구인가 - 인문학 최고의 공부	강신주, 고미숙 외5	2월 17일	송*자										
23		몸의 방정식	미야베 미유키	2월 19일	이*아										
24		인성이 실력이다	조벽	2월 20일	고*원										
25		학교를 개선하는 교사	마이클 풀란	2월 23일	한*원										
26		혁신교육에 대한 교육학적 성찰	한국교육연구네트워크	2월 23일	한*원										
27		부시파일럿, 나는 길이 없는 곳으로 간다	오현호	2월 23일	최*설										
28		ENJOY 홋카이도(2015-2016)	정태관,박용준,민보영	2월 24일	이*아										
29		우리 아이 유치원 에이스 만들기	에이미	2월 24일	조*혜										
30		Duck and Goose, Goose Needs a Hug	Tad Hills	2월 25일	김*레	3월입고예정									
31		Duck & Goose : Find a Pumpkin	Tad Hills	2월 25일	김*레	3월입고예정									
32		스웨덴 엄마의 말하기 수업	페트라 크란츠 린드그렌	2월 26일	김*일										
33		잠자고 싶은 토끼	칼 요한 포셴 엘린	2월 26일	정*희										
34		뭐? 나랑 너랑 닮았다고!?	고미 타로	2월 26일	정*희										
35		2030년에는 투명망토가 나올까	얀 파울 스휘텐	2월 26일	김*윤										
36		조금만 기다려봐	케빈 헹크스	2월 26일	김*송										
37		프랑스 여자는 늙지 않는다	미리유 길리아노	2월 26일	김*송										
38		자본에 관한 불편한 진실	정철진	2월 26일	명*현										
39		당나귀와 다이아몬드	D&B	2월 26일	오*진	품절도서									
40		아바타 나영일	박상재	2월 27일	오*진										

페이지 설정 결과를 확인하기 위해 [파일]을 클릭한 후 [인쇄]를 클릭하고 '인쇄 미리 보기' 창은 ESC를 누르면 종료됩니다.

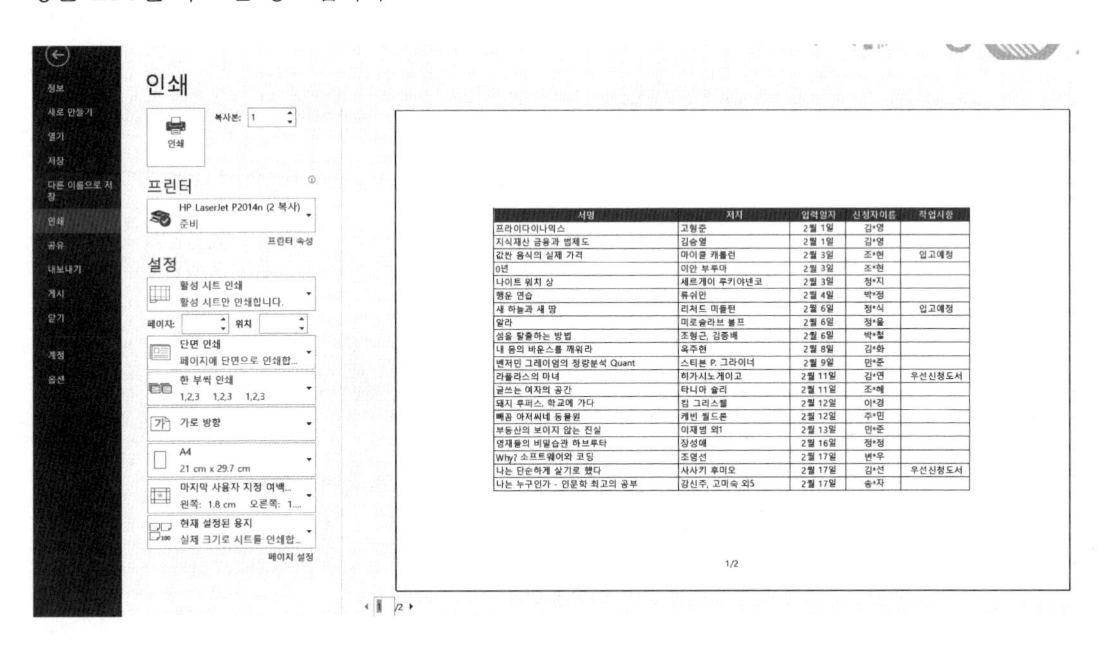

서명	저자	입력일자	신청자이름	작업사항
프라이다이나믹스	고형준	2월 1일	김*영	
지식재산 금융과 법제도	김승열	2월 1일	김*영	
값싼 음식의 실제 가격	마이클 캐롤런	2월 3일	조*현	입고예정
0년	이안 부루마	2월 3일	조*현	
나이트 워치 상	세르게이 루키야넨코	2월 3일	정*지	
행운 연습	류쉬안	2월 4일	박*정	
새 하늘과 새 땅	리처드 미들턴	2월 6일	정*식	입고예정
알라	미로슬라브 볼프	2월 6일	정*울	
섬을 탈출하는 방법	조형근, 김종배	2월 6일	박*철	
내 몸의 바운스를 깨워라	옥주현	2월 8일	김*화	
벤저민 그레이엄의 정량분석 Quant	스티븐 P. 그라이너	2월 9일	민*준	
라플라스의 마녀	히가시노게이고	2월 11일	김*연	우선신청도서
글쓰는 여자의 공간	타니아 슐리	2월 11일	조*혜	
돼지 루퍼스, 학교에 가다	킴 그리스웰	2월 12일	이*경	
빼꼼 아저씨네 동물원	케빈 월드론	2월 12일	주*민	
부동산의 보이지 않는 진실	이재범 외1	2월 13일	민*준	
영재들의 비밀습관 하브루타	장성애	2월 16일	정*정	
Why? 소프트웨어와 코딩	조영선	2월 17일	변*우	
나는 단순하게 살기로 했다	사사키 후미오	2월 17일	김*선	우선신청도서
나는 누구인가 - 인문학 최고의 공부	강신주, 고미숙 외5	2월 17일	송*자	

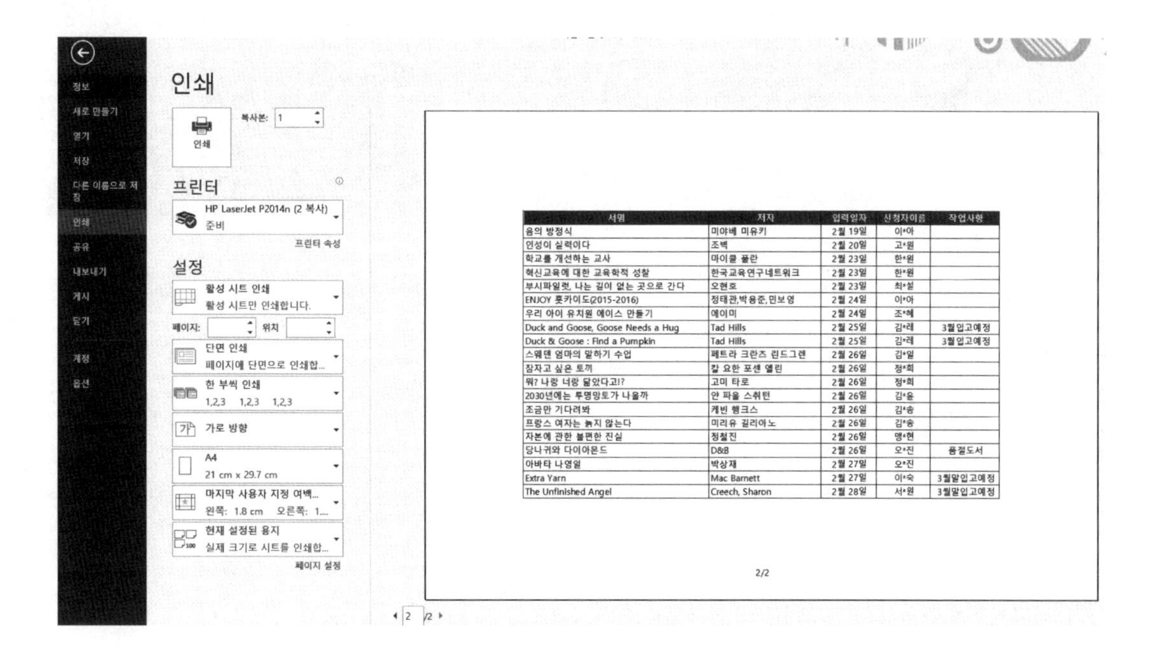

서명	저자	입력일자	신청자이름	작업사항
음의 방정식	미야베 미유키	2월 19일	이*아	
인성이 실력이다	조벽	2월 20일	고*원	
학교를 개선하는 교사	마이클 풀란	2월 23일	한*원	
혁신교육에 대한 교육학적 성찰	한국교육연구네트워크	2월 23일	한*원	
부시파일럿, 나는 길이 없는 곳으로 간다	오현호	2월 23일	최*설	
ENJOY 홋카이도(2015-2016)	정태관,박용준,민보영	2월 24일	이*아	
우리 아이 유치원 에이스 만들기	에이미	2월 24일	조*혜	
Duck and Goose, Goose Needs a Hug	Tad Hills	2월 25일	김*래	3월입고예정
Duck & Goose : Find a Pumpkin	Tad Hills	2월 25일	김*래	3월입고예정
스웨덴 엄마의 말하기 수업	페트라 크란츠 린드그렌	2월 26일	김*일	
잠자고 싶은 토끼	칼 요한 포셴 엘린	2월 26일	정*희	
뭐? 나랑 너랑 닮았다고!?	고미 타로	2월 26일	정*희	
2030년에는 투명망토가 나올까	얀 파울 스취턴	2월 26일	김*윤	
조금만 기다려봐	케빈 헹크스	2월 26일	김*송	
프랑스 여자는 늙지 않는다	미리유 길리아노	2월 26일	김*송	
자본에 관한 불편한 진실	정철진	2월 26일	맹*현	
당나귀와 다이아몬드	D&B	2월 26일	오*진	품절도서
아바타 나영일	박상재	2월 27일	오*진	
Extra Yarn	Mac Barnett	2월 27일	이*숙	3월말입고예정
The Unfinished Angel	Creech, Sharon	2월 28일	서*원	3월말입고예정

Chapter 08

함수 정답, 기타 실습 및 Q&A

1. 함수 정답

기출문제 1

① =RANK.EQ(H5,$H$5:$H$12)
② =IF(MID(B5,4,1)="1","네이버",IF(MID(B5,4,1)="2","구글","다음"))
③ =INDEX(B5:H12,MATCH("어린이 문학",C5:C12,0),7)&"점"
④ =DAVERAGE(B4:H12,F4,D4:D5)
⑤ =LARGE(클릭비율,1)
⑥ =VLOOKUP(H14,C5:G12,4,0)
⑦ =$F5>=4000

기출문제 2

① =RANK.EQ(F5,$F$5:$F$12)&"위"
② =CHOOSE(RIGHT(B5,1),"서아시아","동아시아","미주")
③ =COUNTIF(용도,"*호텔*")
④ =INDEX(B5:H12,MATCH("아브라즈 알 바이트",C5:C12,0),6)
⑤ =MAX(H5:H12)
⑥ =VLOOKUP(H14,C5:H12,6,0)
⑦ =$H5>=380000

기출문제 3

① =IF(RANK.EQ(F5,$F$5:$F$12)<=3,RANK.EQ(F5,$F$5:$F$12),"")
② =REPT("★",ROUND(G5,0))
③ =MIN(F5:F12)
④ =COUNTIF(분류, "뷰티")&"개"
⑤ =DSUM(B4:H12,7,E4:E5)
⑥ =VLOOKUP(H14,B5:H12,6,0)
⑦ =$F5<=8000

기출문제 4

① =IF(RANK.EQ(G5,$G$5:$G$12)<=3,RANK.EQ(G5,$G$5:$G$12),"")
② =RIGHT(B5,2)+2000&"년"
③ =DSUM(B4:H12,G4,D4:D5)
④ =SUMIF(D5:D12,"병해충제어",농가면적)/COUNTIF(D5:D12,"병해충제어")
⑤ =LARGE(H5:H12,1)
⑥ =VLOOKUP(H14,B5:H12,6,0)
⑦ =$G5>=3000

기출문제 5

① =RANK.EQ(H5,$H$5:$H$12)&"위"
② =IF(MID(B5,3,1)="1","해외구매",IF(MID(B5,3,1)="2","직배송","기타"))
③ =SUMIF(해상도,"HD",F5:F12)/COUNTIF(해상도,"HD")
④ =DMIN(B4:H12,6,E4:E5)
⑤ =LARGE(F5:F12,2)
⑥ =VLOOKUP(H14,B5:H12,7,0)
⑦ =$G5<=1

기출문제 6

① =RANK.EQ(G5,$G$5:$G$12)&"위"
② =IF(WEEKDAY(B5,2)>=6,"주말","평일")
③ =ROUND(AVERAGE(G5:G12),0)
④ =SUMIF(E5:E12,">=10",F5:F12)
⑤ =MAX(습도)
⑥ =VLOOKUP(H14,C5:H12,6,0)
⑦ =$E5<=10

기출문제 7

① =RANK.EQ(G5,$G$5:$G$12)
② =IF(YEAR(D5)<=2016,"스테디",IF(YEAR(D5)<=2017,"베스트",""))
③ =MAX(조회수)
④ =COUNTIF(G5:G12,">="&AVERAGE(G5:G12))&"개"
⑤ =DSUM($B$4:$H$12,F4,$E$4:$E$5)
⑥ =VLOOKUP(H14,$C$5:$H$12,3,0)
⑦ =$G5>10000

기출문제 8

① =RIGHT(B5,1)*1000
② =IF(RANK.EQ(H5,$H$5:$H$12)<=3,RANK.EQ(H5,$H$5:$H$12),"")
③ =DAVERAGE(B4:H12,6,D4:D5)
④ =COUNTIF(예매수량,">="&AVERAGE(예매수량))&"개"
⑤ =MIN(G5:G12)
⑥ =VLOOKUP(H14,C5:H12,6,0)
⑦ 조건부서식 - 데이터막대 - 기타규칙 - 서식 규칙 편집 대화상자에서 최소값의 종류를 최소값 선택, 최대값의 종류를 최대값 선택, 채우기에서 그라데이션 채우기 또는 단색 선택하고 색에서 지문에서 지정된 색을 선택하고 확인을 클릭합니다.

기출문제 9

① =YEAR(TODAY())-D5&"년"
② =RANK.EQ(G5,$G$5:$G$12)
③ =MIN(G5:G12)
④ =ROUND(DAVERAGE(B4:H12,5,C4:C5),-2)
⑤ =SUMIF(설립주체,"교육청",G5:G12)
⑥ =VLOOKUP(H14,$B$5:$G$12,6,0)
⑦ =$F5>=50000

기출문제 10

① =RANK.EQ(F5,$F$5:$F$12)&"위"
② =CHOOSE(MID(B5,3,1),"5명","3명","2명")
③ =DAVERAGE(B4:H12,H4,E4:E5)
④ =INDEX(B5:H12,MATCH("카라반",C5:C12,0),3)
⑤ =SMALL(주행거리,1)
⑥ =VLOOKUP(H14,C4:H12,6,0)
⑦ =$H5>=3000

2. 기타 실습

1. 식자재 납품 견적서

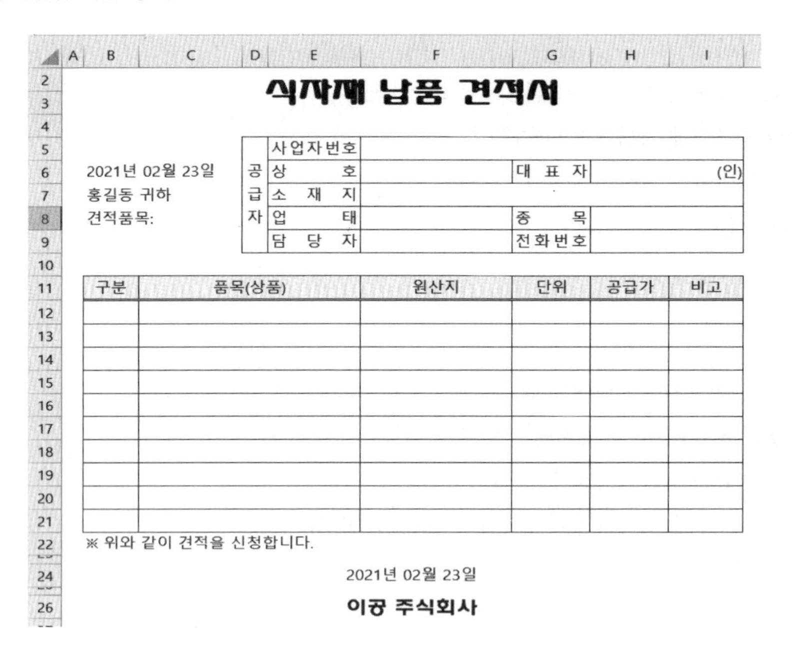

식자재 납품 견적서

2021년 02월 23일
홍길동 귀하
견적품목:

공급자				
	사업자번호			
	상 호		대 표 자	(인)
	소 재 지			
	업 태		종 목	
	담 당 자		전화번호	

구분	품목(상품)	원산지	단위	공급가	비고

※ 위와 같이 견적을 신청합니다.

2021년 02월 23일

이공 주식회사

2. 의류 견적서

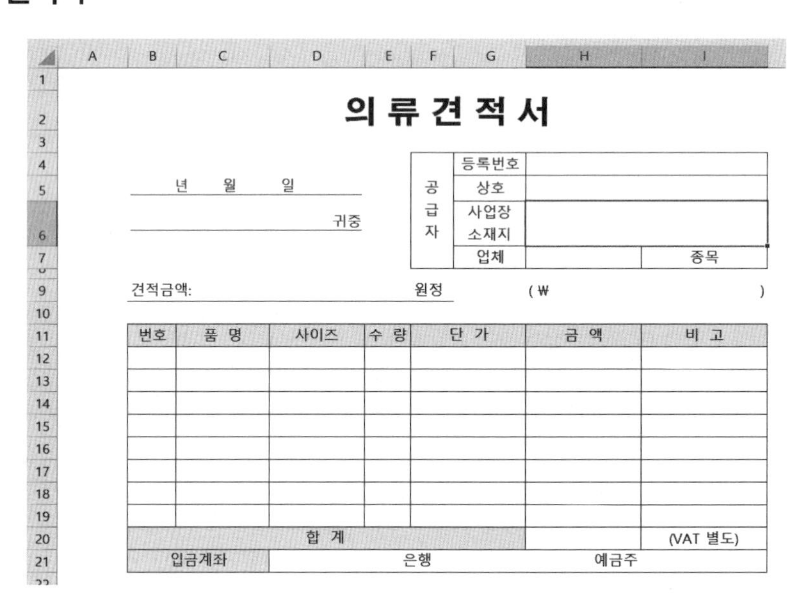

의 류 견 적 서

년 월 일

귀중

공급자				
	등록번호			
	상호			
	사업장 소재지			
	업체		종목	

견적금액: 원정 (₩)

번호	품 명	사이즈	수 량	단 가	금 액	비 고
합 계						(VAT 별도)
입금계좌		은행			예금주	

3. 호텔 결혼식 견적 가격

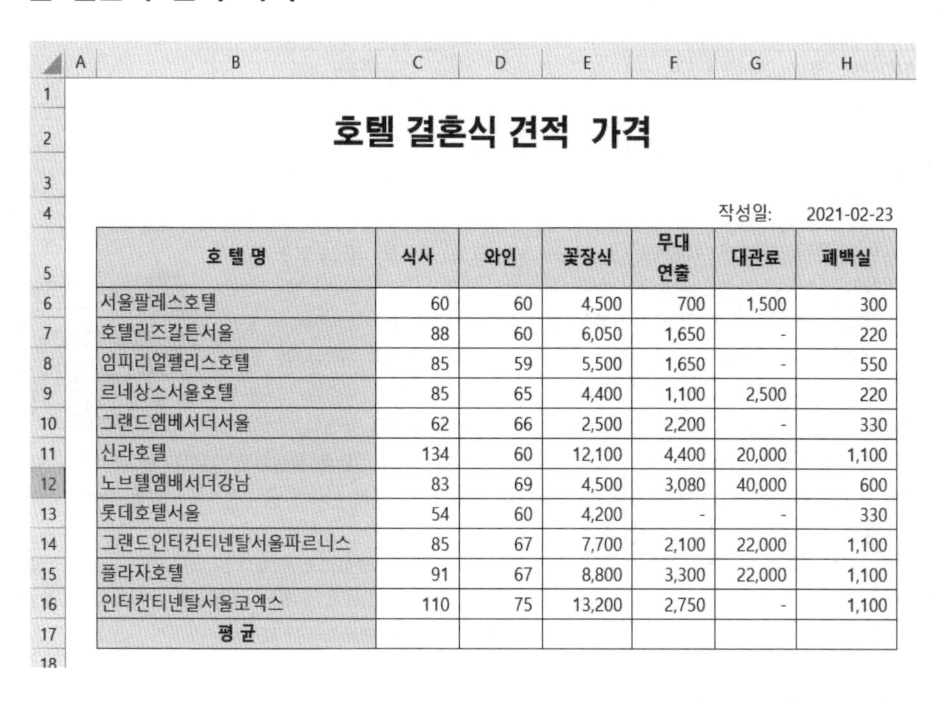

호텔 결혼식 견적 가격

작성일: 2021-02-23

호 텔 명	식사	와인	꽃장식	무대 연출	대관료	폐백실
서울팔레스호텔	60	60	4,500	700	1,500	300
호텔리즈칼튼서울	88	60	6,050	1,650	-	220
임피리얼펠리스호텔	85	59	5,500	1,650	-	550
르네상스서울호텔	85	65	4,400	1,100	2,500	220
그랜드엠베서더서울	62	66	2,500	2,200	-	330
신라호텔	134	60	12,100	4,400	20,000	1,100
노브텔엠배서더강남	83	69	4,500	3,080	40,000	600
롯데호텔서울	54	60	4,200	-	-	330
그랜드인터컨티넨탈서울파르니스	85	67	7,700	2,100	22,000	1,100
플라자호텔	91	67	8,800	3,300	22,000	1,100
인터컨티넨탈서울코엑스	110	75	13,200	2,750	-	1,100
평 균						

4. 국산차 판매량 순위

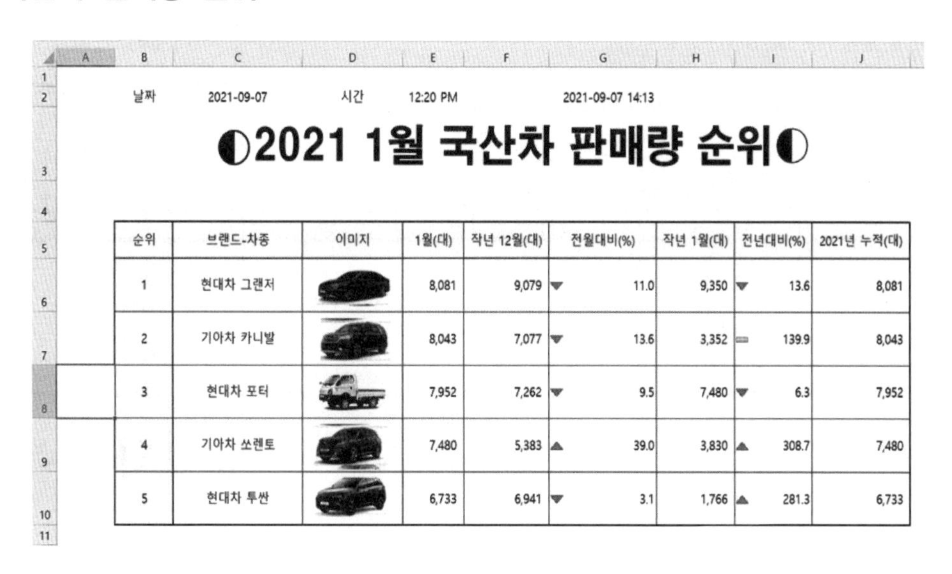

날짜 2021-09-07 시간 12:20 PM 2021-09-07 14:13

◐2021 1월 국산차 판매량 순위◐

순위	브랜드-차종	이미지	1월(대)	작년 12월(대)	전월대비(%)	작년 1월(대)	전년대비(%)	2021년 누적(대)
1	현대차 그랜저		8,081	9,079	▼ 11.0	9,350	▼ 13.6	8,081
2	기아차 카니발		8,043	7,077	▼ 13.6	3,352	▬ 139.9	8,043
3	현대차 포터		7,952	7,262	▼ 9.5	7,480	▼ 6.3	7,952
4	기아차 쏘렌토		7,480	5,383	▲ 39.0	3,830	▲ 308.7	7,480
5	현대차 투싼		6,733	6,941	▼ 3.1	1,766	▲ 281.3	6,733

5. 국민통합과 자긍심의 상징

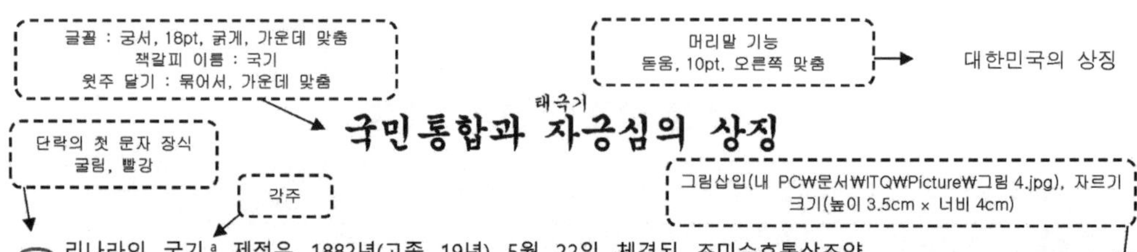

우리나라의 국기[a] 제정은 1882년(고종 19년) 5월 22일 체결된 조미수호통상조약 조인식이 직접적인 계기가 되었다고 한다. 하지만 아쉽게도 당시 조인식 때 게양된 국기의 형태에 대해서는 현재 정확한 기록이 남아 있지 않다. 태극기(太極旗)는 흰색 바탕에 가운데 태극 문양과 네 모서리의 건곤감리 그리고 4괘로 구성되어 있다. 태극기의 흰 바탕은 밝음과 순수, 그리고 전통적으로 평화를 사랑하는 우리의 민족성을 나타내고 있다. 가운데의 태극 문양은 음(파란색)과 양(빨간색)의 조화를 상징하는 것으로 우주 만물이 음양의 상호 작용에 의해 생성되고 발전한다는 대자연의 진리를 형상화한 것이다. 네 모서리의 4괘는 음과 양이 서로 변화하고 발전하는 모습을 효의 조합을 통해 구체적으로 나타낸 것이다. 우주 만물 중에서 건괘는 하늘을, 곤괘는 땅을, 감괘는 물을, 이괘는 불을 상징한다.

예로부터 우리 선조들이 생활 속에서 즐겨 사용하던 태극 문양을 중심으로 만들어진 태극기는 우주와 더불어 끝없이 창조와 번영을 희구하는 한민족(韓民族)의 이상을 담고 있다. 따라서 우리는 태극기에 담긴 이러한 정신과 뜻을 이어받아 민족의 화합과 통일을 이룩하고, 인류의 행복과 평화에 이바지해야 할 것이다.

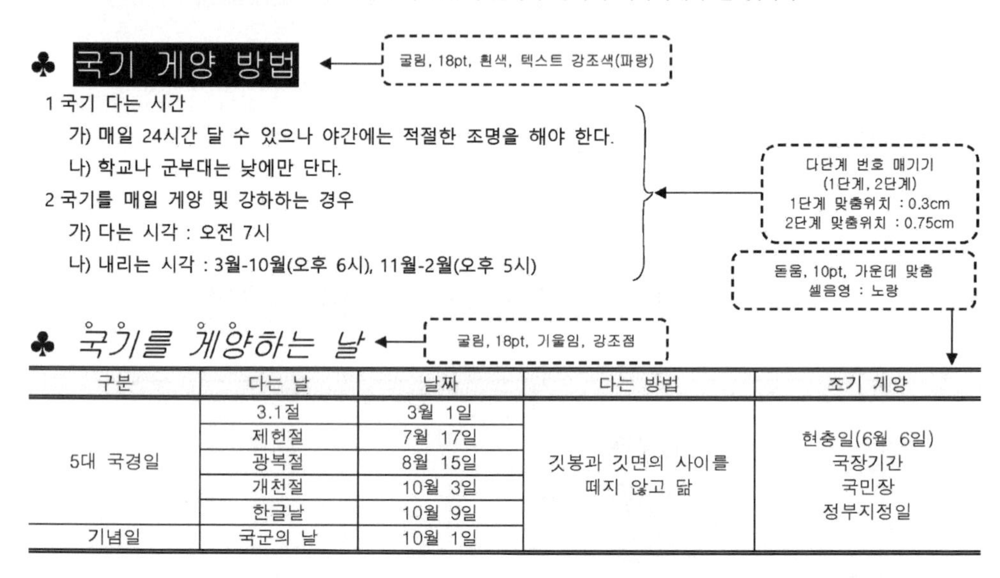

♣ 국기 게양 방법

1 국기 다는 시간
  가) 매일 24시간 달 수 있으나 야간에는 적절한 조명을 해야 한다.
  나) 학교나 군부대는 낮에만 단다.
2 국기를 매일 게양 및 강하하는 경우
  가) 다는 시각 : 오전 7시
  나) 내리는 시각 : 3월-10월(오후 6시), 11월-2월(오후 5시)

♣ *국기를 게양하는 날*

구분	다는 날	날짜	다는 방법	조기 게양
5대 국경일	3.1절	3월 1일	깃봉과 깃면의 사이를 떼지 않고 닮	현충일(6월 6일) 국장기간 국민장 정부지정일
	제헌절	7월 17일		
	광복절	8월 15일		
	개천절	10월 3일		
	한글날	10월 9일		
기념일	국군의 날	10월 1일		

궁서, 24pt, 굵게, 장평 110%, 오른쪽 맞춤 → **행정안전부**

a 국가의 전통과 이상을 특정한 빛깔과 모양으로 나타낸 기

페이지 번호 매기기 4로 시작 → D

6. 탄소중립 사회를 향한 첫걸음

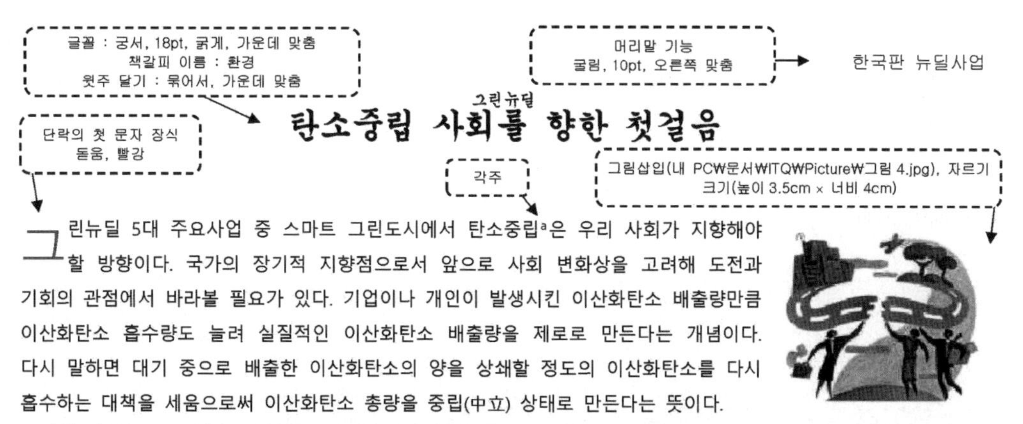

탄소중립 사회를(그린뉴딜) 향한 첫걸음

그린뉴딜 5대 주요사업 중 스마트 그린도시에서 탄소중립[a]은 우리 사회가 지향해야 할 방향이다. 국가의 장기적 지향점으로서 앞으로 사회 변화상을 고려해 도전과 기회의 관점에서 바라볼 필요가 있다. 기업이나 개인이 발생시킨 이산화탄소 배출량만큼 이산화탄소 흡수량도 늘려 실질적인 이산화탄소 배출량을 제로로 만든다는 개념이다. 다시 말하면 대기 중으로 배출한 이산화탄소의 양을 상쇄할 정도의 이산화탄소를 다시 흡수하는 대책을 세움으로써 이산화탄소 총량을 중립(中立) 상태로 만든다는 뜻이다.

시행 방안으로는 첫째, 이산화탄소 배출량에 상응하는 만큼의 숲을 조성하여 산소를 공급하거나 화석연료를 대체할 수 있는 무공해에너지인 태양열, 풍력 에너지 등 재생에너지 분야에 투자하는 방법, 둘째, 이산화탄소 배출량에 상응하는 탄소배출권을 구매하는 방법 등이 있다. 탄소배출권이란 이산화탄소 배출량을 돈으로 환산하여 시장에서 거래할 수 있도록 한 것인데, 탄소배출권을 구매하기 위해 지불한 돈은 삼림(森林)을 조성하는 등 이산화탄소 흡수량을 늘리는 데에 사용된다. 각 나라에서는 지구온난화의 주범인 이산화탄소의 배출량을 조절하기 위해 탄소중립 운동을 활발히 시행하고 있다.

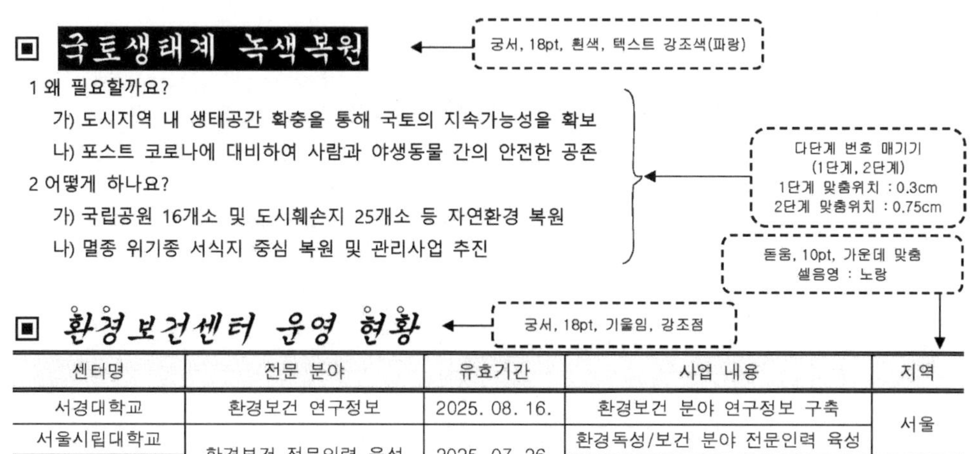

▣ 국토생태계 녹색복원

1 왜 필요할까요?
　가) 도시지역 내 생태공간 확충을 통해 국토의 지속가능성을 확보
　나) 포스트 코로나에 대비하여 사람과 야생동물 간의 안전한 공존
2 어떻게 하나요?
　가) 국립공원 16개소 및 도시훼손지 25개소 등 자연환경 복원
　나) 멸종 위기종 서식지 중심 복원 및 관리사업 추진

▣ *환경보건센터 운영 현황*

센터명	전문 분야	유효기간	사업 내용	지역
서경대학교	환경보건 연구정보	2025. 08. 16.	환경보건 분야 연구정보 구축	서울
서울시립대학교	환경보건 전문인력 육성	2025. 07. 26.	환경독성/보건 분야 전문인력 육성	
인하대병원			환경의학 분야 전문인력 육성	인천
순천향대구미병원	환경독성	2024. 12. 31.	화학물질과 건강영향	구미

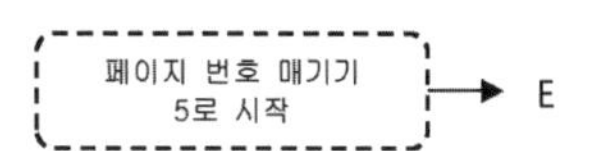

환경부 그린뉴딜

a 이산화탄소의 실질적인 배출량을 0으로 만든다는 개념

페이지 번호 매기기
5로 시작

E

7. 급여명세서 만들기

근로자의 일정기간 동안 근로를 제공하고 지급받은 대가인 급여에 대해서 지급내역과 공제내역을 기재한 문서입니다. 급여 데이터베이스를 작성 후 찾기 / 참조함수를 이용하여 간단히 급여명세서를 조회할 수 있습니다.

급여 데이터베이스

번호	성명	소속	입사일	직위	기본급	직책수당	연장수당	근속수당	월차수당	보건수당	출근공제	지각공제	입금계좌
1	곽지훈	제과	2021-03-01	사원	1000000	0	7500	20000	30000	0	0	18750	123-1234-12345
2	권서연	제빵	2021-03-02	대리	1200000	5000	8000	25000	35000	1000	0	20000	123-1234-12346
3	김근형	한식	2021-03-03	과장	1400000	10000	8500	30000	38000	2000	0	5000	123-1234-12347
4	김다빈	중식	2021-03-04	부장	1600000	15000	9000	35000	41000	3000	0	0	123-1234-12348
5	김민범	양식	2021-03-05	사원	1000000	0	7500	20000	30000	0	0	18750	123-1234-12349
6	김민지	일식	2021-03-06	대리	1200000	5000	8000	25000	35000	1000	0	20000	123-1234-12350

급여명세서 양식

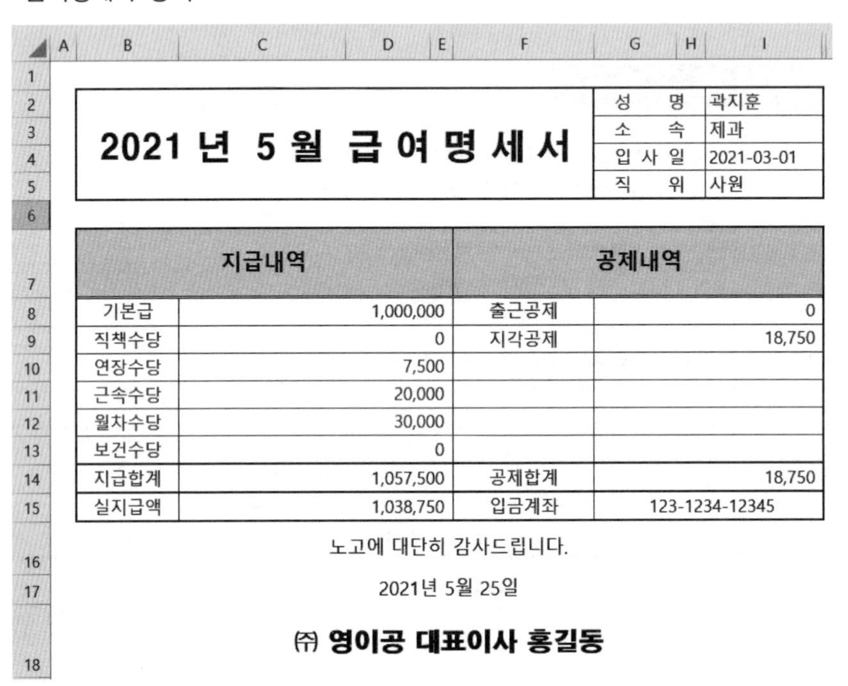

2021 년 5 월 급 여 명 세 서

성 명	곽지훈
소 속	제과
입 사 일	2021-03-01
직 위	사원

지급내역		공제내역	
기본급	1,000,000	출근공제	0
직책수당	0	지각공제	18,750
연장수당	7,500		
근속수당	20,000		
월차수당	30,000		
보건수당	0		
지급합계	1,057,500	공제합계	18,750
실지급액	1,038,750	입금계좌	123-1234-12345

노고에 대단히 감사드립니다.

2021년 5월 25일

㈜ 영이공 대표이사 홍길동

8. 견적서와 매출집계표 만들기

견적서 양식을 다운 받아 작성해봅니다.

NO. 1

견 적 서

2021년 12월 06일

홍길동 귀하

아래와같이 견적합니다.

공급자	등록번호	1234-5678-12		
	상 호	영이상사	성명	류경현
	사업장주소	대구시 남구 현충로 170		
	업 태	자동차	종목	정비
	전화번호	053-1234-1234		
공급받는자	성 명	홍길동		
	주 소	대구시 북구 침산동 100번지		

합계금액	七百六十万八千一百 원整 (₩7,608,100)		
품 명	수량	단가	금액
타이어	20	150,000	₩ 3,000,000
타이어 휠	20	102,680	₩ 2,053,600
와이퍼	40	30,000	₩ 1,200,000
에어필터	20	33,800	₩ 676,000
오일필터	15	14,700	₩ 220,500
워셔액	20	22,900	₩ 458,000
합계금액	135	354,080	₩ 7,608,100

매출집계표는 매출된 물품의 품명, 규격, 수량, 단가, 공급가, 부가가치세 등을 기록하여 매출을 집계하는 서식입니다.

입력데이터

매출집계표

담당	부서장	임원	사장

일자		대리점	품목	수량	단가	공급가	부가가치세	총계
월	일							
5	1	서울	건강	9	389,400	3,504,600	350,460	3,855,060
5	2	수원	건강	15	324,700	4,870,500	487,050	5,357,550
5	3	대구	건강	12	87,600	1,051,200	105,120	1,156,320
5	4	서울	컴퓨터	13	612,200	7,958,600	795,860	8,754,460
5	5	서울	컴퓨터	5	718,500	3,592,500	359,250	3,951,750
5	6	서울	컴퓨터	12	675,300	8,103,600	810,360	8,913,960
5	7	수원	패션	15	302,300	4,534,500	453,450	4,987,950
5	8	대구	건강	8	1,128,300	9,026,400	902,640	9,929,040
5	9	대구	건강	11	722,700	7,949,700	794,970	8,744,670
5	10	수원	패션	9	175,000	1,575,000	157,500	1,732,500
5	11	대구	패션	10	749,800	7,498,000	749,800	8,247,800
5	12	수원	컴퓨터	7	502,000	3,514,000	351,400	3,865,400
5	13	서울	컴퓨터	15	383,400	5,751,000	575,100	6,326,100
5	14	서울	컴퓨터	9	907,800	8,170,200	817,020	8,987,220
5	15	대구	컴퓨터	5	314,100	1,570,500	157,050	1,727,550
5	16	서울	패션	12	374,400	4,492,800	449,280	4,942,080
5	17	대구	건강	5	174,000	870,000	87,000	957,000
5	18	수원	건강	10	255,800	2,558,000	255,800	2,813,800
합계								95,250,210

출력데이터

대리점, 품목별 총계

대리점	품목	총계
대구	건강	20,787,030
	컴퓨터	1,727,550
	패션	8,247,800
	소계	30,762,380
서울	건강	3,855,060
	컴퓨터	36,933,490
	패션	4,942,080
	소계	45,730,630
수원	건강	8,171,350
	컴퓨터	3,865,400
	패션	6,720,450
	소계	18,757,200
총합계		95,250,210

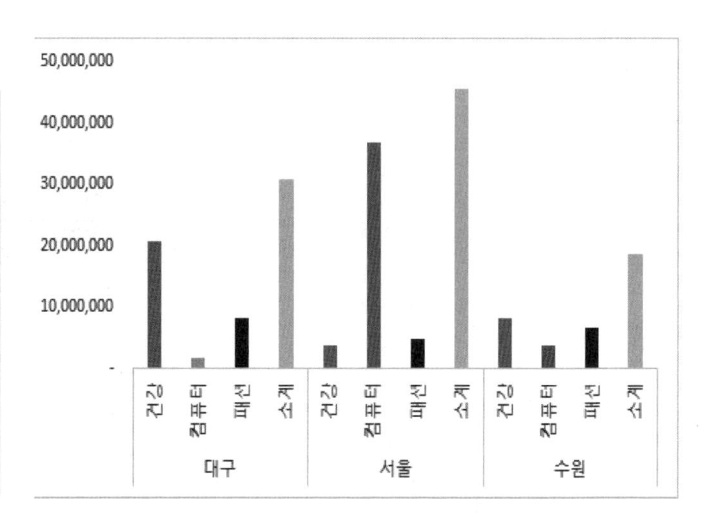

실습 설명

부분합은 데이터 목록의 특정 필드를 기준으로 정렬해 같은 종류의 항목들끼리 모이게 한 후 해당 항목별로 소계를 구하는 기능입니다.

정렬 ? X

기준 추가(A) | 기준 삭제(D) | 기준 복사(C) | ▲ | ▼ | 옵션(O)... | ☑ 내 데이터에 머리글 표시(H)

열		정렬 기준	정렬
정렬 기준	대리점	값	오름차순
다음 기준	품목	값	오름차순

확인 취소

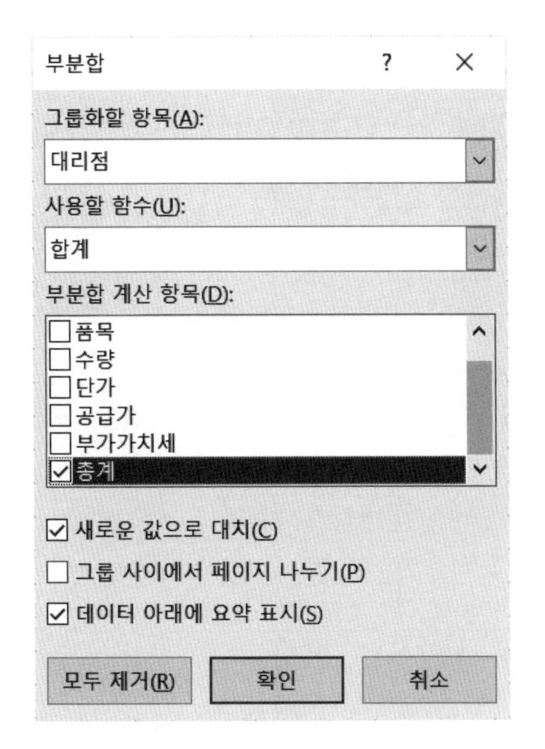

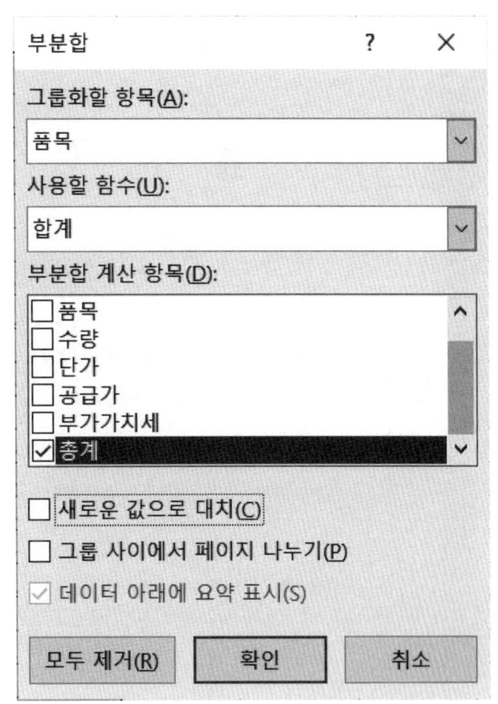

부분합을 삽입하고 나면 워크시트 행 머리글 왼쪽 부분에 부분합 소계별로 개요 기호가 표시됩니다. 개요기호를 사용하여 워크시트에서 하위수준을 숨기거나 다시 나타낼 수 있습니다. 개요 수준 3을 클릭 후 요약하여 서식 지정을 하면 출력데이터와 같이 표시됩니다.

9. 학교 식단표 만들기

	A	B	C	D	E	F
1	주 간 메 뉴 표					
2		12월 27일 월요일	12월 28일 화요일	12월 29일 수요일	12월 30일 목요일	12월 31일 금요일
3	교직원 중식	잡곡밥	잡곡밥	날치알김치볶음밥	잡곡밥	★간장등뼈찜★
4		북엇국	달걀국	유부가쓰오장국	참치추어탕	백미밥/미소장국
5		카레닭갈비	고추잡채&또띠아쌈	청양크림함박스테이크	김치제육볶음	군만두&양파간장
6		잡채어묵강정	가지탕수육	계란후라이	두부계란전&양념간장	콩나물무침/고추쌈장무침
7		봄동생채	양배추겉절이	만다린야채샐러드	돌김자반	배추김치/깍두기
8		배추김치/깍두기	단무지/배추김치	피클/배추김치	배추김치/깍두기	요구르트
9		매실차	녹차	레몬티	숭늉	*
10		중국식소불고기덮밥	단호박돈장조림덮밥	오징어볶음덮밥	통살치킨마요	참치김치덮밥
11	*본 메뉴는 식자재 수급 상황에 따라 변경될 수 있으니 양해 바랍니다					

10. 자료정리 뚝딱 1 - 필터

	A	B	C	D	E	F
1	사원 급여 현황					
2						
3	성명	근무팀	직급	급여	교통비	보조금
4	정노천	영업팀	9	2113700	70000	250000
5	감사연	총무팀	10	2371500	70000	300000
6	김용철	총무팀	8	1810000	70000	200000
7	김용곤	영업팀	4	815600	70000	
8	김종진	영업팀	5	1159200	70000	
9	박이호	기술팀	7	1466300	70000	
10	박한열	영업팀	5	952600	70000	
11	임정호	기술팀	3	1499400	70000	200000
12	박득우	기술팀	6	803400	70000	
13	이수영	총무팀	6	1159200	70000	250000
14	조용길	영업팀	1	968300	70000	300000

	A	B	C	D	E	F
1	사원 급여 현황					
2						
3	성명	근무팀	직급	급여	교통비	보조금
4	정노천	영업팀	9	2113700	70000	250000
7	김용곤	영업팀	4	815600	70000	
8	김종진	영업팀	5	1159200	70000	
10	박한열	영업팀	5	952600	70000	
14	조용길	영업팀	1	968300	70000	300000

다음과 같은 데이터 목록 중 성별이 여이고, 컴퓨터 점수가 컴퓨터 점수 평균 이상인 레코드만 추출하여 A18셀에서부터 표기하시오.

	A	B	C	D	E	F	G
1	상반기 영어/컴퓨터 능력 시험						
2							
3	번호	이름	소속부서	성별	영어	컴퓨터	총점
4	1	강현진	개발부	여	98	85	183
5	2	김기언	영업부	남	95	100	195
6	3	김철원	영업부	남	80	75	155
7	4	남동하	기술부	남	85	90	175
8	5	마동윤	영업부	여	100	100	200
9	6	미라미	총무부	여	80	75	155
10	7	박한솔	기술부	남	100	80	180
11	8	박이호	기술부	남	90	70	160
12	9	박한식	총무부	남	80	90	170
13	11	박하나	총무부	여	90	50	140

→

	A	B	C	D	E	F	G
1	상반기 영어/컴퓨터 능력 시험						
2							
3	번호	이름	소속부서	성별	영어	컴퓨터	총점
4	1	강현진	개발부	여	98	85	183
5	2	김기언	영업부	남	95	100	195
6	3	김철원	영업부	남	80	75	155
7	4	남동하	기술부	남	85	90	175
8	5	마동윤	영업부	여	100	100	200
9	6	미라미	총무부	여	80	75	155
10	7	박한솔	기술부	남	100	80	180
11	8	박이호	기술부	남	90	70	160
12	9	박한식	총무부	남	80	90	170
13	11	박하나	총무부	여	90	50	140
14							
15		성별	컴퓨터평균				
16		여	TRUE				
17							
18	번호	이름	소속부서	성별	영어	컴퓨터	총점
19	1	강현진	개발부	여	98	85	183
20	5	마동윤	영업부	여	100	100	200

컴퓨터 평균 =F4>=AVERAGE($F$4:$F$13)

11. 자료정리 뚝딱 2 – 정렬 및 부분합

다음과 같이 소속부서별 총점 합계에 성별별 총점 합계를 중첩한 부분합을 작성하시오.

	A	B	C	D	E	F	G
1	상반기 영어/컴퓨터 능력 시험						
2							
3	번호	이름	소속부서	성별	영어	컴퓨터	총점
4	1	강현진	개발부	여	98	85	183
5	2	김기연	영업부	남	95	100	195
6	3	김철원	영업부	남	80	75	155
7	4	남동하	기술부	남	85	90	175
8	5	마동윤	영업부	여	100	100	200
9	6	미라미	총무부	여	80	75	155
10	7	박한솔	기술부	남	100	80	180
11	8	박이호	기술부	남	90	70	160
12	9	박한식	총무부	남	80	90	170
13	11	박하나	총무부	여	90	50	140

→

	A	B	C	D	E	F	G
1	상반기 영어/컴퓨터 능력 시험						
2							
3	번호	이름	소속부서	성별	영어	컴퓨터	총점
4	1	강현진	개발부	여	98	85	183
5	2	김기연	영업부	남	95	100	195
6	3	김철원	영업부	남	80	75	155
7	4	남동하	기술부	남	85	90	175
8	5	마동윤	영업부	여	100	100	200
9	6	미라미	총무부	여	80	75	155
10	7	박한솔	기술부	남	100	80	180
11	8	박이호	기술부	남	90	70	160
12	9	박한식	총무부	남	80	90	170
13	11	박하나	총무부	여	90	50	140
14							
15		성별	컴퓨터평균				
16		여	TRUE				
17							
18	번호	이름	소속부서	성별	영어	컴퓨터	총점
19	1	강현진	개발부	여	98	85	183
20	5	마동윤	영업부	여	100	100	200

11. 자료정리 뚝딱 3 – 피벗테이블

다음과 같은 데이터 목록을 이용하여 직급별, 근무팀별 급여의 합계를 구하는 피벗테이블을 완성하시오.

	A	B	C	D	E	F
1	사원 급여 현황					
2						
3	성명	근무팀	직급	급여	교통비	보조금
4	정노천	영업팀	9	2113700	70000	250000
5	감사연	총무팀	10	2371500	70000	300000
6	김용철	총무팀	8	1810000	70000	200000
7	김용곤	영업팀	4	815600	70000	
8	김종진	영업팀	5	1159200	70000	
9	박이호	기술팀	7	1466300	70000	
10	박한열	영업팀	5	952600	70000	
11	임정호	기술팀	3	1499400	70000	200000
12	박득우	기술팀	6	803400	70000	
13	이수영	총무팀	6	1159200	70000	250000
14	조용길	영업팀	1	968300	70000	300000

→

	A	B	C	D	E
1	성명	(모두)			
2					
3	**합계 : 급여**	**근무팀**			
4	**직급**	**기술팀**	**영업팀**	**총무팀**	**총합계**
5	1		968300		968300
6	3	1499400			1499400
7	4		815600		815600
8	5		2111800		2111800
9	6	803400		1159200	1962600
10	7	1466300			1466300
11	8			1810000	1810000
12	9		2113700		2113700
13	10			2371500	2371500
14	**총합계**	**3769100**	**6009400**	**5340700**	**15119200**

13. 자료정리 뚝딱 4 - 통합

2021년 판매현황과 2022년 판매현황을 통합하여 각 품목의 목표량과 판매량의 합계를 구하시오.

	A	B	C	D	E	F	G
1							
2	2021년 판매현황				2022년 판매현황		
3	품목	목표량	판매량		품목	목표량	판매량
4	컴퓨터	20	15		캠코더	19	20
5	스캐너	7	10		스캐너	13	15
6	프린터	13	15		프린터	8	10
7	카메라	14	14		컴퓨터	14	15
8	캠코더	17	20		카메라	9	15
9							
10	품목별 합계						
11	품목	목표량	판매량				

	A	B	C	D	E	F	G
1							
2	2021년 판매현황				2022년 판매현황		
3	품목	목표량	판매량		품목	목표량	판매량
4	컴퓨터	20	15		캠코더	19	20
5	스캐너	7	10		스캐너	13	15
6	프린터	13	15		프린터	8	10
7	카메라	14	14		컴퓨터	14	15
8	캠코더	17	20		카메라	9	15
9							
10	품목별 합계						
11	품목	목표량	판매량				
12	컴퓨터	34	30				
13	스캐너	20	25				
14	프린터	21	25				
15	카메라	23	29				
16	캠코더	36	40				

14. 묶은 세로 막대와 콤보 그래프

영업소가 인천인 사원의 데이터를 이용하여 다음과 같은 차트를 작성하시오.

	A	B	C	D
1	사원별 판매 현황			
2				
3	성명	영업소	상반기 판매	하반기 판매
4	박성호	경기	540	230
5	김현승	대구	430	210
6	손정호	인천	120	180
7	강만식	부산	500	310
8	최기정	인천	120	110
9	하경희	대구	480	310
10	임정희	인천	160	172
11	안진국	인천	245	112

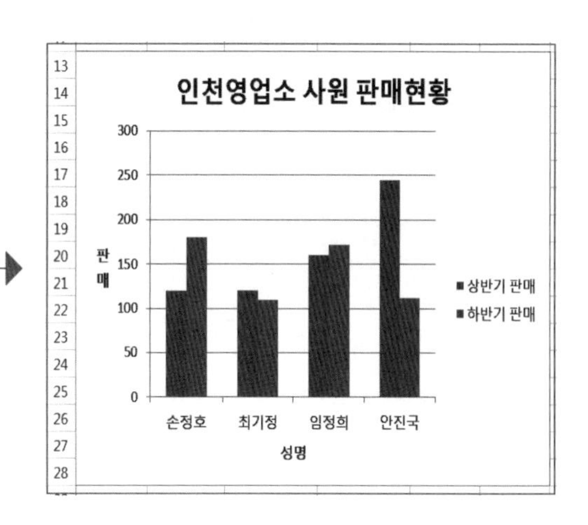

태풍 피해 현황

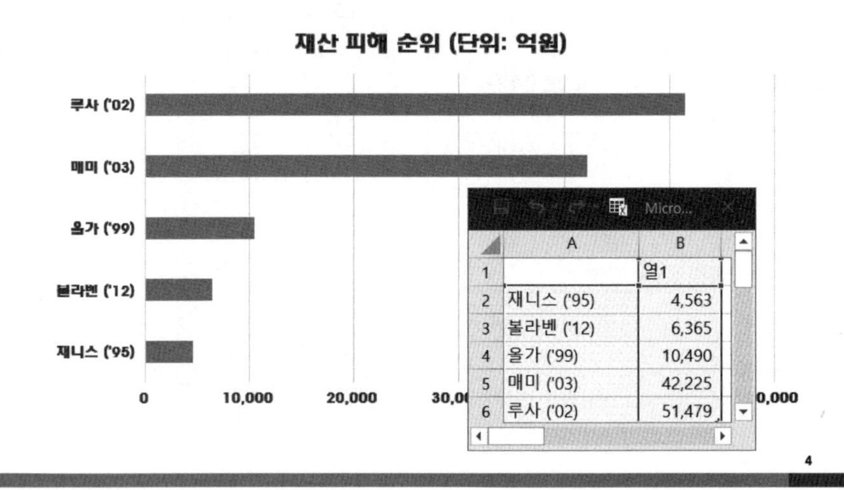

	A	B
1		열1
2	재니스 ('95)	4,563
3	볼라벤 ('12)	6,365
4	올가 ('99)	10,490
5	매미 ('03)	42,225
6	루사 ('02)	51,479

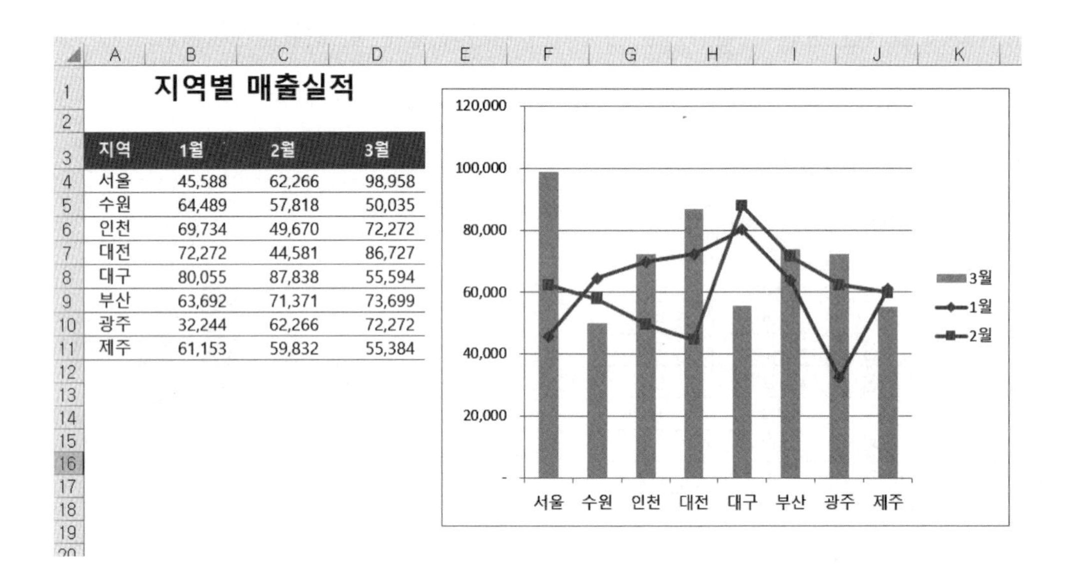

지역별 매출실적

지역	1월	2월	3월
서울	45,588	62,266	98,958
수원	64,489	57,818	50,035
인천	69,734	49,670	72,272
대전	72,272	44,581	86,727
대구	80,055	87,838	55,594
부산	63,692	71,371	73,699
광주	32,244	62,266	72,272
제주	61,153	59,832	55,384

15. 원형 그래프

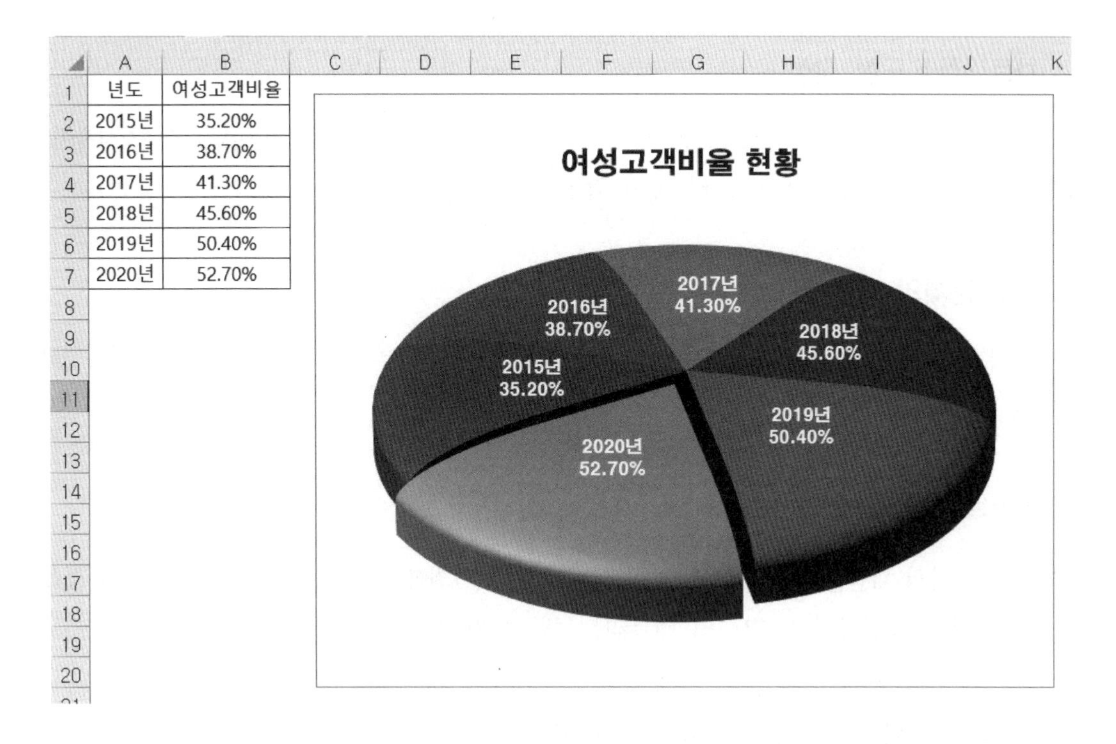

16. 나만의 스토리텔링 (북크리에이터)

① 미리 캔버스 활용

② 북크리에이터는 app.bookcreator.com에서 계정을 만들고 작성할 수 있습니다.

③ Sway는 멋진 뉴스레터, 프레젠테이션 및 문서를 만들 수 있습니다.

3. Q&A

1. 차트 삽입 도형 작성

차트에 삽입되는 도형의 텍스트 글꼴 및 크기, 도형 선 색상은 채점 대상이 아닙니다. 지시사항의 도형 삽입과 출력형태와 같이 오타 없이 작성하시면 됩니다.

2. 함수 문제의 정렬 및 셀 서식

함수 문제는 정렬 및 셀 서식 채점을 하지 않으며 “예”가 있는 함수 문제의 경우만 예와 같은 형태로 작성하시면 됩니다.

3. 조건부 서식 막대 데이터 채점

막대 데이터의 채점은 문제의 지시 사항인 막대 색상(그라데이션/단색 모두 정답)과 최소값/최대값 적용만을 채점합니다. 막대의 테두리는 채점하지 않습니다.

4. 제1작업 작성 시 숫자 및 회계 서식 문구 관련

이 조건 사항은 문제지 처음의 출력 형태가 나와 있는 부분의 작성 방법입니다. 하지만 출력 형태로 판단이 어려울 경우(셀의 열이 좁으면 가운데 정렬인지 오른쪽 정렬인지 불분명할 수 있어) 숫자, 회계 서식은 엑셀 문서 작성 시 오른쪽 정렬이 기본이기에 문구를 추가한 것입니다. 이 조건 사항으로 숫자 서식, 회계 서식을 채점하지는 않습니다. 단순히 출력 형태의 정렬의 참고 사항입니다. 조건의 셀 서식 문제는 출력 형태에 그대로 사용자 지정 셀 서식만 적용하시면 됩니다.

류경현

2015년~현재 / 영남이공대학교 소프트웨어콘텐츠계열 교수
대학공통교과목, 컴퓨터활용교과목 담당

관심분야

인공지능 / 데이터마이닝 / 빅데이터 / 지능형 시스템 / 의사결정 / 온톨로지 등

스마트정보처리 [개정판]

개정판 1쇄 발행 2024년 1월 10일

지은이 류경현
발행인 김은희
발행처 블루&노트

등록번호 제313-2009-201호
등록일자 2009.9.11.

주 소 서울특별시 양천구 남부순환로 48길 1
전 화 02)718-6258
팩 스 02)718-6253

정 가 16,000원
ISBN 979-11-85485-14-0 03560